辽河油田 50 年勘探开发科技丛书

辽河油田基岩油气藏精细勘探

主编◎刘兴周

副主编◎郭彦民　李金鹏　康武江　高荣锦

石油工業出版社

内容提要

本书从辽河坳陷基底地层结构及其构造演化分析入手，系统总结了基岩油气藏的形成及分布规律，建立了基岩风化壳与基岩内幕一体化的综合成藏模式，取得了辽河坳陷基岩发育多元多层结构可形成多重储盖组合、基岩储层发育具有优势岩性序列、储层发育多期裂缝可形成立体网络块状储集运聚系统、源储关系决定了基岩油气藏的形成方式、供油窗口的大小和多元疏导体系共同控制基岩油气藏形成等多项新理论和新认识，并给出了相关应用实例。

本书可供石油勘探地质工作者及管理者使用，也可供各高校相关专业师生参考。

图书在版编目（CIP）数据

辽河油田基岩油气藏精细勘探 / 刘兴周主编 .—北京：石油工业出版社，2022.12

（辽河油田 50 年勘探开发科技丛书）

ISBN 978-7-5183-5809-0

Ⅰ.①辽… Ⅱ.①刘… Ⅲ.①基岩－岩性油气藏－研究－辽宁 Ⅳ.①P618.130.2

中国版本图书馆 CIP 数据核字（2022）第 236749 号

出版发行：石油工业出版社
（北京安定门外安华里 2 区 1 号　100011）
网　址：www.petropub.com
编辑部：（010）64523594　　图书营销中心：（010）64523633
经　　销：全国新华书店
印　　刷：北京中石油彩色印刷有限责任公司

2022 年 12 月第 1 版　2022 年 12 月第 1 次印刷
787×1092 毫米　开本：1/16　印张：11.75
字数：245 千字

定价：75.00 元
（如出现印装质量问题，我社图书营销中心负责调换）

《辽河油田50年勘探开发科技丛书》

编委会

《辽河油田基岩油气藏精细勘探》

编写组

主　　编：刘兴周

副 主 编：郭彦民　李金鹏　康武江　高荣锦

编写人员：陈仁军　陈　昌　金　科　蓝　阔　张　卓
张子璟　李敬含　张海栋　杨罗万　钱丽欣
鲍丹丹　尹宜鹏　赵立旻　朱红梅　孙　转
李子敬　李洪楠　李秀明　苗哲玮　窦　欣
郭美伶　田　志　周晓龙　雷文文　陈　洋
于　晗　郭军敏　王　姝　张和金

序

辽河油田从1967年开始大规模油气勘探，1970年开展开发建设，至今已经走过了五十多年的发展历程。五十多年来，辽河科研工作者面对极为复杂的勘探开发对象，始终坚守初心使命，坚持科技创新，在辽河这样一个陆相断陷攻克了一个又一个世界级难题，创造了一个又一个勘探开发奇迹，成功实现了国内稠油、高凝油和非均质基岩内幕油藏的高效勘探开发，保持了连续三十五年千万吨以上高产稳产。五十年已累计探明油气当量储量25.5亿吨，生产原油4.9亿多吨，天然气890多亿立方米，实现利税2800多亿元，为保障国家能源安全和推动社会经济发展作出了突出贡献。

辽河油田地质条件复杂多样，老一辈地质家曾经把辽河断陷的复杂性形象比喻成“将一个盘子掉到地上摔碎后再踢上一脚”，素有“地质大观园”之称。特殊的地质条件造就形成了多种油气藏类型、多种油品性质，对勘探开发技术提出了更为“苛刻”的要求。在油田开发早期，为了实现勘探快速突破、开发快速上产，辽河科技工作者大胆实践、不断创新，实现了西斜坡10亿吨储量超大油田勘探发现和开发建产、实现了大民屯高凝油300万吨效益上产。进入21世纪以来，随着工作程度的日益提高，勘探开发对象发生了根本的变化，油田增储上产对科技的依赖更加强烈，广大科研工作者面对困难挑战，不畏惧、不退让，坚持技术攻关不动摇，取得了“两宽两高”地震处理解释、数字成像测井、SAGD、蒸汽驱、火驱、聚/表复合驱等一系列技术突破，形成基岩内幕油气成藏理论，中深层稠油、超稠油开发技术处于世界领先水平，包括火山岩在内的地层岩性油气藏勘探、老油田大幅提高采收率、稠油污水深度处理、带压作业等技术相继达到国内领先、国际先进水平，这些科技成果和认识是辽河千万吨稳产的基石，作用不可替代。

值此油田开发建设 50 年之际，油田公司出版《辽河油田 50 年勘探开发科技丛书》，意义非凡。该丛书从不同侧面对勘探理论与应用、开发实践与认识进行了全面分析总结，是对 50 年来辽河油田勘探开发成果认识的最高凝练。进入新时代，保障国家能源安全，把能源的饭碗牢牢端在自己手里，科技的作用更加重要。我相信这套丛书的出版将会对勘探开发理论认识发展、技术进步、工作实践，实现高效勘探、效益开发上发挥重要作用。

前言

PREFACE

"基岩"，是对组成盆地基底的所有岩石的总称。传统概念只限于前寒武纪的结晶变质岩。1960年，兰德斯（Landes）曾提出，凡是被生油含油层系不整合覆盖的变质岩和火成岩都是基岩。他所指的基岩可以是前寒武系的，也可以是古生界的或者中生界的，其地质时代比原来的含义扩大了。不过就其岩性看，仍然只限于变质岩和火成岩类。大量的勘探实践提出了新的问题，如美国墨西哥湾中—新生界盆地是以前寒武系—古生界作为基底的，基底的绝大部分由结晶岩系组成，还有一部分却是由厚达三千多米未经变质的碳酸盐岩、砂岩和泥岩等沉积岩组成的。潘钟祥教授在其《基岩油藏》书中曾指出：基岩"应该是兰德斯所说的变质岩及火成岩，再加上古生代岩层，而不管其变质与否"。将基岩范围从岩石性质上进一步扩大。因此，从石油地质学的观点来看，基岩包括了各种变质岩类、火成岩类和沉积岩类；在地质时代上，可属于前寒武纪、古生代或中生代。基岩是相对于上覆年轻沉积物而言的，位于一个大型的或者区域性不整合面之下，在上覆年轻地层沉积之前就已固结成岩。基岩与上覆地层的沉积、构造特征有明显的差别。新、老地层之间的沉积间断时间很长，可能是一个"世"，一个"纪"，甚至超过一个"代"。

辽河坳陷基岩油气藏的勘探，从1972年兴213井这口潜山"千吨井"的偶然发现开始，经过几代辽河勘探人的艰苦努力和持续探索，历经潜山勘探大发展（发现兴隆台潜山、曙光潜山、杜家台潜山、胜利塘潜山、东胜堡潜山、静安堡潜山、静北潜山、曹台潜山、边台潜山、法哈牛潜山等）、低（位）潜山勘探（发现曙光低潜山带、安福屯潜山、东胜堡西侧低潜山、平安堡潜山、马古潜山等）、潜山内幕勘探（发现兴隆台潜山带、中央凸起潜山带）和基岩油气藏勘探四个阶段，勘探目标从高潜山到低潜山，从潜山顶部风化壳到潜山内幕，再到基岩块体的勘探，取得了丰硕的勘探成果。

"十五"以来，通过勘探配套技术展开联合攻关，按照实践—认识—再实践—再认识的勘探过程，从低位潜山油气成藏模式的建立（曙103井），到变质岩内幕油气成藏模式的建立（马古3井、兴古7井），再到基岩油气藏立体成藏模式的建立（胜27井、沈309井），形成了比较完善的变质岩内幕油气藏成藏理论，丰富和完善了基岩油气成藏理论，实现了基岩油气藏勘探的重大突破和规模储量的发现，获得了2012年国家科学技术进步奖二等奖。

基岩油气藏立体成藏理论有三项核心创新认识：（1）突破了变质岩内幕为均一块体的认识，确认变质岩内幕地层存在多种岩性组合，建立了变质岩地层具有层状或似层状结构的基本格架；（2）突破了暗色矿物含量高的岩类不能成为储层的认识，按裂缝发育的难易程度建立了变质岩储层的“优势岩性”序列，解决了变质岩内幕无储集体的问题；（3）突破了潜山油藏“高点控油、统一油水界面”的认识。将基岩油气藏勘探领域从狭义的山形圈闭、风化壳储层的“围城”中解放出来，建立了广义的基岩块体与潜山、内幕与风化壳立体化油气成藏模式。

基岩油气藏立体成藏理论具有两点重大意义：一是在平面上将变质岩勘探空间从占凹陷10%～15%的“潜山”拓展到整个含油气盆地基底领域，大民屯凹陷钻探成功的哈沈309井、胜27井等探井，其基岩顶面构造位置属向斜翼部（负向构造），不具备山形，属基岩块体油气藏概念指导下的典型案例，“勘探禁区”中央凸起、西部凸起、大民屯东部凸起的赵古1井、曙古157井、曹605井区均发现了油气藏为这一意义依据与例证；二是在纵向上将变质岩勘探深度从风化壳延伸至不小于烃源岩埋藏的最大深度，兴古7井等探井含油幅度由200m内的风化壳拓展到2300m的变质岩内幕，油层底界埋深由2600m下延至4700m，在变质岩内幕不同深度、不同范围都取得了重大发现。该理论认识在一定程度上明确了在富油气凹陷（坳陷）中基岩油气藏的勘探思路——源储一体化，即决定基岩能否成藏的两个最关键因素是“储和运”，勘探中首先预测基岩包括平面分布与纵向层段在内“优势岩性”的发育部位，其次研究源储是否具有耦合关系—运移条件是否良好，进而实施部署。这在一定程度明晰了勘探部署研究的思路与关键环节，解放了原理念下的“勘探禁区”，中央凸起、高升元古宇领域勘探部署的实施与突破为该理论认识及思路指导下的成功案例。

基岩油气藏勘探是“十五”以来辽河坳陷油气勘探的最大亮点，不仅获得了规模储量发现和整装产量接替区块，同时发展完善了基岩潜山油气成藏理论与勘探配套技术。在整个探索攻关过程中，辽河油田与华北油田、胜利油田、大港油田、渤海油田及冀东油田等兄弟单位的领导和古潜山勘探专家进行了多次广泛交流、真诚合作与联合攻关。值此辽河油田勘探开发50周年之际，编撰本书是为了将我们在基岩领域勘探的成败得失与同行专家共同分享。当然，基岩油气藏的综合研究和实践探索是一个庞大的系统工程，非本书所能完全概括，仅希望本书能起到抛砖引玉的作用，以此推动渤海湾盆地乃至全国基岩油气藏的勘探实践和成藏理论的进一步丰富和完善，为保障中国能源安全做出石油人的贡献。

本书资料时间截至2020年底，部分延伸到2021年。

全书共分为五章。第一章介绍了基岩油气藏的内涵及演变、国内外基岩油气藏勘探研究现状、辽河坳陷勘探历程及基岩油气藏理论认识进展，由刘兴周、李金鹏、陈仁军、康武江、高荣锦、金科编写；第二章介绍了辽河坳陷基底地层及岩石组合特征，阐述了基底构造演化及其对基岩油气藏形成的重要作用，由郭彦民、陈仁军、杨罗万、李敬含、尹宜鹏、孙转、李子敬编写；第三章介绍了基岩油气藏储层的岩石学特征、储集空间特征及储集性能、储层发育中控因素等，并着重描述了“优势岩性”的内涵及在基岩油气藏勘探中的意义，由刘兴周、金科、张海栋、钱丽欣、杨罗万、李洪楠编写；第四章介绍了基岩油气藏形成及分布规律，以基岩内幕油气藏的两大要素——“源储关系”“内幕”为主线，着重介绍了油气藏的类型、划分依据，油气藏形成主控因素、成藏模式及分布特点等，相当于对基岩内幕油气藏相关概念的进一步明晰，同时描述了基岩领域的勘探思路，由刘兴周、李金鹏、高荣锦、鲍丹丹、赵立旻、李秀明编写；第五章典型基岩油气藏精细勘探实例，以西部凹陷兴隆台潜山带，大民屯凹陷安福屯—平安堡潜山、边台—曹台潜山带、前进—胜西潜山带，东部凹陷茨榆坨潜山，中央凸起潜山带六个近几年勘探突破的区带为例，阐述了不同时代、不同类型储层、不同源储关系、不同圈闭形态等基岩油气藏勘探实践的做法、成果、启示及意义，由刘兴周、李金鹏、张海栋、张子璟、张卓、李敬含、朱红梅编写。全书由郭彦民、李金鹏、高荣锦、康武江、陈仁军统稿修改完善，刘兴周最后审定。陈仁军、张海栋、朱红梅完成了全书有关图件的编辑、整理和清绘工作。特别需要说明的是，本书所阐述的理论、观点及所引用的资料，所取得的勘探成果和理论认识，是几代辽河勘探人不懈努力、持续奋斗的重大成果，是几代辽河勘探人集体智慧的结晶，这些成绩属于全体辽河勘探人。

在本书编写过程中，得到了各级领导和同志的大力支持与帮助，在此表示衷心感谢！

由于笔者水平所限，书中难免存在谬误之处，敬请读者批评指正。

目录

CONTENTS

第一章 概 述

在世界石油勘探史上，很长一段时期内，勘探工作者的焦点是寻找含油气盆地内沉积物本身形成的油气藏，而对埋藏在数千米沉积物之下，由变质岩、火成岩或较老的沉积岩组成的盆地基底却不够重视，认为它缺乏形成油气藏所必备的某些地质条件。直到 20 世纪中叶，随着钻探深度的不断加深，在组成盆地基底的某些孔隙性和裂缝性岩石中，陆续发现了一些工业性油气藏，甚至是大型高产油气藏，时称“基岩油气藏”，于是，一个新的找油领域，便摆在石油地质工作者的面前。

基岩，有的本身具有生烃能力，但更多的，如变质岩、火成岩类则不能生成油气。它们必须依赖上覆盖层或周边岩层供给油气，才能形成油气藏。因此，按生、储关系来说，基岩油气藏大多具有“新生古储”的特点。

第一节 基岩油气藏的内涵及演变

20 世纪 60 年代，Landes 首先提出了“基岩油气藏”的概念[1]，但仅限于对各油田特点进行介绍，并没有进行深入研究。70 年代，中国众多石油地质工作者开始对潜山油气藏进行综合研究，伴随渤海湾盆地潜山油气藏的不断发现和深入研究，至 80 年代，就已经形成了具有中国特色的潜山油气藏理论[2-5]，这对中国潜山油气藏的勘探起到了重要指导和推动作用。经过 50 余年的潜山勘探实践，在辽河坳陷内实现了从中—新元古界碳酸盐岩、石英岩到太古宇变质岩，从高（位）潜山到低（位）潜山，从潜山顶部风化壳到潜山内幕，再到不具山形的“隐伏潜山”和基岩块体的多次勘探突破。新领域的这些新的发现远远超出了传统意义上的潜山概念和潜山油气藏的基本内涵，并且在油气成藏理论认识方面也进行了拓展[6-8]，这些拓展成为新的基岩油气藏勘探的理论基础。

一、潜山油气藏

潜山油气藏，是一种特殊类型的基岩油气藏，是位于区域不整合面之下的较老地层的突起含油体，其油气主要来自上覆及侧向较新的生油层系。不整合面或断面是油气运移的通道。为了突出这类油气藏的构造形态，把它称为潜山油气藏。

在中国，潜山油气藏是因 1975 年 7 月冀中坳陷任丘潜山油田的发现，并带来渤海湾盆地系列发现后而被广泛使用的名词，指被新生界所覆盖的“新生古储”的山形油气藏。在渤海湾盆地，潜山油气藏指以古近系为烃源岩，古近系不整合面以下的前古近系基岩为储层的油气藏。

潜山（Buried Hills）一词，较早见于美国地质学家赛德尼·鲍尔斯（Sidney Powers）在1922年发表于《美国经济地质学》(《Economic Geology》) 杂志上的论文——《潜山及其在石油地质学中的重要性》中。20世纪50年代，莱复生（A. I. Levorsen）在其《石油地质学》一书中提出，潜山指在盆地接受沉积前就已经形成的古地貌山，并被新地层覆盖而形成的潜伏山。一个潜山的构成，必须具备三个基本地质条件：一是经过侵蚀的；二是相对于周围侵蚀面的一个局部隆起；三是被新的沉积物所掩埋。随着渤海湾盆地潜山勘探研究的不断深入，中国的石油地质工作者对潜山的成因有了更深入的了解，并把潜山的成因分为“古潜山”和“后成潜山”。前者指新沉积层系沉积前具有古突起地貌特征，后者指新沉积层系沉积以后因后期构造运动而形成的山，统称为潜山[4]。

长期以来，潜山油气藏更多的是强调了油气藏圈闭的几何特征，即圈闭所代表的形态具备“山形”的形态。潜山油气藏综合研究早期，将渤海湾盆地圈闭分为半背斜或单面山、残山或单面山、斜坡—鼻子、古生界背斜或半背斜四类圈闭；唐智等将潜山圈闭分为构造圈闭（半背斜、单斜）、构造—古地貌圈闭（断—溶丘）和古地貌圈闭（残丘）三类圈闭[5]；童晓光等将潜山圈闭分为单一不整合面圈闭、不整合面—断层圈闭、非渗透性顶板—断层圈闭、不整合—非渗透夹层圈闭和不整合—渗透性空间变化圈闭五类圈闭[6]。

随着潜山勘探综合研究的不断深入，对潜山油气藏分布的复杂性有了更多的认识。赵贤正等根据冀中坳陷潜山油气藏的分布位置，把潜山油气藏分为潜山顶、潜山坡和潜山内幕三类油气藏[7]。随着可钻探的高潜山不断减少，勘探不得不转向低幅度潜山和潜山内幕。李晓光把基底没有明显突起的基岩块体，不是分布在潜山山头的油气藏，包括潜山山坡和潜山内幕中的油气藏称为隐蔽型潜山油气藏[8-9]。因此，潜山油气藏的勘探已进入包括有山形和无山形的基岩油气藏的全面勘探阶段。

二、基岩油气藏

基岩（Basement Rock）一词，始见于1953年威尔特（Walters）在AAPG上发表的《中堪萨斯油田前寒武系裂缝型基岩的石油产量》一文中。1960年，兰德斯（Landes）中简单分析了多个基岩油气藏的形成条件，对基岩和基岩油气藏进行了定义，认为不整合面或侵蚀面以上沉积的年轻生油岩系所生成的油气，聚集在其下伏的古老变质岩和火成岩等岩石类型中，不论其地质年代为前寒武纪、古生代，还是中生代，都叫基岩油气藏。在兰德斯的定义中，基岩主要指变质岩和火成岩这两种岩类[1]。

1982年，潘钟祥在AAPG上发表的《基岩油气藏》一文中认为，兰德斯对基岩油气藏的定义范围太过狭窄，提出应把年轻生油岩系底部不整合面之下的下古生界和中—新元古界的碳酸盐岩和其他沉积岩类中的油气藏也涵盖进去。

1984年9月，在河北省承德市召开的全国基岩油气藏勘探学术讨论会上，陈发景认为，沉积盖层的基底具有不同的时代，基岩油气藏可以按照基岩的时代划分为前寒武纪的、古生代的及中生代的三种基岩油气藏；基岩油气藏的范围应进一步扩大到不整合于古近系生油岩系之下的早古生代或中生代沉积岩中的油气藏。因此把基岩油气藏分为两类——结晶基岩油气藏和不整合面下沉积基岩油气藏。

综上所述，基岩是一个与盆地形成时期相关联的概念，它是沉积盆地形成时的基底岩层，不同盆地的基岩，其地层时代不同，可以是结晶岩，也可以是沉积岩。基岩油气藏是盆地基底之上的烃源岩形成的油气进入基底地层而形成的油气藏。基底的差异构造运动和差异剥蚀可形成潜山，也可以形成不具山形的无幅度平地。因此基岩油气藏是一个内涵更广泛的油气藏的总称。

三、基岩内幕油气藏

20 世纪 80 年代，在中国潜山勘探实践中就提出了潜山内幕油气藏这一名词。潜山内幕油气藏指位于基岩顶面之下，在距离基岩顶面有一定距离的岩层中形成的油气藏。针对碳酸盐岩潜山内幕的特点，《潜山油气藏》把潜山内幕油气藏分为潜山内幕块状油气藏和潜山内幕层状油气藏两种类型。

由于勘探技术手段限制和地质认识的局限性，很长一段时间以来，潜山内幕油气藏的勘探没有取得实质性突破。直到 21 世纪初期，随着三维地震处理新技术和新方法的不断应用，地震剖面信噪比得到了明显提高，切实提高了潜山内幕结构划分和断层解释结果的可信度，由此带来对潜山内幕可成藏的新认识和新发现。近几年，胜利油田和华北油田在碳酸盐岩潜山内幕油气藏的勘探中不断取得新的发现。

辽河坳陷最先发现了变质岩潜山内幕油气藏。2005 年，在辽河坳陷西部凹陷兴隆台潜山带高部位钻探的兴古 7 井，在揭开 1003m 厚的太古宇变质岩之下发现内幕多层段富含油气，由此证实变质岩内幕油气藏的确存在。这一重大发现，不仅在中国石油勘探领域产生了强烈地反响，也大大推动了对变质岩内幕的勘探以及对基岩内幕油气藏的勘探研究。

辽河坳陷变质岩内幕油气藏勘探实践表明，变质岩内幕储隔层的发育是内幕油气藏形成的必要条件。在变质岩地层中，储层发育受矿物种类的控制，并据此提出了储层发育的“优势岩性”序列的概念。变质岩储层在宏观上表现出由多期裂缝形成的网络状块状储集系统，但因其原岩岩性的多元组合特征常常表现出层状或似层状结构，从而形成变质岩内幕中的多重储盖组合。

由此可见，不仅碳酸盐岩内幕可以形成油气藏，在变质岩潜山内幕中也可以形成油气藏。根据潜山的成因类型，一些石油地质工作者对潜山内幕油气藏进行了划分，例如，李丕龙按照济阳坳陷潜山的成因类型，划分为内幕单斜块断山、内幕单斜断块山、内幕单斜滑脱山、内幕褶皱块断山、内幕褶皱断块山、内幕褶皱滑脱山、内幕单斜残丘山和内幕褶皱残丘山八种油气藏类型[10-11]；赵贤正等从整个冀中坳陷的宏观角度出发，分析潜山构造演化和内幕油气藏的成藏条件，将坳陷内发育的潜山内幕油气藏分为四类：断阶—断块型潜山内幕油气藏、断脊—断块型潜山内幕油气藏、残丘—断块型潜山内幕油气藏和残丘型潜山内幕油气藏，并认为断阶—断块型和断脊—断块型潜山内幕油气藏的潜力较大[12]。

实际上，潜山内幕油气藏形成的主导因素是圈闭成因，由于潜山内幕圈闭具有多种成因类型，因此潜山内幕油气藏类型也具有多样性。

四、基岩块体油气藏

基岩块体油气藏是相对于潜山油气藏而提出的，指在不具有明显正地貌特征的基岩中所发现的油气藏，即没有山形地貌特征的基岩油气藏。

基岩块体油气藏是对基岩油气藏内涵的扩展。从基岩的地貌特征角度上，基岩油气藏可分为两类：即具有地貌突起的基岩潜山油气藏和无地貌突起的基岩块体油气藏。基岩块体油气藏具有以下特征：（1）为一个有效的油气聚集单元，不具备明显山形的特征。（2）其体积可大可小，与基岩储集性能的发育密切有关。（3）受岩性或孔渗变化的差异性影响明显。基岩块体可在其顶部和内幕分别形成相互独立的两种油气藏类型。在辽河坳陷大民屯凹陷钻探的哈 36 井，其基底为负向构造，不具备山形特征，但古近系生成的油气发生向下运移而进入基岩中，形成了典型的基岩块体油气藏。

因此，基岩块体油气藏概念的提出，开阔了基岩找油气的视野，为基岩油气藏的勘探提供了新的思路。在各个富油气凹陷中，基岩油气藏的分布具有广泛性，基岩勘探可不只局限于有山形的领域。

第二节　基岩油气藏勘探研究现状

一、国外基岩油气藏勘探研究现状

（一）国外基岩油气藏勘探现状

世界上较早从基岩中获得油流的，是美国辛辛那提隆起东翼的摩罗县潜山油气藏。那是在 1909 年勘探中—新生界油气资源时，钻遇基岩而偶然发现的。该潜山由河流侵蚀作用所形成，幅度仅 30～45m，产油层是寒武系铜岭组裂缝、溶洞发育的白云岩，生油岩为中奥陶统下蔡日层的黑色、绿色页岩，分布在诺克斯不整合面上的山间谷地，不整合面为油气运移的主要通道，油井初期日产原油 27t 左右，这是世界上首次发现的基岩油气藏。

最早有目的、有计划地钻探潜山油藏并获得成功的是委内瑞拉马拉开波盆地的拉巴斯油田。在该盆地勘探开发白垩系和古近系油层时，由于背斜轴部裂隙特别发育，推测白垩系石灰岩下的基岩裂隙发育，可能含油。经过加深钻探，1953 年，在拉巴斯构造上的 2709m 处发现了 332m 的基岩含油井段，经测试获得日产 557t 的高产油流，从而发现了基岩油气藏。其储层为三叠系—侏罗系拉昆塔变质岩和火成岩，次生裂隙发育；烃源岩为储层上覆白垩系拉龙纳层的暗色石灰岩。随后几年又钻探多口井，单井产油量最高达 1828.4m^3/d，从而使拉巴斯油田迅速成为马拉开波盆地的第三大油田。

美国堪萨斯中央隆起带是一个重要的基岩油气田分布区，包括奥斯油田、林华尔油田和克拉福特—普鲁萨油田等大油田。奥斯油田发现于 1933 年，石油产自基岩顶部前寒武系石英岩裂缝中，最高日产油达到 149.3t；林华尔油田发现于 1949 年，储层为前寒武系碎裂石英岩，日产油约 30.2t；克拉福特—普鲁萨油田的产油层主要为阿尔伯克白云岩和前寒武系石英岩的裂缝，1937 年至 1946 年的十年间，在 390 口井中共产出原油 3498×10^4t。到 1953 年，在堪萨斯中央隆起上就已发现了 11 个前寒武系基岩油田。

阿尔及利亚哈西梅萨乌德油田是阿尔及利亚发现最早、也是最大的油田。1956 年，在撒哈拉沙漠东北部的哈西迈萨乌德背斜上发现了寒武系砂岩基岩油气藏，含油面积 1300km^2，油层有效厚度 120m，单井日产量 954t，石油地质储量 35.7×10^8t。区域构造为一顶部遭受剥蚀的下古生界背斜型潜山，基底为前寒武系花岗岩、花岗闪长岩及部分变质岩组成的隆起，上覆的寒武系砂岩组成潜山隆起轴部，奥陶系—志留系砂岩、泥岩分布在潜山翼部，三叠系以区域不整合覆盖在下古生界之上。产油层为寒武系砂岩，盖层为三叠系盐岩和石膏层，烃源岩主要为志留系的黑色页岩，石油沿不整合面运移至潜山中聚集成藏。

越南南部大陆架从 20 世纪 70 年代开始进行地质、地球物理研究和钻探工作，1988 年发现了白虎潜山油田。该油田主要产油层为深部的晚侏罗世—早白垩世形成的花岗岩和花岗闪长岩，被古近系渐新统和更年轻的陆源泥质岩层所覆盖，厚度达 2.5～4.4km，储集空间由裂缝、溶洞和孔隙组成，产油层厚度超过 1000m，日产油超过 2000t，烃源岩为下渐新统泥质岩。

截至 2020 年底，除上述几个国家外，俄罗斯、西班牙、澳大利亚、加拿大、埃及、利比亚、伊朗、巴西、摩洛哥、安哥拉、匈牙利、罗马尼亚等国也多有发现。基岩已成为各国油气勘探的重要领域。

（二）国外基岩油气藏研究现状

国外基岩油气藏研究成果公开发表的并不多。或受公开资料的限制或没有重视，整体看，国外对于基岩油气藏的研究比较薄弱，而更多的是注重对基岩储层进行研究。具有代表性的是 Gutmanis 于 2009 年底在卡塔尔召开的国际石油技术会（IPTC）上对基岩储层和油气藏的评述，他认为有以下五方面的进展：（1）油气充注方面，油气向下运移进入基岩储层，或是在长期断裂活动作用下经过长距离的侧向运移进入基岩储层。（2）油气分布具有不规则的特点。（3）除风化壳之外，基质的孔隙度和渗透率很小，基岩储层的发育程度和油气产量取决于网状裂缝连通情况，基岩块状裂缝型储层的孔隙度在 0.1%～1.0% 之间，裂缝型储层的孔渗性主要集中于基岩顶部风化区和断裂发育的裂缝带。（4）岩性是基岩储集性能的重要控制因素，花岗质基岩比变质岩更有利于形成连通裂缝系统，因此具有良好的前景。（5）构造运动和断裂活动历史是裂缝发育的重要因素。

二、国内基岩油气藏勘探研究现状

（一）国内基岩油气藏勘探现状

中国基岩油气藏勘探有半个多世纪的历史。1957 年，克拉玛依油田第九区 222 号探井在 1076～1191.5m 的石炭系变质岩中获得日产 7.25t 油量，这是中国首次在基岩中获得油流。1959 年，在酒泉盆地发现的玉门鸭儿峡潜山油田，是中国发现最早的潜山油田，其储层为志留系中部泉脑沟组轻度变质的千枚岩、板岩及变质砂岩。1972 年，在渤海湾盆地济阳坳陷义和庄凸起北坡沾 11 井奥陶系石灰岩喜喷千吨高产油流，发现了义和庄潜山油田，是渤海湾盆地内首个发现的高产潜山油田，人们逐渐认识到由于断裂活动使基岩抬升形成潜山，使古近系—新近系生的油向潜山储层中运聚形成油藏。1975 年，冀中坳陷任丘潜山中元古界蓟县系雾迷山组白云岩获得了高产油流，单井日产油达 1000～3000t，单井试油最高日产油 5435t。任丘潜山油田的发现，掀起了潜山勘探的热潮，并随后在济阳、辽河、黄骅、渤中、东濮、准噶尔、酒泉、二连、百色、松辽、东海、北部湾、苏北等盆地发现多种潜山油气藏。

自 20 世纪 80 年代中后期以来，潜山勘探曾一度陷入低潮。1998 年，大港探区发现千米桥潜山凝析气藏，再次引起人们对潜山油气勘探的关注。进入 21 世纪，随着科学技术的进步，各种新理论、新技术、新方法的提出和不断应用，使潜山油气藏的研究提高到了一个新的水平。潜山油气藏的勘探已由寻找大型的、明显的、简单的潜山转移到寻找更隐蔽的、复杂的潜山，勘探目标也向深部潜山、基岩内幕以及基岩块体转变。2005 年，辽河坳陷西部凹陷兴隆台潜山实施的兴古 7 井，在距太古宇顶面之下 1003m 的 3592.0～3653.5m 井段试油，首次在深层变质岩内幕获得日产油 73.5t、日产气 6688m^3 的高产油气流。2008 年，霸县凹陷文安斜坡潜山构造带南部的文古 3 井于 4361m 进入寒武系馒头组，在距潜山顶 100 多米的府君山组 4467.13～4489m 井段获日产油 302.64t、日产气 94643m^3 的高产油气流，开辟了霸县凹陷深层潜山及潜山内幕勘探新领域。2010 年，在辽河坳陷大民屯凹陷基岩块体中实施的哈 36 井在 4076～4131.5m 井段试油，获得日产 17.32t 的工业油流，再次突破了大民屯凹陷潜山产油层的下限深度。这些新领域的不断突破也标志着基岩油气藏的勘探进入了新的阶段。

（二）国内基岩油气藏研究现状

在中国，基岩油气藏的研究起源于渤海湾盆地碳酸盐岩潜山油气藏，逐步形成了“新生古储”的油气成藏理论。早期对潜山油气藏的认识，主要局限于潜山头的风化壳，多为块状油气藏，并把潜山油气藏归结为不整合面遮挡下的剥蚀突起状油气藏。因此，把潜山等同于圈闭，把潜山油气藏的分类等同于潜山的分类。

早期认为，风化剥蚀和大气淡水的淋滤作用形成了潜山储层的重要孔隙——溶洞，碳酸盐岩风化壳岩溶带发育渗流带和潜流带。潜山油气藏是一种新生古储油气藏，不整合面是油气从新生界烃源岩中运移至潜山储层中的重要运移通道。烃源岩与潜山接触关系对潜山油气藏形成具有很大的重要性。潜山与烃源岩的位置关系导致油气藏形成特征的不同。

潜山构造演化对潜山成藏条件有重要的控制作用。冀中坳陷潜山综合研究和勘探实践证明，潜山构造演化与烃源岩演化的配置直接影响到潜山的含油气性，古隆起与主生油洼陷叠置区是古潜山主要油气聚集区；洼、断、山三位一体相依存、相伴生的古潜山带是主要油气富集带；断棱、峰顶、内幕高是潜山油田的高产部位。相对于烃源岩的形成时期，潜山可分为早埋、中埋和晚埋等不同情况，“早高、中埋、晚稳定”的古潜山是油气富集山。

随着潜山内幕油气藏的不断发现，潜山油气藏的概念不能局限于潜山头油气藏。潜山内幕油气藏与潜山顶部风化壳油气藏属于分布于潜山不同位置的油气成藏组合，尽管二者分布位置不同、输导条件不同、圈闭因素不同，但二者同属于统一的油气运聚系统。

相对于碳酸盐岩潜山油气藏而言，变质岩潜山油气藏研究程度还比较低。碳酸盐岩内幕油气藏的成层性是否在结晶岩中也存在仍处于探索之中。辽河油田变质岩勘探成果进一步证明，在太古宇变质岩中广泛发育层状或似层状的储层，这种层状结构与变质岩的矿物种类有关。变质岩储层形成的“优势岩性序列”观点[13]，为变质岩储层测井评价提供了可靠的理论基础。

辽河坳陷的变质岩潜山勘探研究成果和实践，为基岩油气藏理论奠定了重要基础。在富油气凹陷之中，基岩油气藏的形成不再局限于有山形的基岩，无山形的基岩块体也可成藏，因而基岩油气藏的形成和分布具有广泛性。

第三节 辽河坳陷基岩油气藏勘探历程

辽河坳陷基岩油气藏的勘探历程，大致可分为四个勘探阶段。

一、潜山勘探大发展阶段（1972—1994 年）

1972 年，辽河坳陷西部凹陷兴隆台油田在勘探开发古近系系时，部署于构造高部位的兴 210 井、兴 213 井在钻探沙三段以下地层过程中发现高压异常段：兴 210 井在 2438～2588m 井段钻遇巨厚的砂砾岩段，出现大段气测异常，在下油层套管过程中，发生井喷，导致钻井平台基础下沉，井架倒塌报废；兴 213 井在钻到 2222～2236m 井段也发生强烈井喷，被迫钻杆完井，1973 年测试日产凝析油 110t、凝析气 $80\times10^4m^3$，投产以来长期高产稳产。当时认为兴 210 井和兴 213 井钻遇的该套地层都是沙四段，后经研究认为，兴 210 井钻遇的是新太古界，兴 213 井钻遇的是中生界。兴 213 井的这一偶然发现证实潜山是重要的勘探领域，无意中成为辽河坳陷第一口潜山产油井。

1975 年，渤海湾盆地冀中坳陷饶阳凹陷中央潜山构造带任 4 井发现任丘高产潜山。受该井中—新元古界海相碳酸盐岩勘探突破的启发，辽河石油地质工作者通过对曙 2 井井底岩屑的仔细观察和薄片鉴定，确认辽河坳陷也发育任丘潜山中—新元古界的碳酸盐岩储层，由此开始以潜山为主要目的层的勘探部署工作：通过认真研究辽河坳陷的基底构造和起伏变化，并对坳陷的周边进行地质调查和野外踏勘，确立了以海相碳酸盐岩为主要目的层的勘探思路。1979 年，在西部凹陷西部斜坡带曙光地区的曙 2 井井场上，部署了第一口潜山探井——曙古 1 井，经酸化后获得日产 525.6t 的高产油流，一举发现了曙光石灰岩潜山油藏，这是首个在辽河坳陷找到的元古宇潜山油藏。曙古 1 潜山的发现，在辽河坳陷迅速掀起了潜山勘探的热潮。随后，在西部凹陷西部斜坡带先后发现了曙光潜山（曙古 32 潜山）、杜家台潜山和胜利塘潜山等元古宇潜山油藏。

1982 年，在大民屯凹陷东胜堡潜山部署胜 3 井，钻遇太古宇混合花岗岩潜山，获得日产 221.4t 的高产油流，从而拉开了大民屯凹陷潜山勘探的序幕。1983 年，在大民屯凹陷静安堡断裂鼻状构造带上部署的静 3 井揭开白云岩厚度 80m，获得日产油 223.3t、天然气 $2263m^3$ 的高产油气流，首次在大民屯凹陷发现中—新元古界潜山油气藏。在随后几年的勘探中先后发现了静北石灰岩潜山、曹台潜山、边台潜山、静安堡潜山、法哈牛潜山等一系列油气藏，扩大了勘探成果。1984 年 7 月，胜 10 井试油获日产油 1306t、天然气 $7\times10^4m^3$ 的高产油气流，成为辽河坳陷第一口太古宇潜山千吨井。同年 8 月，安 74 井试油获日产油 2508t、天然气 $5.8\times10^4m^3$ 的高产油气流，成为辽河坳陷第一口中—新元古界潜山双千吨井。

二、低（位）潜山勘探阶段（1995—2004 年）

随着潜山勘探的发展，容易发现的高潜山越来越少，潜山勘探进入相对低潮期。20 世纪以后，随着地震处理新技术、新方法的不断应用，促进了潜山精细勘探的发展，低潜山成为重要的勘探对象。

1995 年，曙光潜山低部位部署的曙 103 井在 3359.6～3400.0m 井段碳酸盐岩中试油，获日产油 184t、天然气 $10659m^3$ 的高产油气流，突破了低潜山（潜山埋深大于 3000m）无油的思想禁锢，拓宽了辽河坳陷潜山的勘探领域，推动了辽河坳陷向低潜山勘探的进程。

2000 年，利用大民屯凹陷已有的三维地震资料开展了 $800km^2$ 的潜山连片编图，在搞清潜山区域构造格局的同时，对潜山带进行了重新划分。大民屯凹陷潜山从东到西可分为三个大的潜山带：边台—法哈牛潜山带，主要包括法哈牛潜山、边台潜山、曹台潜山和白辛台潜山；东胜堡—静安堡潜山带，主要包括东胜堡潜山、静安堡潜山及静北潜山等；西部斜坡潜山带，主要包括前进潜山、平安堡潜山和安福屯潜山等。这些潜山带在剖面上表现为高、中、低三个台阶（主要指凹陷的中北部），分别称其为高潜山、中潜山和低潜山。以往的勘探工作主要集中在高潜山、中潜山上，对低潜山缺乏必要的认识。通过研究认为，低潜山相对于高潜山、中潜山而言，具有更加优越的成藏条件：一是油源充足，沙四段生成的油气不需要经过长距离的运移；二是低潜山受晚期构造活动改造较弱，早期形成的潜山圈闭不易被晚期构造活动所破坏；三是低潜山埋藏相对较深，地温较高，有利于高凝油的流动。由此看来，低潜山应该具有良好勘探前景。在这种理念的指导下，摆脱以往大民屯凹陷潜山油水界面为 3100m 的传统认识的束缚，解放思想，甩开勘探，使大民屯凹陷潜山的油气勘探不断向纵深扩展。从过去的钻探潜山顶面深度平均为1929m，2000～2004年的五年间钻遇潜山井45口，平均潜山顶面深度3163m，使潜山顶深平均下移1234m，极大地扩展了潜山纵深勘探领域。在2000—2004年的5年间，低潜山勘探井有39口井解释出油气层，试油获工业油气流井20口，其中沈625井、沈229井、沈628井、沈262井等获得百吨以上高产油流。安福屯潜山、东胜堡西侧低潜山、边台潜山、平安堡潜山带成为辽河油气区增储稳产的重点领域。

2003年12月4日，马古1井在3844.83～4081.02m井段获得高产油气流，拉开了辽河坳陷深层潜山勘探的序幕。随后钻探的陈古3井以潜山4700m的深度刷新了辽河坳陷潜山出油底界新纪录。2004年，在西部凹陷马圈子潜山部署的马古3井在911m厚的中生界之下钻遇441m厚的太古宇，试油获工业油气流。

三、潜山内幕勘探阶段（2005—2009年）

2005年8月28日，辽河坳陷西部凹陷兴隆台潜山的兴古7井揭露潜山1640m，并获得工业油气流，标志着辽河坳陷基岩内幕油气藏勘探获得突破。

兴古7井在2589.5m钻遇太古宇，加深钻探至4230m，揭露了1640.5m太古宇变质岩，在太古宇3592.0～3653.5m井段试油，获日产油73.5t、日产气6688m^3，首次在基岩深层内幕发现高产油气流；继兴古7井之后，钻探的兴古8井、兴古7-1井、兴古7-3井和兴气9井均在太古宇潜山深层内幕获高产油气流，证明兴隆台太古宇变质岩潜山是一个内幕多层含油的大油田。

兴隆台潜山内幕的突破，拉开了基岩内幕油气藏勘探的序幕，这是辽河坳陷变质岩内幕勘探的里程碑。在这一勘探理念的支持下，2008年在中央凸起带部署赵古1井，该井从3090m开始进入太古宇，最终完钻井深4259m，其中在3090～3274m井段见油层21m/1层、差油层70.6m/5层，在3274～3230m井段试油，压裂后使用5mm油嘴放喷，日产油16.5t。赵古1井的突破，宣告长期禁锢的中央凸起内幕获得历史性的突破！随后钻探的赵古2井，钻遇太古宇厚度2311m，在太古宇2590.5～2654m井段试油，累计产油22.1t、产气2195m^3。

中央凸起带发现变质岩内幕油气藏，证明中央凸起带基岩块体的具有较大油气勘探潜力。这一勘探突破，带来对辽河坳陷基底整体含油性的新思考，标志着辽河坳陷基岩油气藏规模勘探进入新的历史阶段。

四、基岩油气藏勘探新阶段（2010年至今）

中央凸起带内幕油气藏的发现，启发了研究者对辽河坳陷基岩整体含油的思考，形成了不仅具山形的潜山含油，那些没有山形特征的基岩块体也可成为有利勘探对象的新理念。这一勘探新理念的转变，标志着辽河坳陷基岩勘探进入了一个全新的勘探阶段。

2010年，在大民屯凹陷基岩块体上部署了沈309井、胜27井和哈36井，其中沈309井和胜27井相继获得日产17.28t的工业油流，哈36井在4076.0～4131.5m井段获得日产 17.32t 的工业油流，这些发现突破了过去对大民屯凹陷产油层下限的传统理念，认识到“基岩油气藏底界深度可以大于生油岩底界深度”。这一新认识为在基岩“负向构造”中寻找油气提供了理论依据，拓展了基岩油气藏的勘探领域，将以基岩块体为单元作为下一步油气勘探的主要目标区。

综上所述，辽河坳陷基岩油气勘探，经历了从高潜山到低潜山，从潜山顶部风化壳到潜山内幕，再到基岩块体的勘探目标变化，证明辽河坳陷基岩是一个非常重要的勘探领域，引领了中国基岩勘探的新方向，同时也形成了基岩油气成藏的新认识，不断丰富和发展了基岩油气成藏理论。

第四节　辽河坳陷基岩油气藏理论认识进展

辽河坳陷基岩油气藏勘探实现从狭义的潜山到广义的基岩块体勘探理念的逐步转变，是基于对基岩地层、基岩储层和基岩油气成藏特征认识的不断深化和实践基础上提出的。这些新认识丰富和发展了基岩油气成藏理论，成为了基岩油气藏勘探的理论指导。

辽河基岩油气藏勘探研究表明：富油气凹陷基底是一个很有勘探潜力的领域；基底不仅发育潜山油气藏，同时也存在没有山形的基岩块体油气藏；不仅基岩顶部风化壳可形成油气藏，而且基岩内幕也可形成多种类型的油气藏；基岩地层的多重多元地质结构，形成变质岩地层的层状或似层状结构，并形成多重储盖组合；多期次构造运动形成了变质岩储层立体网络裂缝储集系统；岩石抗压和抗剪能力的差异形成储层优势岩性序列，成为变质岩储层评价的依据和理论基础；源—储关系决定了基岩油气藏的形成方式，供油窗口和多元输导体系是基岩油气藏形成的重要控制因素[14-15]。这些成果是基岩油气藏理论认识的重要内容，下面分别予以描述。

一、富油凹陷基岩油气藏分布具有广泛性

传统认识上对基岩油气藏的理解，多认为具有山形特征的潜山油气藏。辽河坳陷勘探实践表明，不仅基岩潜山可形成油气藏，没有山形的基岩块体也可形成油气藏。

基岩块体油气藏具有以下特征：第一，不具备山形特征但其中发育良好储集空间的基岩体；第二，源—储关系比较紧密，多为源下基岩，烃源岩向下排烃而成藏；第三，油气藏可以发育于基岩顶部，也可分布于基岩内幕；第四，基岩块体油气藏不一定是块状，可以是层状，也可以是不规则状的蜂窝状。

基岩块体油气藏的提出，丰富了基岩油气藏的内涵，据此，基岩油气藏可进一步划分为基岩潜山油气藏和基岩块体油气藏。基岩块体油气藏的形成在理论上拓展了基岩油气勘探领域，为富油气凹陷基岩油气藏整体勘探提供了理论依据。

二、基岩地层发育多元多层结构，形成多重储盖组合

一般认为，变质岩为块状结构。事实上，辽河坳陷勘探研究表明，该地区太古宇具有

层状或似层状结构。这种层状或似层状结构的形成是由变质岩的原岩决定的，原岩主要由火山碎屑岩、沉积岩及中酸性火成岩构成，在其变质岩化和混合花岗岩化过程中，由副变质作用和正变质作用而形成浅粒岩、变粒岩、片麻岩、角闪岩等，并一定程度地保留了其原岩的基本结构和构造特征。

变质岩的层状结构不同于碳酸盐岩的层状结构，但二者共同构建了辽河坳陷基底的多元多层结构。辽河坳陷基底是由太古宇、元古宇、古生界及中生界等多时代地层构成。这些多时代、多岩性的地层在不同地区构成了不同的多元多层结构。例如，西部凹陷西斜坡基底为中生界—元古宇和中生界—太古宇双元多层结构，兴隆台地区和冷家地区基底为中生界—太古宇双元多重多层结构；大民屯凹陷西断槽为中—新元古界碳酸盐岩—石英岩单元多层结构，静北地区为中—新元古界石灰岩单元多层结构，东胜堡地区为太古宇单元多层结构。

基岩多元多层结构以及不同的岩性组合形成了基岩纵向上的多套储盖祖合。在中—新元古界中，长城系大红峪组和高于庄组共划分为四段 18 个小层，偶数层岩性主要为白云岩、石英岩，形成储层，奇数层岩性的泥质含量较多，容易形成隔层；二者组成多重储—盖组合；在太古宇变质岩中，以角闪岩类、基性侵入岩（煌斑岩、辉绿岩）类为主构成的层段主要成为隔层，以浅色矿物为主的层段则主要成为储层。

基岩的多元多层结构及多重储盖组合的认识，打破基岩块状油气藏的局限认识，突破了潜山油藏“高点控油，统一油水界面，风化壳控藏”的认识，不仅丰富了基岩油气藏理论，也为“油层之下找油层，干层之下找油层和水层周边找油层”的勘探新理念提供了理论依据。

三、基岩储层发育具有“优势岩性”序列

太古宇变质岩储层发育明显受岩性控制。同等构造应力的作用下，暗色矿物含量高的岩石不容易发育裂缝；暗色矿物含量较少的岩石容易产生裂缝成为储集岩。按照暗色矿物含量的多少对变质岩潜山中的岩石进行排序，序列中靠前的岩石相对于靠后的岩石容易形成储层，故称为“优势岩性”。优势岩性不是指某一种岩石，而是指在系列岩类中，它们形成储层的优劣顺序，具有相对性。

实验室实验表明，在压应力环境下，浅粒岩的抗压强度较小，最易产生裂缝，其次为混合岩，斜长角闪岩抗压强度最大，不容易形成裂缝。因此，压应力条件下的浅粒岩、混合岩能够在太古宇基岩内幕更容易形成储层，是基岩内幕储集空间形成的重要岩类。在剪切应力条件下，浅粒岩、变粒岩的抗剪强度最小，混合岩和片麻岩次之，角闪岩、基性侵入岩和斜长角闪岩抗剪强度最大。因此，在剪切环境下，它们形成储层的难易程度不同。这种差别的原因在于其结构类型的差异，结构非均一性越强，在剪应力条件下越易破碎形成储层。浅粒岩、变粒岩的结构基本以粒状为主，岩石具有典型的粒状结构特征：混合岩一般具有条带状特征，片麻岩往往表现为片麻状结构；侵入成因的中酸性火成岩表现出斑状或似斑状的结构特征，基性侵入岩以及角闪岩往往表现出微片理结构；斜长角闪岩一般

表现为块状结构。

“优势岩性”序列的提出创新了太古宇基岩内幕储层形成机理，这意味着变质岩储层发育既有必然性，也存在相对性，为太古宇基岩内幕储层发育具有普遍性提供了理论依据，在实践中拓展了太古宇基岩的勘探领域。同时，也使依据矿物含量对变质岩储层进行“四性关系”测井评价成为可能。

四、储层发育多期裂缝，形成了立体网络块状运储系统

裂缝是变质岩储层的主要储集空间。辽河坳陷基底经历了多期次构造变动，成为基岩储层裂缝形成的有利环境。印支期的南北向挤压褶皱作用，燕山期北西—南东向的挤压与拉张作用，喜马拉雅期的拉张及剪切作用形成多期次的张扭剪裂缝、压扭剪裂缝、走滑直立剪裂缝和伸展中高角度缝。这些不同时期的裂缝相互穿插切割，形成立体网络块状运储体系，一方面作为内幕储层的储集空间储存油气，另一方面作为基岩内部油气微观运移通道，起输送油气和分配油气进入基岩内部不同的优势储层段的作用，形成“藕断丝连”的多层多油水系统的基岩油气聚集带。

五、源—储关系决定了基岩油气藏的形成方式

基岩油气藏属于“新生古储”型油气藏。烃源岩与储层之间的空间位置关系不同，其输导类型不同，基岩油气藏形成的方式则不同。按照源—储关系，基岩油气成藏模式分为源下型、源边型和源外型三种。

源下型成藏模式指基岩被一定范围的烃源岩直接覆盖。这种类型的基岩油气藏主要分布于埋藏深、幅度较低的基岩区，比较多见于生烃洼陷区中。如西部凹陷曙光低潜山带的曙 103 潜山，大民屯凹陷的东胜堡潜山、平安堡潜山、安福屯潜山等，沙三段和（或）沙四段成熟烃源岩直接覆盖在基岩上，烃源岩生成的油气在异常压力的驱使下，直接向下运移，进入基岩储层，形成基岩油气藏。该类油气藏具有油源充足、储层发育、盖层保存条件好等优越地质条件。

源边型成藏模式指烃源岩仅覆盖在潜山四周或某几个方向的翼部下倾方向，潜山顶部没有覆盖烃源岩，翼部烃源岩形成的油气通过断面或者不整合面进入基岩储层中。辽河坳陷已发现的基岩油气藏，大多数属于这种类型，例如，西部凹陷兴隆台潜山带、齐家潜山、中央凸起的赵古潜山、大民屯凹陷的法哈牛潜山等，它们周边被生烃洼陷所环抱，油气通过断层或不整合进入潜山后，或形成基岩顶部油气藏，或形成基岩内幕油气藏，或形成多个成藏组合。

源外型成藏模式指基岩距离烃源岩有一定距离，油气需要通过一定距离的运移进入基岩储层。该类型的基岩潜山一般位于较高部位，如西部凹陷胜利塘潜山、曙光高—中潜山，大民屯凹陷曹台潜山等。这些潜山距离生烃洼陷都较远，生烃洼陷生成的油气通过断层或不整合型输导体系而最终进入基岩储层中。

六、供油窗口和多元输导体系控制了基岩油气藏的形成

供油窗口指剖面上烃源岩层的底界与潜山顶界的高程差。由于烃源岩埋深的差异，供油窗口大小是有变化的。供油窗口的底界深度决定了潜山的含油幅度，烃源岩层底界有多深，潜山成藏底界就有多深。这一认识的突破，在勘探上不仅指导了基岩勘探向更深发展，而且把只关注“局部潜山”的勘探，拓展到对全坳陷的基岩勘探，从而为基岩整体勘探潜力评价提供了理论依据。

输导体系是沟通基岩与烃源岩联系的重要纽带。断层和不整合面是两种基本的也是最重要的输导体系。基岩不仅存在不整合面输导方式，而且存在断层裂缝构成的内幕输导方式。输导体系为基岩不同位置形成不同类型油气藏提供了输送油气的作用。不整合输导层控制风化壳型基岩油气藏的形成；断层裂缝层控制基岩内幕油气藏的形成。这一认识，大大拓展了基岩找油气范围，不仅在烃源岩附近的潜山顶可以形成油气藏，而且在基岩内幕以及远离生烃中心的基岩块体都可以形成基岩油气藏。

通过近十年的不断勘探实践，辽河坳陷基岩油气藏不仅在传统基岩油气藏成藏理论基础上，创建和发展了基岩内幕油气成藏理论，而且在基岩勘探上实现了由找构造和古地貌潜山转向埋藏更深、更隐蔽的基岩内幕油气勘探。同时，带来辽河坳陷基岩勘探领域三项重大突破：一是兴隆台基岩油气藏形成两亿吨级储量规模；二是大民屯基岩油藏取得重大突破，形成亿吨级储量规模；三是中央凸起、西部凸起两大“勘探禁区”获重大突破，初见亿吨级储量规模。累计新增探明石油地质储量 7906.8×10^4t，控制石油地质储量 12427.72×10^4t，预测石油地质储量 11599×10^4t，储量规模 31933.52×10^4t，新建原油产能近 100×10^4t/a。

辽河坳陷基岩油气藏勘探理论和技术的发展，为以凹陷为单元的“整体评价、整凹勘探、规模发现”奠定了基础，将“潜山”勘探领域逐步拓展到整个“基岩”勘探领域，横向上将一个含油气盆地的勘探面积由 10%～15% 提高到 100% 的油气可能运聚的基岩内幕中，纵向上由幅度 200m 内的风化壳拓展到 100% 的油气可能运聚到的基岩领域。这些理念的提出，不仅对辽河油田的持续稳定发展具有重大的理论意义，并促进油气勘探行业科技进步，而且对拓展中国油气勘探新领域、保障油气勘探重大发现和国家能源安全提供重要理论和技术支撑。

参考文献

[1] Landes K K. Petroleum resources in basement rock [J]. AAPG Bull，1960，(44)：1682-1691.

[2] 阎敦实，王尚文，唐智．渤海湾含油气断块活动与古潜山油、气田的形成[J]．石油学报，1980，1(2)：1-10.

[3] 唐智．我国东部含油气盆地特征[M]．北京：科学出版社，1982.

[4] 华北石油勘探开发设计院．潜山油气藏[M]．北京：石油工业出版社，1982.

[5] 唐智，常承永．对华北震旦亚界古生界原生油气藏形成条件的探讨[J]．石油勘探与开发，1978，5(5)：1-14.

［6］童晓光．辽河拗陷石油地质特征［J］．石油学报，1984，5（1）：19-27.

［7］赵贤正，金凤鸣，等．富油凹陷隐蔽型潜山油气藏精细勘探［M］．北京：石油工业出版社，2010.

［8］李晓光，郭彦民，等．大民屯凹陷隐蔽型潜山成藏条件与勘探［J］．石油勘探与开发，2007，34（2）：135-141.

［9］李晓光，刘宝鸿，等．辽河坳陷变质岩潜山内幕油藏成因分析［J］．特种油气藏，2009，16（4）：1-12.

［10］李丕龙，张善文，等．多样性潜山成因、成藏与勘探——以济阳坳陷为例［M］．北京：石油工业出版社，2003.

［11］李丕龙，张善文，等．断陷盆地多样性潜山成因及成藏研究——以济阳凹陷为例［J］．石油学报，2004，25（3）：28-31.

［12］赵贤正，吴兆徽，等．冀中坳陷潜山内幕油气藏类型与分布规律［J］．新疆石油地质，2010，31（1）：4-6.

［13］李军，刘丽峰，等．古潜山油气藏研究综述［J］．地球物理学进展，2006，21（3）：879-887.

［14］孟卫工，张占文，等．辽河坳陷潜山内幕多期裂缝油藏模式的建立及其地质意义［J］．石油勘探与开发，2006，36（6）：649-652.

［15］孟卫工，李晓光，等．辽河坳陷基岩油气藏［M］．北京：石油工业出版社，2012.

第二章　辽河坳陷基底结构特征

辽河坳陷位于渤海湾盆地东北部，前中生界的大地构造属华北地台，是辽冀台向斜的一部分，西连燕辽沉陷带，东邻辽东台背斜，北抵内蒙地轴东段。经历陆块形成、陆块平稳发展、南北陆缘定型三个阶段的演化，发育新太古界、中—新元古界、古生界。

中生代，在燕山运动的作用下，该区及周边断裂和火山活动强烈，区内发育以火山岩碎屑岩沉积为主的上侏罗统—下白垩统陆相沉积地层。

古新世以来，在喜马拉雅造山运动的作用下，由于太平洋板块向欧亚板块的俯冲和深部地幔物质的上涌，经历地壳拱张—裂陷—坳陷三大演化阶段，沉积了古近系、新近系和第四系等面貌不同的构造层[1]。

第一节　基底地层特征

根据辽河坳陷探井钻遇和周边出露地层，自下而上依次为太古宇、元古宇、古生界、中生界和新生界，共分 3 个宇、7 个界、15 个系级地层单位，包括辽西和辽东两个地层分区约 90 个组级岩石地层单元（表 2-1-1、表 2-1-2），时间跨度近 3000Ma，地层累计厚度大于 15000m[2-14]。新太古界—古元古界为褶皱变质岩结晶基底，中—新元古界—中生界为华北地台型沉积盖层。新生界为台褶带断陷盆地沉积盖层。本书所指的基岩包含了新太古界到中生界的前新生界所有年代地层。

辽东和辽西的前新生界有着明显的差异，大致以山海关—清原（古陆）为界，分为辽东型和辽西型两大类型。辽东型太古宇以副变质岩较多为特征，见较多的斜长角闪岩、浅粒岩、变粒岩等；缺少中元古界，新元古界与古生界十分发育；中生代侏罗纪的大部分时间处于隆起状态，从晚侏罗世开始裂陷，直至早白垩世，主要发育上侏罗统和白垩系。辽西型太古宇变质程度较深，以混合花岗岩、片麻岩为主，副变质岩较少；中元古界十分发育，新元古界和古生界不如辽东型发育，地层厚度较薄；中生代侏罗纪晚期开始隆起，盆地迅速消亡，下侏罗统成为盆地的最高层位，且火山岩发育。按照前新生界岩性特征和分布，西部凸起、西部凹陷、大民屯凹陷和中央凸起属于辽西型，东部凹陷和东部凸起则属于辽东型。

依据 2014 年中国地层表划分方案，太古宇五分，包括冥古宇、始太古界、古太古界、中太古界、新太古界。根据区域地质资料和岩石测年结果，辽河坳陷普遍钻遇新太古界，是坳陷最古老的基岩地层。除东部凸起中北部有浅变质岩系外，辽河坳陷大部分地区为新太古界区域变质岩类和混合岩类。古元古界在坳陷的东南部有分布，在坳陷内部也有零星钻遇，主要为一套浅变质岩类。中—新元古界主要分布在辽河坳陷西部凹陷中部、大民屯凹陷中北部有分布，岩性主要为海相碳酸盐岩夹碎屑岩。古生界主要分布在辽河坳陷东部腾鳌断层以北地区及西部凹陷中部、大民屯凹陷北部，以及滩海地区的海月、燕南潜山带，主要为海相—海陆过渡相沉积（图 2-1-1）。中生界在辽河坳陷各次级构造单元均有分布。

表 2-1-1　辽河坳陷及邻区新太古界—元古宇地层序列简表

地层				岩石地层单元		
宇	界	系	统	辽西地层小区	辽东地层小区	
元古宇	新元古界	震旦系			金县群	兴民村组
						崔家屯组
						马家屯组
						十三里台组
						营城子组
					五行山群	甘井子组
						南关岭组
						长岭子组
		南华系			桥三段	
					桥一段 + 桥二段	
		青白口系		景儿峪组	南芬组	
				龙山组	钓鱼台组	
					永宁组	
	中元古界	待建系		下马岭组		
		蓟县系		铁岭组		
				洪水庄组		
				雾迷山组		
				杨庄组		
				高于庄组		
		长城系		大红峪组		
				团山子组		
				串岭沟组		
				常州沟组		
					榆树砬子群	

续表

<table>
<tr><th colspan="4">地层</th><th colspan="4">岩石地层单元</th></tr>
<tr><th>宇</th><th>界</th><th>系</th><th>统</th><th>辽西地层小区</th><th colspan="3">辽东地层小区</th></tr>
<tr><td rowspan="6">元古宇</td><td rowspan="6">古元古界</td><td rowspan="6"></td><td rowspan="8"></td><td>华北地层区
燕辽地层分区</td><td colspan="3">胶辽地层区
辽吉地层分区</td></tr>
<tr><td rowspan="5">魏家沟岩群
迟家杖子岩群</td><td rowspan="5">辽河群</td><td colspan="2">盖县岩组</td></tr>
<tr><td colspan="2">大石桥岩组</td></tr>
<tr><td colspan="2">高家峪岩组</td></tr>
<tr><td colspan="2">里尔峪岩组</td></tr>
<tr><td colspan="2">浪子山岩组</td></tr>
<tr><td rowspan="2">太古宇</td><td rowspan="2">新太古界</td><td rowspan="2"></td><td rowspan="2">小塔子沟岩组
遵化岩群</td><td rowspan="2">鞍山岩群</td><td>上部</td><td>樱桃园组
大峪沟组
茨沟组</td></tr>
<tr><td>下部</td><td>通什村组
石棚子组</td></tr>
</table>

———— 整合接触　- - - - - 假整合　﹏﹏ 不整合　··········· 接触关系不清

表 2-1-2　辽河坳陷及邻区古生界—中生界地层序列简表

<table>
<tr><th colspan="4">地层</th><th colspan="2">岩石地层单元</th></tr>
<tr><th>宇</th><th>界</th><th>系</th><th>统</th><th>辽西地层小区</th><th>辽东地层小区</th></tr>
<tr><td rowspan="13">显生宇</td><td rowspan="13">中生界</td><td rowspan="7">白垩系</td><td rowspan="2">上统</td><td>孙家湾组 / 泉头组</td><td>大峪组</td></tr>
<tr><td>张老公屯组</td><td></td></tr>
<tr><td rowspan="5">下统</td><td>阜新组</td><td rowspan="2">聂尔库组</td></tr>
<tr><td>沙海组</td></tr>
<tr><td>九佛堂组</td><td>梨树沟组</td></tr>
<tr><td>义县组 / 沙河子组</td><td>小岭组</td></tr>
<tr><td>张家口组</td><td rowspan="3"></td></tr>
<tr><td rowspan="6">侏罗系</td><td>上统</td><td>土城子组</td></tr>
<tr><td rowspan="5">中统</td><td>髫髻山组</td></tr>
<tr><td rowspan="3">海房沟组</td><td>小东沟组</td></tr>
<tr><td>三个岭组</td></tr>
<tr><td>大堡组</td></tr>
<tr><td></td><td>转山子组</td></tr>
</table>

续表

地层				岩石地层单元	
宇	界	系	统	辽西地层小区	辽东地层小区
显生宇	古生界		下统	北票组	长梁子组
				兴隆沟组	北庙组
		三叠系	上统	老虎沟组（羊草沟组）	
			中统	后富隆山组	林家组
			下统	红砬组	红砬组
		二叠系	乐平统	蛤蟆山组	蛤蟆山组
			阳新统	石盒子组	石盒子组
			船山统	山西组	山西组
		石炭系	上统	太原组	太原组
				本溪组	本溪组
			下统		
		泥盆系	上统		
			中统		
			下统		
		志留系	普里道多统		
			拉德洛统		
			文洛克统		
			兰多弗里统		
		奥陶系	上统		
			中统	马家沟组	马家沟组
			下统	亮甲山组	亮甲山组
				冶里组	冶里组
		寒武系	芙蓉统	炒米店组	炒米店组
			第三统	崮山组	崮山组
				张夏组	张夏组
			第二统	馒头组	馒头组
				昌平组	碱厂组
			纽芬兰统		大林子组
					葛屯组

——— 整合接触　- - - - - 假整合　﹏﹏ 不整合　┈┈┈ 接触关系不清

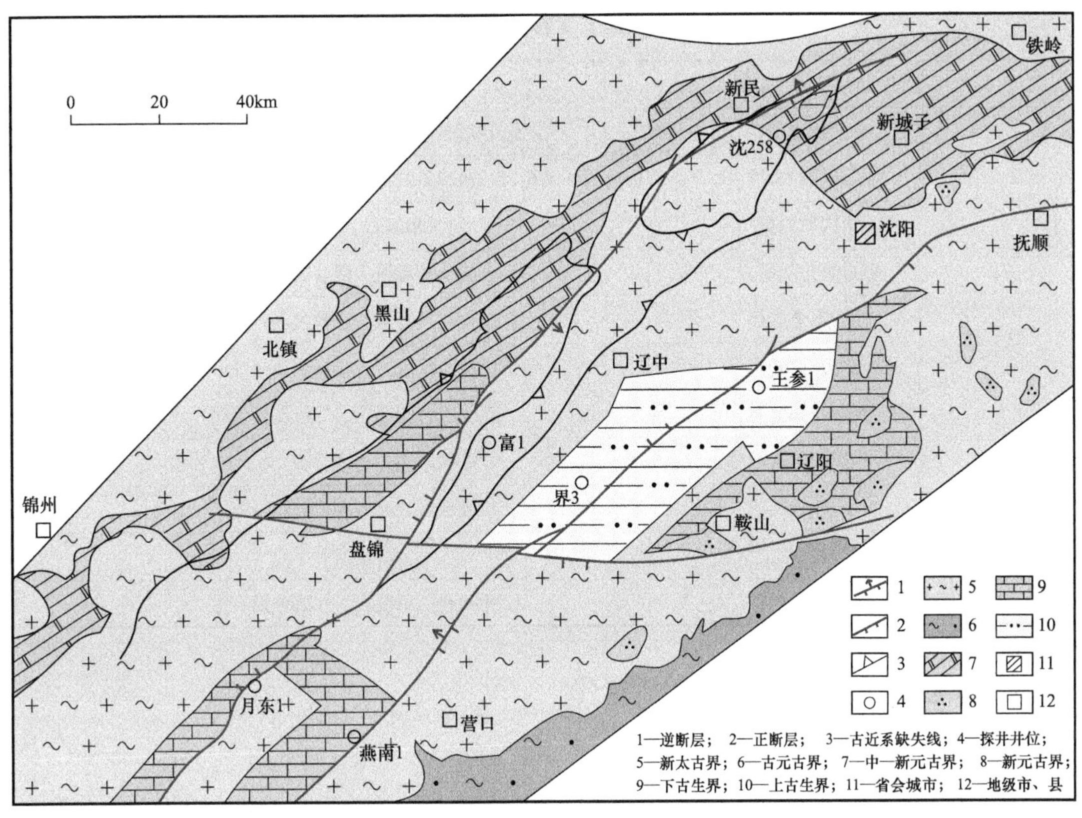

图 2-1-1 辽河坳陷前中生界基岩地层分布图

一、新太古界

新太古界（AR_3）在辽河坳陷分布广泛，岩性复杂，厚度巨大，为一套遭受区域变质和混合岩化作用而形成的中深变质岩系。出露于燕辽地层分区者为遵化岩群小塔子沟岩组；出露于辽东地层分区者为鞍山岩群。

（一）变质岩主要岩性

新太古界为辽河坳陷最下部的结晶基底，在辽河坳陷三大凹陷及中央凸起和坳陷周围广泛钻遇，尤以兴隆台潜山带和中央凸起揭露程度最高，而揭露太古宇最大的探井为大民屯凹陷曹台潜山曹 605 井，视厚度达到 2117m（未穿）。岩性多为黑云母斜长片麻岩、变粒岩、斜长角闪岩、混合花岗岩、混合岩等变质岩（表 2-1-3），此外还见到石英片岩及混合岩化热液形成的阳起石交代岩等。另外，还钻遇了花岗岩、闪长（玢）岩、煌斑岩、辉绿岩等岩浆侵入岩。

新太古界上部为一套板岩、千枚岩、片岩等，仅在东部凸起中北部有分布，辽河坳陷内未钻遇。

表 2-1-3　辽河坳陷新太古界潜山变质岩类型统计表

大类	亚类	岩石组成
区域变质岩	片麻岩类	黑云母斜长片麻岩、角闪斜长片麻岩等
	长英质粒岩类	黑云斜长浅粒岩、角闪斜长浅粒岩、斜长浅粒岩、二长浅粒岩等
	角闪质岩类	斜长角闪岩、角闪石岩等
混合岩	混合岩化变质岩	混合岩化片麻岩、混合岩化变粒岩等
	注入混合岩类	条带状混合岩、浅粒质混合岩等
	混合片麻岩类	条带状混合片麻岩、花岗质混合片麻岩等
	混合花岗岩类	斜长混合花岗岩、二长花岗岩等
动力变质岩	构造角砾岩类	构造角砾岩等
	压碎岩类	碎裂岩、碎斑岩、碎粒岩等
	糜棱岩类	糜棱岩等
	构造片岩类	片状斜长角闪岩、片状角闪岩等

（二）变质岩原岩恢复及变质年代

1. 变质岩原岩恢复

变质岩的原岩恢复，对重建变质岩地区的地壳演化、地层序列的建立和找油气具有重要意义。岩石化学和地球化学方法是恢复变质岩原岩的主要手段，特别是地质产状和变余结构、构造完全消失的环境[15]。对辽河坳陷区域变质岩的原岩恢复，采取岩石化学判别图解与岩相学研究相结合的手段，在样品的选取上选择岩心、岩屑没有经过混合岩化干扰的岩性，进行岩石化学全岩分析。

辽河坳陷地球化学分析的样品主要包括角闪石岩类、混合岩类、片麻岩类和变粒岩类，其主量元素分析数据显示：SiO_2 的含量为 40.60%～71.25%，Al_2O_3 含量为 4.61%～19.01%，$FeO+Fe_2O_3$ 含量为 3.25%～18.33%，CaO 含量平均小于 10%，除 2 个样品外 K_2O 的含量均小于 Na_2O，大多数样品具有正变质岩特征。将氧化物数据进行计算，折算为尼格里值（表 2-1-4），进而用图解恢复原岩。

表 2-1-4　大民屯凹陷中央潜山带变质岩主量元素恢复参数表

井号	深度 / m	岩性	Al	Fm	C	Alk	∑	c	fm	al	alk	Si	（al+fm）－（c+alk）
沈 288	3717.0	黑云斜长变粒岩	160.7	147.9	83.0	89.1	480.7	17.3	30.8	33.4	18.5	210.4	28.4
胜 11-7	2768.5	黑云斜长变粒岩	145.9	105.1	34.2	103.9	389.1	8.8	27.0	37.5	26.7	285.8	29.0
胜 21	3078.5	黑云斜长变粒岩	146.9	181.6	68.8	85.6	482.9	14.3	37.6	30.4	17.7	202.6	36.1

续表

井号	深度 / m	岩性	Al	Fm	C	Alk	∑	c	fm	al	alk	Si	（al+fm）-（c+alk）
沈 288	3620.5	黑云母斜长片麻岩	166.3	218.3	121.5	94.3	600.3	20.2	36.4	27.7	15.7	137.3	28.1
安 150	3464.0	角闪斜长片麻岩	148.7	278.7	90.4	77.9	595.8	15.2	46.8	25.0	13.1	155.5	43.5
安 151	3016.0	角闪斜长片麻岩	157.8	228.1	108.4	77.1	571.5	19.0	39.9	27.6	13.5	158.6	35.1
安 151	3090.0	角闪斜长片麻岩	175.6	298.9	167.9	56.7	699.1	24.0	42.8	25.1	8.1	121.5	35.8
安 151	3200.0	角闪斜长片麻岩	164.7	212.1	116.9	78.9	572.7	20.4	37.0	28.8	13.8	152.4	31.6
安 151	3478.0	角闪斜长片麻岩	163.9	261.9	145.5	70.1	641.5	22.7	40.8	25.6	10.9	135.5	32.8
安 151	2886.6	角闪斜长片麻岩	186.4	301.9	150.8	54.7	693.7	21.7	43.5	26.9	7.9	111.2	40.8
安 21	2952.5	角闪石岩	45.2	578.1	241.8	11.2	876.4	27.6	66.0	5.2	1.3	90.9	42.3
安 150	3700.0	角闪石岩	167.0	533.5	30.4	35.8	766.6	4.0	69.6	21.8	4.7	87.1	82.7
安 21	2685.1	斜长角闪岩	132.1	354.9	148.9	57.4	693.2	21.5	51.2	19.1	8.3	115.1	40.5
安 21	2685.3	斜长角闪岩	114.0	443.1	156.1	54.3	767.5	20.3	57.7	14.9	7.1	97.6	45.2
安 21	2736.1	斜长角闪岩	153.6	359.0	133.8	64.4	710.8	18.8	50.5	21.6	9.1	115.3	44.2
安 21	2881.8	斜长角闪岩	162.3	342.2	152.6	59.4	716.5	21.3	47.8	22.7	8.3	113.4	40.8
安 107	2731.5	斜长角闪岩	142.7	69.2	50.0	98.0	359.9	13.9	19.2	39.6	27.2	326.0	17.7
安 150	3448.0	斜长角闪岩	130.7	291.7	119.9	71.2	613.4	19.5	47.6	21.3	11.6	141.2	37.7
安 151	3158.0	斜长角闪岩	162.7	301.0	152.8	62.5	678.9	22.5	44.3	24.0	9.2	117.6	36.6
安 151	2885.6	斜长角闪岩	142.9	368.9	200.1	42.9	754.9	26.5	48.9	18.9	5.7	98.1	35.6
安 151	2885.9	斜长角闪岩	147.6	408.0	199.2	33.2	788.0	25.3	51.8	18.7	4.2	90.4	41.0
安 151	2886.2	斜长角闪岩	182.6	299.3	209.5	45.2	736.5	28.4	40.6	24.8	6.1	98.0	30.9

黑云斜长变粒岩岩石在 al−alk 图解中主要落在中酸性凝灰岩区（图 2−1−2）；在［（al+fm）−（c+alk）］/Si 图解中沈 288 井、胜 21 井落在细角岩—安山岩区并靠近硬砂岩，胜 11−7 井落在角斑岩—流纹岩区（图 2−1−3）。综合分析该变质岩的原岩为中酸性火山岩及凝灰岩建造。

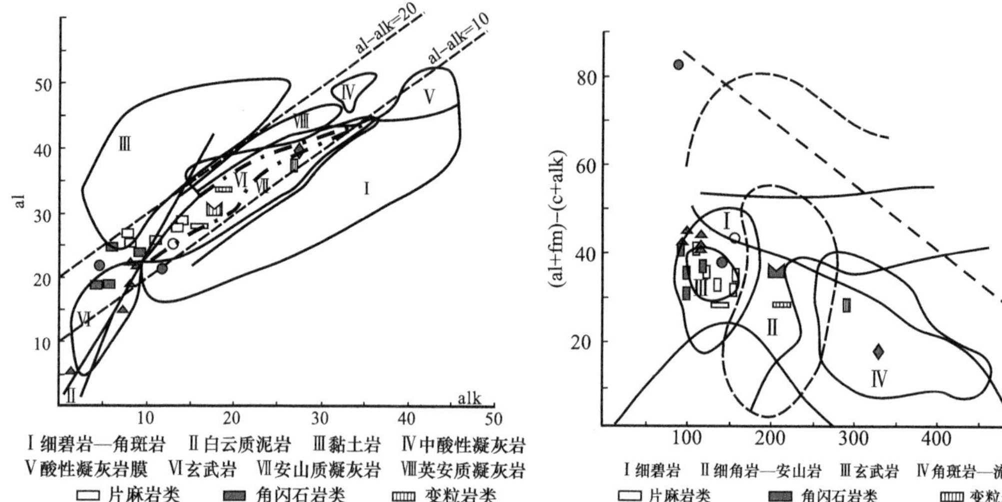

图 2−1−2　黑云斜长变粒岩 al−alk 图解

图 2−1−3　黑云斜长变粒岩［（al+fm）−（c+alk）］/Si 图解

角闪斜长片麻岩、斜长角闪岩和角闪石岩岩样主要采自安 21 井岩心、安 150 井和安 151 井岩心及岩屑，从岩石微观鉴定看，这三种岩石交叉出现，仅是角闪石和斜长石含量不同，在局部井段可以看到长石呈长板状，具辉绿岩和辉长岩的特征。在 al−alk 图解中主要落在玄武岩区域，少量落在黏土岩区；在［（al+fm）−（c+alk）］/si 图解中落在玄武岩和细碧岩区；在 CaO−MgO−FeO* 图解中落在正变质基性区（图 2−1−4）。综合上述图解特征及镜下微观鉴定的结构特点，认为安 150 井—安 151 井—安 21 井一带变质原岩为岩浆岩，为大面积的基性岩喷发区或基性岩侵入区。

原岩恢复结果表明：黑云母斜长片麻岩原岩为中酸性火山碎屑岩同时有沉积岩加入；斜长角闪岩和角闪斜长片麻岩原岩为玄武岩、玄武质火山碎屑岩，局部有陆源碎屑物质明显加入；黑云角闪斜长变粒岩原岩为玄武质火山碎屑岩和英安质火山碎屑岩。

对比西部凹陷兴隆台潜山带和大民屯凹陷前进潜山带的变质岩原岩恢复结果，西部凹陷兴隆台潜山带变质岩原岩为一套中酸性火山岩、火山碎屑岩和沉积岩，变质后形成了一套以黑云母斜长片麻岩为主的区域变质岩，后期经历了混合岩化改造，在构造应力作用下形成储层；大民屯凹陷前进潜山带变质岩原岩为以玄武岩、玄武质火山碎屑岩为主，夹中酸性火山碎屑岩和沉积岩，变质后形成一套角闪质岩和变粒岩，并且二者呈韵律层状交替出现，局部夹浅粒岩，角闪质岩在构造应力作用下不易形成储层；因此，前进潜山储层发育相对较差。

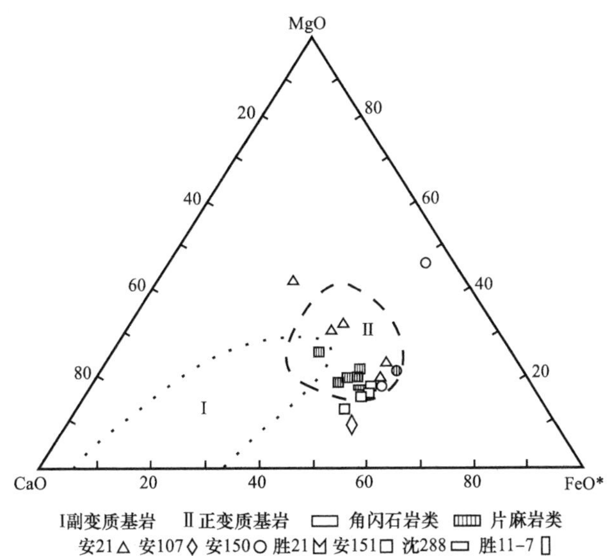

图 2-1-4　角闪斜长片麻岩、斜长角闪岩和角闪石岩的 CaO-MgO-FeO* 图解

2. 变质岩变质年代

在漫长的地质历史中，太古宇经历了强烈的褶皱变形、区域变质作用、花岗岩化作用和混合岩化作用，已改造成为一套结晶岩系。采用国际上先进的激光探针等离子体质谱（LA-ICP-MS）分析技术进行单颗粒锆石 U-Th-Pb 同位素定年，获得区域变质年龄和混合岩化年龄，更重要的是获得了区域变质岩原岩年龄，可以准确确定地层层位，从而在变质岩中区分区域变质岩和混合岩等不同类型。根据太古宇变质岩的岩石类型，结合谐和图、锆石阴极发光图像和锆石微量元素特征进行具体分析，太古宇变质岩的年龄在 2384～2530Ma 之间，时间跨度较大。岩石经历了多期地质事件的改造，锆石记录了多期地质事件的年龄；混合花岗岩锆石年龄普遍集中在 2300～2500Ma 之间，且都具有岩浆锆石的特点，说明岩石经历了混合岩化重熔结晶过程，记录了岩石发生的混合岩化事件年龄；如沈 288-3 井（3739.5m）样品记录的年龄应为变质原岩结晶的年龄；其他井例如沈 288-3 井的样品记录的是混合岩化的年龄（表 2-1-5）。因此，辽河坳陷结晶基底区域变质的年龄在 2500～2600Ma 之间，混合岩化改造在区域变质稍后，年代上与区域变质接近或更晚些，年龄在 2300～2500Ma 之间[16]。

表 2-1-5　辽河坳陷太古宇岩石实测铀铅法同位素年龄数据表

井号	井深 /m	类型	岩性	年龄 /Ma	地层	潜山
兴古 8	2509.1	岩心	黑云母斜长片麻岩	2504.1 ± 8.8	新太古界	兴隆台
兴古 8	3719.1	岩心	混合片麻岩	2513.0 ± 8.8		
兴古 7	3648.8	岩心	黑云母斜长片麻岩	2520.2 ± 7.2		
马古 3	4234.5	岩心	混合片麻岩	2533.0 ± 39		

续表

井号	井深 /m	类型	岩性	年龄 /Ma	地层	潜山
齐古 10	2852.0	岩心	混合片麻岩	2558.9 ± 8.7	新太古界	齐家
齐古 18	2701.0	岩心	混合花岗岩	2498.3 ± 8.1		
沈 289	3175.5	岩屑	混合岩	2518 ± 16	新太古界	大民屯
前 32	2392.0	岩屑	紫色混合花岗岩	2593 ± 69		
前 32	2905.3	岩屑	粉红色混合花岗岩	2483 ± 40		
前 34	3301.0	岩心	灰白色混合花岗岩	2388 ± 30		
沈 625-16-12	3364.0	岩心	混合花岗岩	2580 ± 52		
沈 288-3	3689.0	岩心	混合花岗岩	2436 ± 33		
沈 288-3	3739.5	岩心	黑色角闪斜长片麻岩	2505 ± 14		
沈 288-3	4053.5	岩心	粉红色混合花岗岩	2384 ± 51		
沈 288-2	4054.1	岩心	黑色灰白角闪斜长片麻岩	2568 ± 12		
沈 288-2	3791.0	岩心	灰黑色角闪斜长变粒岩	2581 ± 21		
沈 236	2905.0	岩心	角闪斜长片麻岩	2506 ± 27		
前 34	3784.0	岩屑	粉红色混合花岗岩	2509 ± 36		
沈 301	3400.0	岩屑	粉红色混合花岗岩	2495 ± 52		

二、元古宇

元古宇分为古元古界（Pt_1）、中元古界（Pt_2）和新元古界（Pt_3）三个年代地层单位。

古元古界（Pt_1）广泛分布于辽东地区。自下而上分为两个群：下部称辽河群，上部称榆树砬子群。岩性主要由绢云母片岩、大理岩夹菱镁矿、变粒岩、浅粒岩夹透闪滑石片岩和透闪岩及滑石岩、石英岩夹石英片岩等中浅变质岩系组成。仅在辽河坳陷东部凹陷界古3井等钻遇。

中—新元古界在辽宁出露有长城系（Pt_2^1）、蓟县系（Pt_2^2）、待建系（Pt_2^3）、青白口系（Pt_3^1）、南华系（Pt_3^2）和震旦系（Pt_3^3）。

辽西地区中—新元古界分布广泛，发育良好，总厚度可达11666m。辽河坳陷西部凹陷和大民屯凹陷钻遇辽西型中—新元古界的长城系、蓟县系、待建系和青白口系，未见南华系和震旦系，地层总厚度大于3000m。大民屯凹陷安86井揭露厚度最大，视厚度905.0m，岩性以海相沉积的碳酸盐岩夹碎屑岩为主，钾氩法测得海绿石单矿物同位素年龄值786～883.2Ma（表2-1-6），地质时代属于新元古代。辽河坳陷东部凹陷尚未钻遇中—新元古界。

表 2-1-6　辽河坳陷元古宇海绿石单矿物实测钾氩法同位素年龄数据表

井号	井深 /m	矿物特征	矿物产状	测定年龄 /Ma
曙古 2	2305.0	绿色、黄绿色，卵圆形	同生沉积	786.0 ± 20
曙古 15	2125.5	绿色、黄绿色，卵圆形	同生沉积	860.1 ± 8.5
曙古 15	2130.0	绿色、黄绿色，卵圆形	同生沉积	803.1 ± 20
曙古 15	2133.0	绿色、黄绿色，卵圆形	同生沉积	807.0 ± 20
曙古 12	2133.5	绿色、黄绿色，卵圆形	同生沉积	797.0 ± 20
曙 54	3335.5	绿色、黄绿色，卵圆形	同生沉积	795.1 ± 20
曙古 403	2001.3	绿色、黄绿色，卵圆形	同生沉积	883.2 ± 8.7
辽西地区景儿峪组	野外露头	绿色、黄绿色，卵圆形	同生沉积	860.1 ± 8.5
		绿色、黄绿色，卵圆形	同生沉积	865.4 ± 8.5

南华系和震旦系在辽河坳陷未钻遇，仅在辽河坳陷东部太子河、复州—大连两个地区有出露，其中后者地层出露较全，厚度大，有轻微变质；在太子河地区零星出露。

辽河坳陷中—新元古界地层层序是以长城系大红峪组石英岩为底，角度不整合超覆在新太古界鞍山岩群之上，自下而上为长城系、蓟县系和青白口系。缺失长城系下部的常州沟组、串岭沟组、团山子组和待建系下马岭组。

（一）中元古界长城系（Pt_2^1）

长城系自下而上包括：常州沟组、串岭沟组、团山子组、大红峪组四个组级地层单元。辽河坳陷钻遇大红峪组。

大红峪组（Pt_2^1d）在坳陷内分布范围广，在北镇、新民等地也有零星出露，辽西露头标准剖面地层厚度 300～1000m。岩性主要为灰白色、灰色、暗灰色厚层、巨厚层中细粒、中粒石英砂岩、含长石石英砂岩、长石砂岩、钙质砂岩，夹紫灰色、浅红色、灰褐色、深灰色钙质粉砂岩及白云岩；下部夹少量深灰色板岩、灰绿色、褐灰色泥岩。该组平行不整合于团山子组之上，与上覆高于庄组整合接触。

在辽河坳陷杜家台、胜利塘、静北等潜山钻遇，杜古 44 井、曙古 158 井、安 81 井等最为典型。以曙古 158 井 931.0～1525.0m 井段为代表剖面，视厚度 594.0m（未穿），岩性上部为灰黑色板岩，下部为浅灰色、灰色夹紫红色变质石英砂岩，底部有灰色辉长岩侵入体。静北潜山钻遇大红峪组岩性为灰白色、灰色石英岩、变余石英砂岩、钙质砂岩。

（二）中元古界蓟县系（Pt_2^2）

蓟县系自下而上为高于庄组、杨庄组、雾迷山组、洪水庄组、铁岭组五个组级地层单元，整合于长城系之上，由碳酸盐岩和碎屑岩组成，总厚度 2387～6517m。在辽河坳陷除铁岭组之外，其余地层均有钻遇，各组地层特征如下。

1. 高于庄组（Pt_2^2g）

高于庄组分布范围与大红峪组基本一致，厚度稳定，在辽西地区地层厚度1295.4～1374.8m。岩性主要为深灰色、灰黑色、灰色薄层—厚层燧石条带或燧石结核白云岩、叠层石泥晶、粉晶白云岩夹细粒石英砂岩、含锰砂质白云岩、含锰粉砂岩，中—下部碎屑岩偏多夹多层灰黑色粉砂质页岩。该组与下伏大红峪组为整合接触，与上覆杨庄组为平行不整合接触。含叠层石 *Conophyton* cf.，*Cylindricus* cf.，*Scopulimorpha* cf.，*Straifera* cf. 等。含微古植物化石：*Asperatopsophaera partiali* Schep，*A.wumishanensis* Sin et liu，*Leiopsophosphaera crassaa* Tim 等。

在静北潜山及曙光低潜山带钻遇，安 61 井、安 68 井、安 87 井、曙古 71 井、杜古 2 井、曙 56 井等最典型。以安 68 井 2596.0～3267.1m 井段为代表剖面，视厚度 671.1m（未穿）。岩性为灰色、灰白色白云岩、云质灰岩、泥灰岩，夹多层钙质砂岩及板岩，偶见紫红色白云岩、石灰质角砾岩夹层。未见化石。

2. 杨庄组（Pt_2^2y）

辽西地区杨庄组厚度 300.0～541.8m。岩性为粉色、浅粉色及紫红色砂质白云岩、含石英粒白云岩及灰白色、灰黑色燧石条带或结核白云岩、含燧石结核角砾岩，底部以一层角砾状硅质岩与高于庄组平行不整合接触。

在静北潜山钻遇，以安 86 井 3148.0～3432.5m 井段为代表剖面，视厚度 284.5m。岩性为棕红色、浅红色、肉红色白云岩，叠层状白云岩，硅质云岩，顶部为厚约 20m 左右的底砾岩。底部以白云岩与下伏新太古界不整合接触。

3. 雾迷山组（Pt_2^2w）

雾迷山组分布与杨庄组基本一致，在辽西地区地层厚 2014～5457m。岩性为深灰色、灰白色中厚层、厚层云质灰岩、燧石条带或含燧石结核白云质灰岩、条纹状石灰岩，夹叠层石灰岩及硅质层，底部以石英砂岩或石英角砾岩与杨庄组整合接触。

在静北潜山安 61 井、安 86 井等和曙光潜山曙古 101 井、曙古 105 井、曙古 191 井等钻遇。以曙古 191 井 2710.0～3210.0m 井段（未穿）为代表剖面，视厚度 500m。岩性为大套灰色厚层灰质白云岩夹灰绿色、深灰色薄层板岩，偶见灰色石英砂岩。

4. 洪水庄组（Pt_2^2h）

在辽西地区洪水庄组分布范围较小，地层厚 59.0～183.7m。其岩性下部为薄层白云岩夹黑色页岩，页岩中含黄铁矿结核；中部为灰黑色、灰绿色夹紫色页岩，含黄铁矿结核；上部为黄绿色、黑色页岩或灰色钙质页岩。平行不整合于雾迷山组之上。该组产微古植物化石 *Leiopsophosphaera solida* Liu et Sin、*Trachysphaeidium* cf.、*raminatum* Andr、*Laminarites* aff、*Antiquissimus* Eichw 等。

在曙光潜山曙 108 井、曙古 191 井等钻遇。以曙 108 井 3514.00～3758.15m 井段

（未穿）为代表剖面，视厚度244.15m，岩性主要为绿灰色、灰色页岩、粉砂质页岩，夹砂岩条带或透镜体，富含云母片，自然伽马曲线呈箱状高值。本组富含微古植物化石，常见种属有：*Leiopsophosphaera* sp.、*Ar ofavosina* sp.、*Trachysphaeridium rugsum*、*Navifusa* sp.、*Leiofusa* sp.、*Zonosphaeridium minutum*、*Trachysphaeridium incrasatum* 和 *Trachysphaeridium simplex*。

5. 铁岭组（Pt_2^2t）

该组分布范围与洪水庄组相同，在辽西东南部地区缺失中上部，厚13.2～335.0m。其下部岩性为灰白色、灰黑色中厚层含燧石结核及条带白云岩，含锰灰质白云岩夹页岩，底部以一层厚2～10m的薄层石英砂岩与洪水庄组分界；中部岩性为绿色页岩夹含锰云质灰岩，有两层含锰菱铁矿（呈扁豆体群），延长较远，层位稳定，是主要的锰矿层；上部岩性为灰色、深灰色薄层、中厚层石灰岩，夹竹叶状灰岩；顶部为薄层灰岩夹杂色页岩。与下伏洪水庄组整合接触。

铁岭组在辽河坳陷未钻遇。

（三）中元古界待建系（Pt_2^3）

下马岭组（Pt_2^3x）

辽西地区出露面积较小，仅在凌源、喀左有分布。该组岩性稳定，厚度变化大，自凌源向四周逐渐减薄，厚22.0～189.0m。岩性主要由灰黑色、灰绿色页岩、粉砂质页岩组成，夹少量粉砂岩扁豆体，页岩层面上含白云母碎片，偶夹赤铁矿扁豆体。底部为黄绿色、灰白色薄层、中厚层中细粒石英砂岩夹页岩，产微古植物化石 *Asperatoposphosphaera* sp.、*A.wumishanensis* Sinet Liu、*Paleamorpha punctulata* Sin et Liu 等。最底部以0.2m厚的灰白色粗粒含砾石英砂岩与铁岭组平行不整合接触。

下马岭组在辽河坳陷未钻遇。

（四）新元古界青白口系（Pt_3^1）

青白口系从下而上包括龙山组和景儿峪组，与下伏地层下马岭组为平行不整合接触。

1. 龙山组（Pt_3^1l）

辽西地区龙山组最厚可达129m。主要岩性为灰白色中厚层含海绿石含砾中粗粒长石石英砂岩及粉砂质页岩。与下伏下马岭组为平行不整合接触。

曙光潜山钻遇，以曙古169井3543.0～3621.0m井段为代表剖面，视厚度78.0m，岩性为浅灰色、绿灰色含海绿石石英砂岩夹深灰色板岩。与下伏中元古界浅灰色灰质云岩夹灰黑色板岩地层平行不整合接触。

2. 景儿峪组（Pt_3^1j）

景儿峪组在辽西地区分布范围与龙山组基本一致，厚度11.4～60.8m，岩性为一套紫红色、紫灰色、灰绿色薄层—中厚层含泥云质灰岩，夹磷酸盐岩结核层。与下伏龙山组紫色、绿色页岩整合接触，与上覆古生界寒武系第二统昌平组灰色厚层硅质条带灰岩呈平行不整合接触。

坳陷内曙光潜山曙古 403 井、曙古 169 井等钻遇。以曙古 169 井 3471.0～3543.0m 井段为代表剖面，视厚度 72.0m，岩性为紫红色、紫灰色云质灰岩。牛心坨地区牛 3 井、宋 3 井见灰色石灰岩、黄灰色泥灰岩、白云岩、灰白色石英岩及石英砂岩。根据产状及岩性特征判断属新元古界。

三、古生界

古生界在辽河坳陷及周边地区均有分布，主要发育了下古生界寒武系和奥陶系，上古生界石炭系和二叠系，厚度 1877.0～4160.0m，缺失下古生界上奥陶统、志留系、上古生界泥盆系和下石炭统。辽河坳陷东部凸起乐古 2 井揭露古生界较齐全，总厚度 2291.0m。下古生界分布广泛，在辽河坳陷东部凸起、东部凹陷三界泡潜山和燕南潜山、西部凹陷曙光潜山、大民屯凹陷静北潜山及中央低凸起月东潜山均有钻遇[17]。与下伏新元古界为平行不整合接触，与上覆中生界为角度不整合接触。

（一）寒武系（€）

寒武系在辽东和辽西地层小区均有分布，依据 2014 年中国地层表划分方案，划分为第二统（$€_2$）、第三统（$€_3$）、芙蓉统（$€_4$）。自下而上包括：第二统碱厂组（辽西为昌平组），第二统—第三统馒头组，第三统张夏组、崮山组，芙蓉统炒米店组五个组级岩石地层单位。乐古 2 井揭露厚度 752.0m。以乐古 2 井和王参 1 井钻遇古生界剖面为代表，根据岩性、电性、古生物特征自下而上分述如下。

1. 碱厂组（$€_2j$）

以乐古 2 井 2667.0～2850.0m 为代表剖面，视厚度 183.0m。岩性下部为灰白色、浅红色石英中砂岩，灰色、紫红色灰质泥岩；上部为灰黑色、灰色云质灰岩、含云灰岩，底部以紫红色泥岩为界。视电阻率曲线为块状缓波形中—高阻。与下伏新太古界不整合接触。

2. 馒头组（$€_{2\text{-}3}m$）

以乐古 2 井 2410.0～2667.0m 为代表剖面，视厚度 257.0m。岩性下部以紫红色含灰泥岩、泥岩为主，夹灰色中厚层含云灰岩、石灰岩、灰质泥岩；上部为紫红色泥岩、灰质泥岩与灰色含云灰岩、石灰岩以及绿灰色、灰紫色灰质泥岩不等厚互层。视电阻率曲线为块状齿形高阻。与下伏碱厂组整合接触。在野外露头剖面泥岩和灰岩中均产三叶虫、腕足类等生物化石，生屑灰岩含少量海绿石。在曙古 32 井 2089.5～2364.6m 井段（原徐庄组）褐灰色云质灰岩中，产纤细齿丛牙形石化石（*Phakelodus tenuis*）。

3. 张夏组（$€_3z$）

以乐古 2 井 2410.0～2175.0m 为代表剖面，视厚度 235.0m，岩性为灰色夹深灰色中厚层石灰岩夹薄层泥晶含云灰岩、含泥粒质泥晶灰岩、亮晶鲕粒灰岩、雾斑状含砂屑—生物碎屑灰岩，偶夹灰色泥岩。生物化石稀少，仅见微小且保存不好的牙形石。视电阻率曲线为块状缓波形高阻。与下伏馒头组整合接触。王参1井钻遇厚度69.0m（未穿），在3200.1m产细瘦原沃尼昂塔牙形石（*Prooneotodus tenuis*）；曙古43井在1913.5m产纤细齿丛牙形石（*Phakelodus tenuis*）、克兰兹费氏牙形石（相似种）（*Furnishina* cf. *kranzae*）等。

4. 崮山组（ϵ_3g）

以王参1井3061.0～3136.0m为代表剖面，视厚度75.0m。岩性为灰色泥灰岩、石灰岩，夹灰色薄层竹叶状灰岩（砾屑灰岩）、紫色薄层页岩、薄层石英粉砂岩。与下伏张夏组整合接触。王参1井3061.0～3111.0m井段（原长山组）灰岩中产：加勒廷原沃尼昂塔牙形石（*Prooneotodus gallatini*）、费氏牙形石（*Furnishina furnishe*）、圆原沃尼昂塔牙形石（*prooneotodus rotundatus*）等多种牙形石化石。曙古48井深2472.5m产加勒廷原沃尼昂塔牙形石（*Prooneotodus gallatini*）、寒武米勒齿牙形石（*Muellerodus cambricus*）等牙形石化石及海绵骨针和小壳化石等其他门类化石。

5. 炒米店组（ϵ_4c）

以王参1井3001.0～3061.0m为代表剖面，视厚度60.0m。岩性以灰色中厚层生物碎屑灰岩为主，夹灰色泥灰岩、云质灰岩、中薄层竹叶状灰岩。与下伏崮山组整合接触。

（二）奥陶系（O）

奥陶系在辽东和辽西地层小区均有分布，主要发育下—中奥陶统。自下而上包括：下奥陶统冶里组、亮甲山组，中奥陶统马家沟组三个组级地层单位，缺失上奥陶统。王参1井揭露厚度861.0m。以王参1井钻遇古生界剖面为代表，根据岩性、电性、古生物特征自下而上分述如下。

1. 冶里组（O_1y）

王参1井2934～3001m，视厚度134m。岩性为灰色细晶—微晶白云岩夹角砾灰岩、泥晶灰岩及少量黄绿色薄层页岩，白云岩含量达90%以上。未见化石，与下伏炒米店组整合接触。视电阻率曲线呈块状缓波齿状中高阻。与下伏地层岩性界线清楚，界线之上以细晶白云岩为主，界线之下以石灰岩为主。在辽东野外露头剖面中，黄绿色页岩中富产笔石、三叶虫、介形虫等化石。曙古97井1716.6～1836.0m井段紫色、浅灰色灰岩中见丰富的牙形石化石。

2. 亮甲山组（O_1l）

王参1井2821～2934m，视厚度113m。岩性为一套灰色细晶—粉晶白云岩夹深灰色含燧石结核白云质灰岩和角砾屑白云岩、云质灰岩等；多呈块状构造，一般发育有小溶孔，孔洞多被结晶白云石充填。未见化石，与下伏冶里组整合接触。视电阻率呈块状缓波齿状中高阻。与下伏地层岩性界线清楚，界线之上以细—粉晶白云岩夹含燧石结核白云质灰岩为主，界线之下以白云岩夹砾屑泥灰岩为主。在辽东野外露头剖面中，下部深灰色岩层中所夹生物灰岩含保存完好的角石、珊瑚、腹足化石。

3. 马家沟组（O_2m）

王参 1 井 2140～2821m，视厚度 681.0m。分上、下两段。

下段（2495.0～2821.0m）岩性为黑灰色泥晶灰岩，偶夹灰色泥岩、粒屑灰岩、粉晶云岩、硅质岩及泥晶云质灰岩等，属浅海相潮坪碳酸盐岩沉积。该井 2702.1m 产牙形石化石，常见的属种有：长山三角牙形石（*Tripodus changshanensis*）、稀少帆牙形石（*Histiodella infrequensa*）、坚硬小针牙形石（*Belodella rigida*）、弯曲尖牙形石（*Scolopodus flexilis*）和箭牙形石（未定种）（*Oistodus* sp.）。此外还见三叶虫化石碎片等其他化石。视电阻率曲线呈微波形高阻。

上段（2140～2495m）按颜色和岩性等特征，自下而上可分为三部分：下部以灰色厚层泥晶灰岩为主，夹少许白云岩、泥岩；中部为灰色、黑灰色厚层灰岩与薄层灰岩互层，偶夹灰黑色泥岩；上部为灰色厚层泥晶灰岩与灰黑色砂屑灰岩呈不等厚互层，顶部有 26m 厚的两层紫红色、紫灰色角砾状灰岩。该井 2175.8m 产牙形石碎片。视电阻率曲线为块状平缓微波型中阻。

本组以黑灰色厚层石灰岩与下伏亮甲山组整合接触。

（三）石炭系—二叠系（C、P）

上古生界石炭系—二叠系在辽东、辽西地区均有分布，其中辽东地区地层发育更为齐全，厚度较大，在 812～2263m 之间。在东部凸起有钻遇，王参 1 井、乐古 2 井、佟 3 井、辽 M1 井等揭露厚度 535.0～778.0m。石炭系—二叠系自下而上划分为：上石炭统本溪组、太原组，上石炭统—二叠系船山统山西组，二叠系阳新统石盒子组，二叠系乐平统蛤蟆山组五个岩石地层单元。以王参 1 井钻遇石炭系—二叠系剖面为代表，根据岩性、电性、古生物特征自下而上分述如下。

1. 本溪组（C_2b）

该组下部含铁质（山西式铁矿）、泥质砾岩层、G 层铝土矿及灰色的砂页岩层为湖田段，上部紫色、黄绿色砂页岩为新洞沟段。地层厚 50～300m。与下伏奥陶系马家沟组为平行不整合接触。

王参 1 井 2079～2140m，视厚度 61m。下部由薄互层状杂色、紫红色泥岩及灰色泥质粉砂岩和粉砂岩组成，含腹足类化石（岩屑）；上部由黑色厚层泥岩及灰色粉砂岩、中—细砂岩组成，夹碳质页岩或煤线，含腕足类化石及植物碎片。视电阻率曲线呈尖刀状或山峰状中高阻、锯齿状中低阻。

2. 太原组（C_2t）

太原组是指从石灰岩开始出现至结束的一套海陆交互相地层，为页岩夹砂岩、煤、石灰岩组成的多旋回沉积地层。地层最厚超过 200m，由东向西减薄。含丰富的海百合茎、牙形石、腕足类及蜓类化石。

王参 1 井 2037～2079m，视厚度 42m。岩性由灰色泥灰岩、浅灰色生物碎屑灰岩、黑色泥页岩夹粉砂岩、粗砂岩组成。视电阻率曲线呈尖刀状或山峰状中高阻。本组富含牙形石化石，常见的种属有：微小双颚牙形石（*Diplognathodus minutus*）、Idiplognathodus sp.、Idiplognathodus magnificus、微小曲颚牙形石（*Streptognathodus parvuls*）、Hindeodella sp.、Lonchodina so.、Streptognathodus expansus、Scolopodus sp.、纤细曲颚牙形石（相似种）（*Streptognathodus* cf. *gracilis*）。此外还见海百合茎、䗴类和腕足类等其他门类化石。

与下伏本溪组整合接触。

3. 山西组（C—P*s*）

山西组整合于太原组之上，其岩性为灰色砂岩、粉砂岩与黑色页岩互层，夹煤层和铝土页岩。该组厚度变化不大，均为 100m 左右。

王参 1 井 1810～2022m，视厚度 212m。岩性主要为黑色泥岩、碳质泥岩夹五套煤层及煤线组成，与灰色厚层状粉砂岩、细砂岩不等厚互层，底部为大段灰黑色石英粗砂岩夹薄层泥岩。视电阻率曲线为块状、山状中—高阻。本组富含高等植物化石。

4. 石盒子组（P_2s）

岩性主要为灰色砂岩与黄绿色、黄色、紫色等杂色页岩、粉砂质页岩互层，含两层铝土矿或黏土矿。该组厚度 602～1481m。底部以黄绿色石英杂砂岩与山西组黑色页岩整合接触，顶部以蛤蟆山组厚层泥质胶结砾岩平行不整合接触。

王参 1 井 1362～1810m，视厚度 448m。按岩性组合分为两段：下段为灰色、灰白色厚层、巨厚层状中细粒、粗粒石英砂岩夹棕色泥岩；上段以灰色厚层、巨厚层粗砂岩、细砂岩、粉砂岩与泥质粉砂岩不等厚互层为主，夹紫红色、灰紫色、灰色泥岩、粉砂质泥岩。视电阻率曲线下部呈块状或箱状高阻，上部呈块状高阻与尖齿或山状中—低阻。本组富含孢粉化石。

石炭系—二叠系在东部凸起较发育，下部山西组、太原组、本溪组保存完整，厚度较稳定；上部蛤蟆山组和石盒子组向东逐渐遭受剥蚀。纵向上，石盒子组最发育，厚度最大，钻遇最大厚 457m，但该组大部分遭受剥蚀，西厚东薄、分布局限，主要分布于东部凸起西南侧斜坡带；山西组较发育，钻遇厚 218m，具有分布广、厚度较稳定的特点，预测在东部凹陷也有分布；本溪组和太原组分布较稳定，厚度较薄，钻遇厚度 103m（图 2-1-5）。平面上，沉降中心位于东部凸起东南部，山西组地震资料解释地层最大厚度 325m 以上（图 2-1-6）。

四、中生界

中生界是辽河坳陷最新的基底，在坳陷及周边分布广泛，辽西和辽东地区露头比较完整，出露有三叠系、侏罗系和白垩系，为一套陆相火山岩—碎屑岩沉积。辽河坳陷钻遇地层以侏罗系和白垩系为主，三叠系基本缺失。中生界在辽河坳陷三大凹陷和东、西部凸起均有揭露，只有中央凸起和大民屯凹陷主体部位缺失该套地层。宋家洼陷尖 1 井揭露中生界厚度 2528.0m（图 2-1-7）。与上覆、下伏地层均为角度不整合接触。

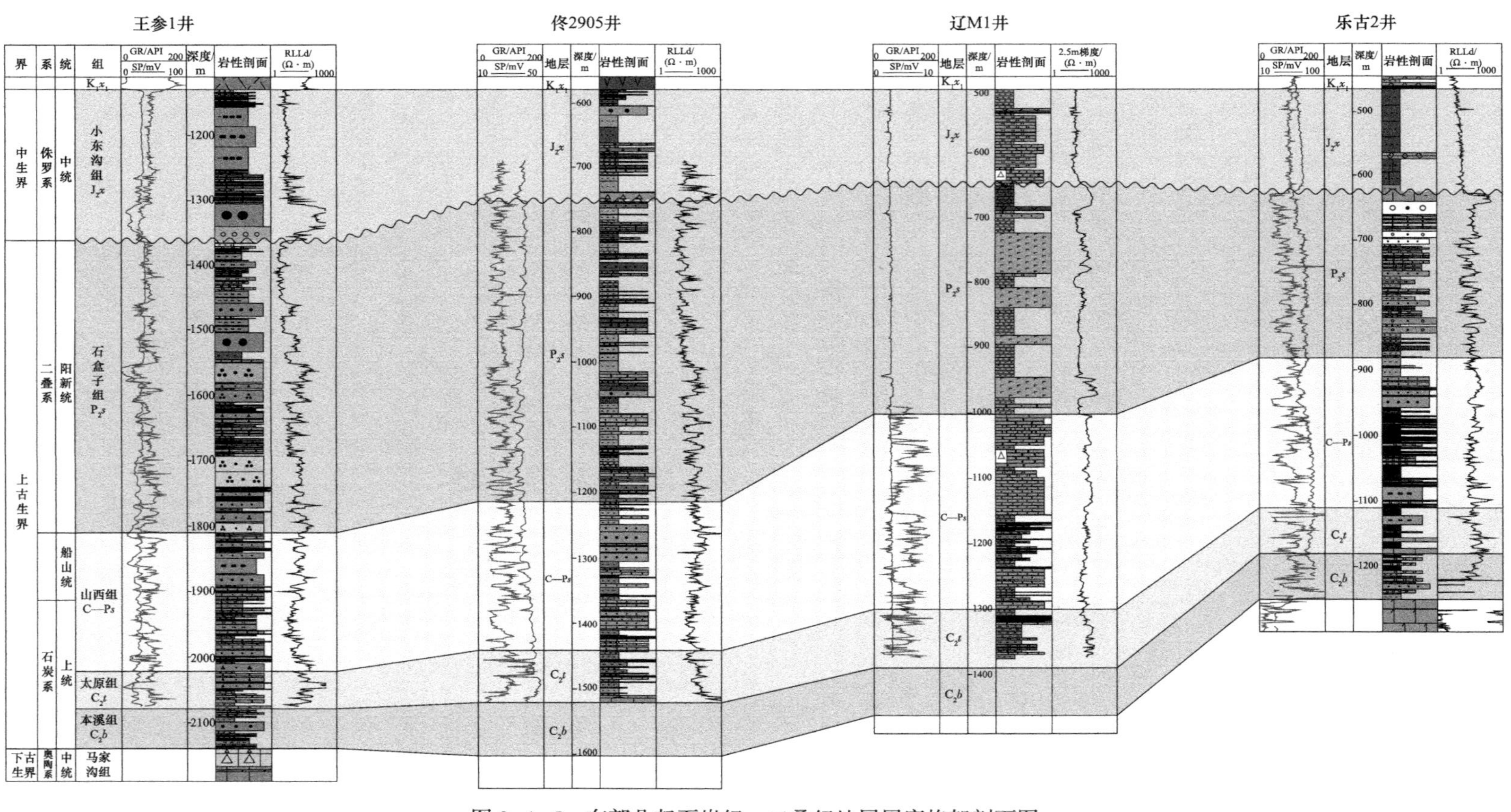

图 2-1-5　东部凸起石炭纪—二叠纪地层层序格架剖面图

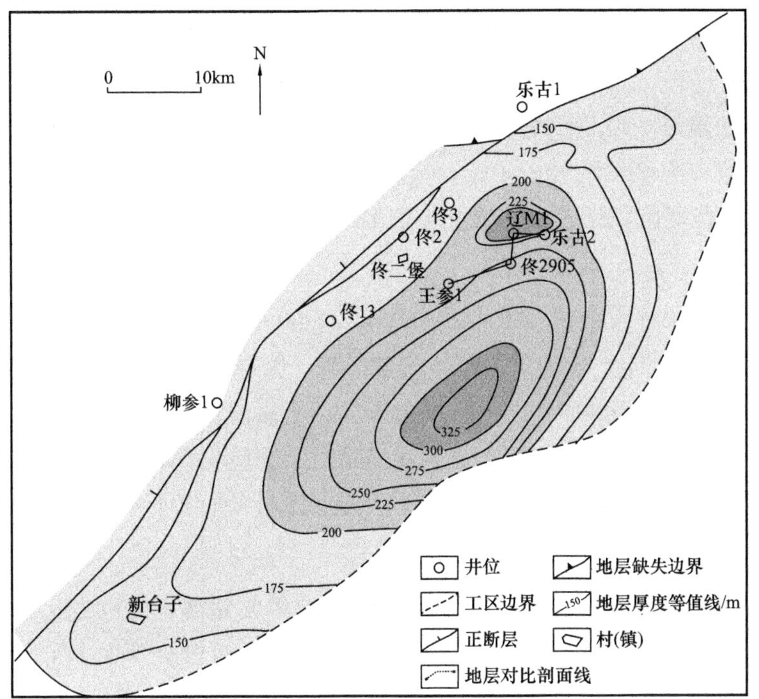

图 2-1-6 东部凸起山西组厚度等值线图

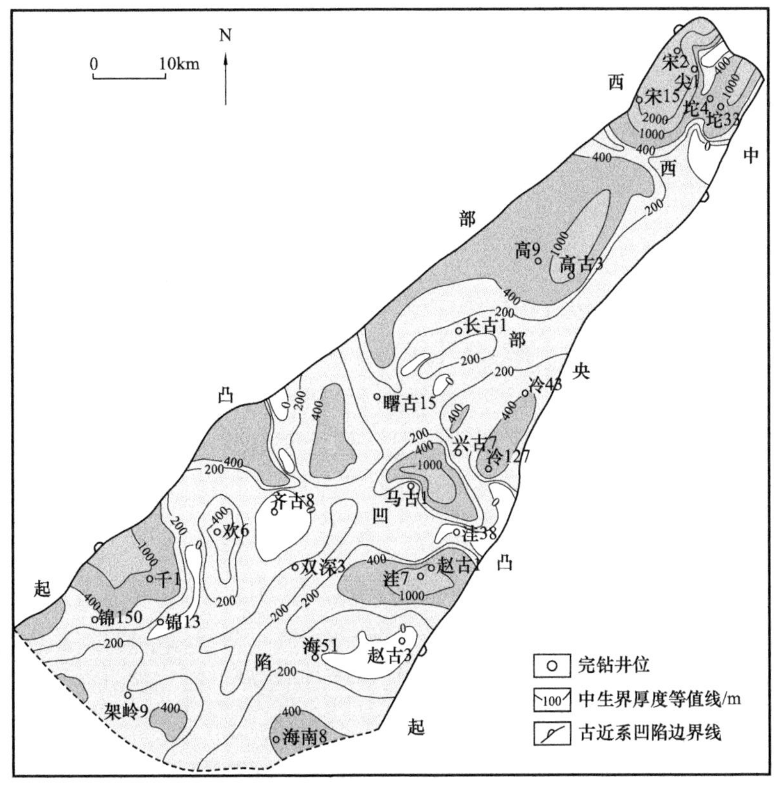

图 2-1-7 西部凹陷中生界厚度等值线图

（一）侏罗系（J）

侏罗系在辽西地区自下而上划分为下侏罗统兴隆沟组、北票组，中侏罗统海房沟组、髫髻山组，上侏罗统土城子组五个组级地层单元；辽东地区自下而上划分为下侏罗统北庙组、长梁子组，中侏罗统转山子组、大堡组、三个岭组、小东沟组六个组级地层单元（表 2-1-2）。辽河坳陷仅钻遇中侏罗统小东沟组（J_2x）和上侏罗统土城子组（J_3t）。

1. 小东沟组（J_2x）

小东沟组分布于辽东地区，在东部凹陷和东部凸起有钻遇。王参 1 井 1127～1362m，视厚度 235m。下段岩性主要为灰红色块状细砾岩、灰色、棕色厚层、巨厚层粗砂岩夹紫红、灰色等杂色泥岩、粉砂质泥岩、泥质粉砂岩；上段岩性主要为灰色粉砂岩、泥质粉砂岩夹紫红色泥岩。视电阻率曲线下部呈箱状高阻，上部呈尖齿状中低阻。该组相当于辽西海房沟组上部地层。本组与上覆白垩系和下伏古生界均为角度不整合接触。

2. 土城子组（J_3t）

土城子组主要分布在辽西地区，在西部凹陷有多井钻遇。岩性变化较大，为义县组火山岩之下的一套陆相红色粗碎岩沉积组合。根据岩石组合自下而上可分为土一段、土二段、土三段。土一段在兴古 7-5 井 3185～4062m 井段揭露，视厚度 877m 未穿，岩性为灰紫色安山岩、紫红色角砾岩与大套灰色、紫红色凝灰质泥岩互层，夹薄层黑色碳质泥岩，角砾成分为花岗岩；土二段在兴古 7-24-16 井 3325～4108m 井段揭露，视厚度 783m 未穿，岩性为大段浅灰色、浅红色角砾岩，角砾成分为花岗岩；土三段在洼 7 井 2880～3385.56m 井段揭露，视厚度 505.56m 未穿，岩性以大套的紫红色砂岩、砂砾岩为主，间有灰色的砂砾岩，夹有紫红色、灰色、灰绿色泥岩。本组与下伏中侏罗统髫髻山组为平行不整合接触。

（二）白垩系（K）

白垩系在辽河坳陷及周边分布较为广泛，以下白垩统为主，局部残留上白垩统底部地层。为一套火山喷发—河湖相碎屑岩沉积层系。辽河坳陷西部地区钻遇地层自下而上：下白垩统义县组、九佛堂组、沙海组、阜新组和上白垩统孙家湾组；辽河坳陷东部地区钻遇地层自下而上：下白垩统小岭组、梨树沟组、聂耳库组及上白垩统大峪组（表 2-1-2）。白垩系与上覆、下伏地层均为角度不整合接触。

1. 义县组（K_1y）

义县组（小岭组）主要分布于西部凹陷的牛心坨潜山、高升潜山、兴隆台潜山、小洼潜山、西八千地区及西部凸起的宋家洼陷、兴隆镇洼陷，东部凹陷的油燕沟潜山、三界泡潜山、青龙台潜山及东部凸起。界 3 井、界 16 井、王参 1 井、荣 100 井、宋 1 井、坨 33 井、杜 63 井、齐古 2 井、齐 1 井、欢 6 井等均有钻遇。位于三界泡潜山带的界 16 井在 2180.0～3016.0m 井段钻穿该组，最大视厚度 836.0m，下部岩性以中性安山岩、凝灰岩为主，上部岩性以中酸性灰白色英安岩、凝灰岩和酸性流纹岩为主。全坳陷岩性具有可对比性。与下伏地层为角度不整合接触。

西部凹陷南部地区欢6井、杜63井火山岩实测同位素年龄分别为143.0Ma、147.6Ma，与辽西阜新盆地八家子后山露头玄武岩、尖山子露头安山岩（义县组顶）同位素年龄相一致（章凤奇等，2007），地质年代属于早白垩世义县期。

2. 九佛堂组（K_1j）

九佛堂组（梨树沟组）主要分布在宋家洼陷、三界泡潜山带和东部凸起。宋家洼陷宋1井、宋2井、宋3井、宋14井、尖1井等钻遇，宋1井钻穿该组视厚度710m（未穿）。三界泡潜山和东部凸起有界3井、柳参1井、王参1井等钻遇，柳参1井钻穿该组，最大视厚度542.0m。为一套以湖相沉积为主的含火山碎屑沉积岩组合，产较多热河生物群等动物化石。按揭示岩性组合特征分上、下两段。

下段：以宋1井1738～2448m和宋2井1706～1808m井段为代表，下部岩性以浅灰色火山角砾岩为主，夹薄层深灰色粉砂质泥岩；上部岩性以灰色、深灰色凝灰质泥岩为主，夹浅灰色泥质细砂岩、薄层凝灰质砂砾岩。宋1井所见化石以孢粉为主，裸子植物花粉占绝对优势，达77.6%，其中以松科花粉最为繁盛，云杉粉（0～12.6%）含量较高，气囊分化差的古老松柏类花粉有一定含量；四字粉（0～2.3%）、原始松柏粉（0～12.9%）、假云杉粉（0～5.0%）。蕨类孢子化石的数量类型均少（5.8%），无突肋纹孢、南京无突肋纹孢只在该组顶部出现，但数量极少，未见有突肋纹孢，光面单缝孢，无被子植物花粉。

上段：以界3井1918～2119m井段为代表。岩性主要为一套深灰色、灰黑色泥岩、页岩，夹灰色灰质细砂岩、褐灰色油页岩及灰色泥灰岩。电性特征：视电阻率曲线上部呈较平直弱齿状低阻，下部为山状、尖刀状中—高阻；声波时差为锯齿状高值。

本组与下伏义县组为平行不整合接触或整合接触。

3. 沙海组（K_1s）

沙海组在兴隆镇和宋家洼陷最发育，千1井、宋1井、宋2井等有钻遇，宋3井揭露最大厚度598.0m。

以宋2井1166～1655m井段为代表。根据岩电特征可分为上、下两段。

下段：为一套浅灰色中—厚层砂砾岩，含砾粗砂岩和深灰色、灰黑色泥岩、碳质泥岩互层，夹薄层细—粉砂岩，泥质粉砂岩，偶见凝灰质粉砂岩，具粒序层理和水平层理。

上段：以深灰色泥岩为主，夹浅灰色泥质粉砂岩，细砂岩、粗砂岩以及少量页岩，碳质泥岩。电性特征：视电阻率曲线在下部一般呈尖刀状和块状，上部呈锯齿状。主要化石有：孢粉化石仍以裸子植物占绝对优势（92.8%），并达到极繁盛时期，云杉粉数量明显高于双束松粉，气囊分化差的古老松柏类花粉仍然存在，但数量极少。蕨类植物孢子较少（7.3%），无突肋纹孢较九佛堂组发育（4.8%），有突肋纹孢，光面单缝孢开始出现并有一定含量，仍无被子植物花粉。化石组合与辽西沙海组面貌相似，但蕨类植物不发育。

本组与下伏九佛堂组为平行不整合接触。

4. 阜新组（K_1f）

阜新组在兴隆镇和宋家洼陷发育，以宋2井528～1166m井段为代表。根据岩电特征可分为上、下两段。

下段：岩性为一套褐色、褐灰色、灰白色中—厚层砂砾岩、粗砂岩、高岭土质砂岩，深灰色、浅灰色泥岩互层，碳质泥（页）岩发育，砂岩中植物碎屑含量较高。视电阻率曲线呈箱状或山字形中阻。

上段：岩性以浅灰色、深灰色泥岩为主，夹浅灰色砂砾岩，粗砂岩和泥质粉砂岩，上部砂砾岩发育，具交错层理。视电阻率曲线呈锯齿状低阻。

该井段发育孢粉化石：蕨类植物花粉占绝对优势（59.3%～71.4%），海金沙科孢子比较发育，无突肋纹孢，有突肋纹孢较下伏地层明显增加。裸子植物花粉含量开始下降（28.1%～32.0%），以气囊分化好的双气囊粉（松科、双束松粉、云杉粉）为主，气囊分化差的古老松柏类，原如松柏粉、假云杉粉、四字粉由九佛堂组、沙海组的较高含量逐渐减小。以上孢粉组合特点与辽西地区、开鲁盆地阜新组面貌基本一致。

与下伏沙海组为整合接触。

5. 孙家湾组（K_2s）

孙家湾组主要分布在西部凸起，东部凸起，西部凹陷的高升至西八千地区、大洼地区，东部凹陷的董家岗地区及大民屯凹陷的网户屯地区。以宋2井、曙14井、曙32井、高2井、杜61井、董1井、董13井、开29井等为代表。宋2井321～528m井段钻遇本组，岩性主要为一套棕红色厚层泥质粉砂岩和泥岩互层，局部地区底部发育紫红色、砖红色砂砾岩、砾岩。层位与辽西的孙家湾组、辽北的泉头组、辽东的大峪组相对应。与下伏地层呈不整合接触。

第二节　基底构造演化

渤海湾盆地是在华北地台基础上发育起来的中—新生代张性块断盆地，辽河坳陷位于渤海湾盆地东北角，前新生代属于华北板块北缘燕山造山带的一部分，新生代则是渤海湾裂谷系的东北端，郯庐断裂带纵贯其中，因而其形成和演化与郯庐断裂的活动密切相关。

一、区域构造背景

按槽台学说，辽河坳陷位于华北地台的东北端，隶属辽冀台向斜的北段，西为燕辽沉陷带，东为辽东台背斜，与南部的辽东湾坳陷共同属于地台的次级构造单元。上述构造背景决定了辽河坳陷基底具有华北地台型的地质演化和类似的结构特征。

按板块构造学说，辽河坳陷及其邻区位于中国东部大陆边缘北东向展布的西太平洋板块俯冲构造域与近东西向分布的欧亚构造域的交叉复合部位。中—新生代，该区构造格局的形成与演化、岩浆活动均受控于这一大地构造背景。另外，辽河坳陷位于郯庐断裂带之中，在中—新生代，郯庐断裂的活动及运动方式，对坳陷内基底改造和盖层发育演化有着重大影响。因其处于特殊的区域构造位置，辽河坳陷的地质构造演化与相邻的辽东、辽西、松辽盆地存在着显著差异。

二、辽河坳陷构造格局

辽河坳陷和辽东湾坳陷均属于渤海湾盆地，都是郯庐断裂带的一部分。辽河坳陷新生代整体呈“三凸三凹”的构造格局，在北端为“两凸一凹”，在中南部东西向表现为“三凸两凹”，辽东湾地区则为“四凸三凹”的特点，辽河滩海地区处于辽河坳陷陆上向海域辽东湾的过渡地带，兼具“三凸两凹”和“四凸三凹”的特点[18]（图 2-2-1）。

辽河坳陷至辽东湾坳陷新生代构造格局在横向上的差异主要表现为以下几个方面。

辽河坳陷西部凹陷：对应辽东湾辽西凹陷。古近纪辽河西部凹陷与辽西凹陷是相连的，构成一个北东向的凹陷带，为一个东断西超的半地堑，沿主干断层发育了呈右行排列的众多次级洼陷。至辽河滩海地区由于葫芦岛凸起的插入，使西部凹陷在滩海地区分为两支，西支由葫芦岛凸起西侧向西南插入，并很快收口，古近系沉积厚度变薄，东支由海南洼陷向南与辽西凹陷相通。

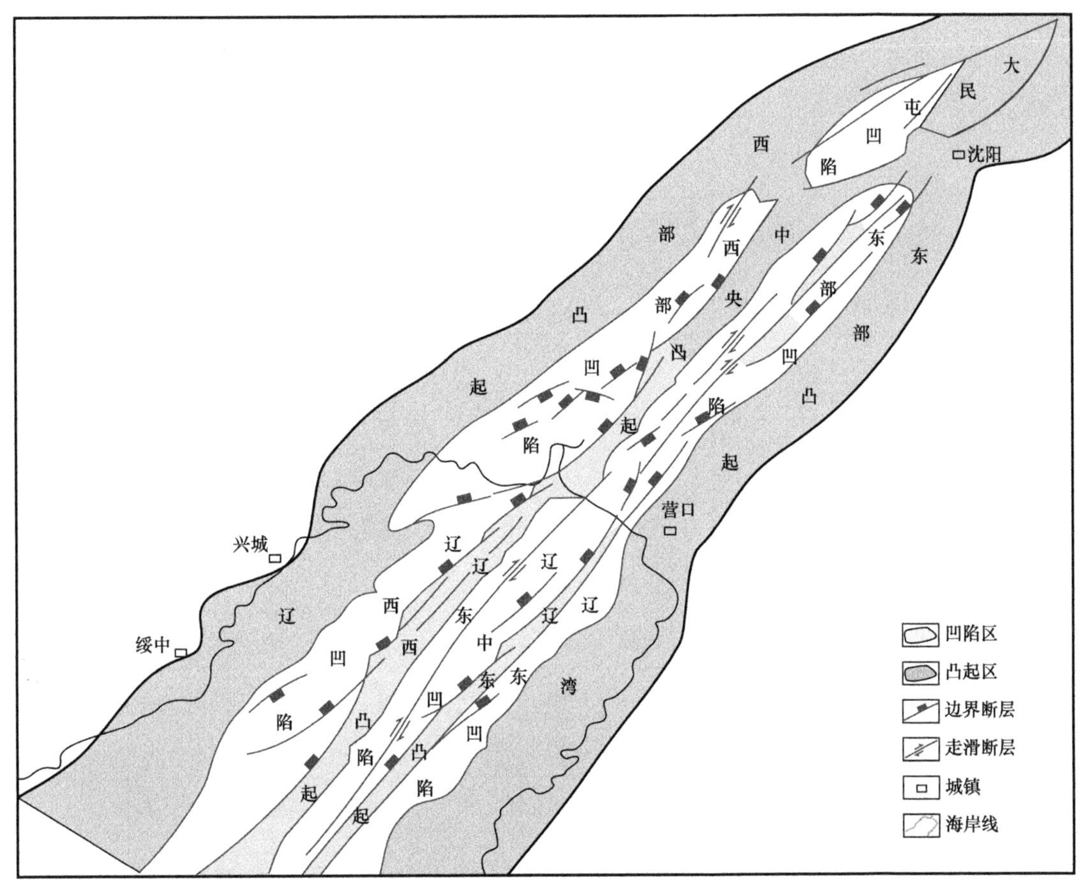

图 2-2-1　辽河坳陷—辽东湾坳陷构造纲要图

辽河坳陷中央凸起：与辽东湾海域辽西低凸起在古近纪早期是一个统一的凸起，总体上呈地垒状，凸起由北向南逐步下倾。凸起带上起伏不平，发育多个潜山，如海外河、月东潜山等。古近纪中—后期潜山逐渐为沉积层所披盖，形成最有利的含油构造带。

辽河坳陷东部凹陷：与辽东湾的辽中凹陷在古近纪早期为一个统一的凹陷，古近纪中—晚期由于营潍断裂的活动，在海域的辽中凹陷分离出辽东凸起和辽东凹陷，因而形成了辽河坳陷东部凹陷横向对应辽中凹陷。辽河坳陷东部陡坡带南段（滩海地区）包括燕南潜山带和燕东洼陷带两个次级构造单元，燕东洼陷带向海域变宽变深，到海域对应辽东凹陷。滩海燕东洼陷带宽为2～6km，最大深度为1000m，而辽东凹陷宽8～12km，最大埋深约2500m，是典型的单断式半地堑洼陷，充填的地层以东营组为主。

三、断裂特征

辽河坳陷经历了多期构造运动，断裂活动贯穿了坳陷发育的始终，控制着构造的基本格局。辽河坳陷新生界具有裂谷盆地的主要特征，表现为断层数量多、规模大，以张性正断层为主，多期多组，在平面上纵横交错，在剖面上互相切割。辽河坳陷共发现主干断裂、次级断裂及其伴生断裂有近千条之多，其中一级断裂5条，二级断裂17条（表2-2-1）。一级断裂控制了三大凹陷的形成与发展，二级断裂控制着各二级构造带的展布及特征，三、四级断裂将构造带进一步分割成许多大小不等的局部构造或断块，构成辽河坳陷基本的油气成藏构造单元。

表2-2-1　辽河坳陷一级、二级主要断层要素表

凹陷	断裂名称	断开层位	性质	走向	倾向	倾角/°	断距/m	延长/km	级别
西部凹陷	台安—大洼	AR—N*m*	正断	NE	NW	40～60	200～5000	150	Ⅰ
	鸳鸯沟	AR—N*m*	正断	NE	SE	60～70	100～800	20	Ⅱ
	齐家	E_2s_4—E_2s_3	正断	SN	NW	40～60	300～1000	30	Ⅱ
	杜家台	AR—N*g*	正断	NE	SE	60～70	100～800	15	Ⅱ
	曙光	AR—N*g*	正断	NE	SE	50～60	150～700	12	Ⅱ
	高升—坨西	E_2s_4-N*m*	正—逆	NE	W	50～60	150～700	24	Ⅱ
	陈家	Mz—N*g*	正—逆	NNE	NWW	60～70	200～2000	22	Ⅱ
	笔架岭	AR—E*d*	正断	NE	NW	30～50	400～800	18	Ⅱ
东部凹陷	营口—佟二堡	AR—N*m*	正—逆	NE	NW—SE	40～90	100～2000	170	Ⅰ
	盖州滩—二界沟	AR—N*m*	正	NE	SE	40～70	100～2000	85	Ⅱ
	燕南—驾掌寺—界西	AR—N*m*	正—逆	NE	NW	50～80	100～2000	140	Ⅱ

续表

凹陷	断裂名称	断开层位	性质	走向	倾向	倾角 / °	断距 / m	延长 / km	级别
东部凹陷	茨西	AR—N*m*	正	NNE	NWW	50～60	200～1000	65	Ⅱ
	茨东	AR—N*m*	正	NE	SE	50～60	200～1200	60	Ⅱ
	界东	Pz—N*m*	正	NE	SE	60～80	100～1500	60	Ⅱ
	燕东—油燕沟	Pz—N*m*	正—逆	NE	SE	70～80	100～1000	10	Ⅱ
大民屯凹陷	边台—法哈牛	AR—E*d*	正—逆	NE	SE	50～60	200～1800	45	Ⅰ
	大民屯	AR—E*d*	正—逆	NE	NW	50～85	100～3000	55	Ⅰ
	韩三家子	AR—E*d*	正	EW	SN	40～60	300～3500	20	Ⅰ
	安福屯	AR—Es_4	逆	NE	SE	50～60	200～1000	18	Ⅱ
	前进	AR—E*d*	正	NE	NW	50～60	50～1500	20	Ⅱ
	静安堡	AR—Es_4	正	NE	NW	50～60	200～300	23	Ⅱ
	荣胜堡	AR—E*d*	正	NW	S-W	50～60	200～2400	14	Ⅱ

辽河坳陷现今断裂系统大体上可分为两套：即前新生代基底断裂和新生代盖层断裂，而新生代断裂是控制现今坳陷的主要断裂。

（一）基底断裂

辽河坳陷前新生代基底断裂主要是指断至基底的断层，主要为北东向断层，其次为近东西向断层，这些断层的进一步活动控制了坳陷的形成和演化（图 2-2-2）。

西部凹陷基底历经多次构造运动，形成了多期次、多走向的复杂断裂系统。前新生代及新生代早期断裂为控制潜山形成的主干断裂，主要为北东走向，这些断层延伸距离长、切割潜山幅度大，如：台安—大洼断层，延续长度可达 150km 以上，切割潜山使上 $_1$ 下盘落差幅度最大可达 5000m。前中生代、中生代及新生代形成的复杂断裂系统控制了西部凹陷基底东西分带、南北分块的格局，形成了西部凹陷由西到东的五排潜山带。

东部凹陷基底发育的北东走向断裂位于现今东部凹陷荣兴屯至青龙台一线，控制中生界、古生界及元古宇（荣古 4 井、界古 1 井钻遇）的分布和构造格局。腾鳌断层断面北倾，控制了东部凹陷三界泡—青龙台潜山乃至东部凸起的前中生代沉积，上升盘仅零星发育厚度较小的中生界，多数为太古宇。控制东部凹陷形成和沉积的主要大断层是北东走向的营口—佟二堡断层，延伸长约 170km。凹陷内还发育多条北东走向断层，其中：茨东断层为东掉，延伸长约 60km；茨西断层为西掉，延伸长约 65km；盖州滩—二界沟断层为东掉，南北长约 85km。茨东和茨西断层控制了茨榆坨潜山带的形成。燕南—驾掌寺—界西断层、营口—佟二堡断层控制了三界泡—青龙台潜山带的形成。

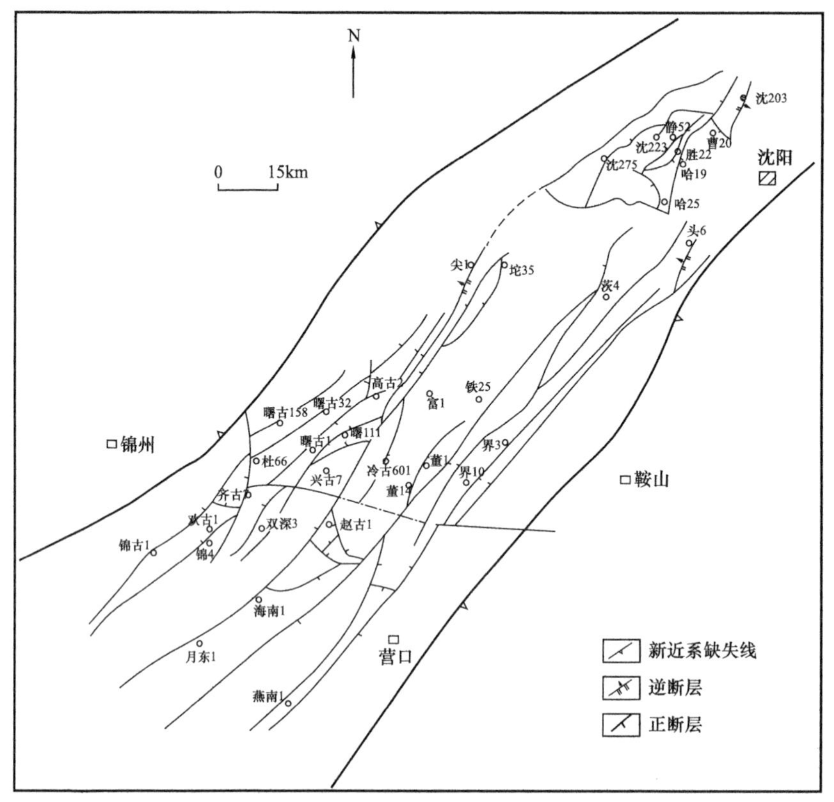

图 2-2-2　辽河坳陷基底主要断裂分布图

大民屯凹陷长期活动的基底断裂可切断陷盆地基底岩系及盖层岩系，平面延伸距离几十千米，控制凹陷地层沉积，多数是凹陷的边界断层。主要断层有：东边界边台—法哈牛断层，北东走向，延伸长约 45km；韩三家子断层，近东西走向，延伸长约 20km；西侧边界大民屯断层，延伸长超过 50km，是高角度逆断层，由于断层面的扭曲，可使某些局部呈现正断层性质。这三条断层控制大民屯凹陷形成和演化。早期基底断裂分布于沙四段下部至基底地层中，以北东向和近东西向为主。多数断层倾角较陡、断层面平直、断距大小不一，断层性质为同向、反向正断层及逆断层，如安福屯断裂、东胜堡断裂等，早期断裂控制基底潜山呈北东向条带状分布。

（二）盖层断裂

新生代断裂在中生代断裂的基础上表现了“继承、发展、新生”三个特点，“继承”是指中—新生代断裂的位置和性质相同，前者的规模大于后者，多数终止于始新世末—渐新世初。“发展”是指控制新生代凹陷边界的断裂在中生代末期处于初发状态，在新生代开始活动逐渐强烈，造成新生代活动规模远大于中生代，属于长期活动的断裂。“新生”是在中生代产生的断裂之外，古近纪—新近纪形成的新生断裂，一般产生于新生代的中—晚期，活动时间比较短，常与早期断裂斜交，并对早期断裂有不同程度的切割作用，局部地区出现了走滑逆断裂。

西部凹陷新生代构造变形表现为以北北东—北东向基底正断层为主构成的伸展构造系统，和以北北东向深断裂右旋走滑位移诱导的走滑构造系统的叠加构造变形特征，同一条断层在不同时期可以表现出不同的力学性质。盖层断层主要在上部构造层发育，包括沙河街组、东营组、馆陶组和明化镇组。西部凹陷盖层断层与控凹断层在整个上部构造层内的断层是一致的，控凹断层位于凹陷的东部，从南到北分别为海南断层、海外河断层、大洼断层、冷东—雷家断层、台安断层等，具有分段演化特征。新近系沉积以坳陷特征为主，控凹断层对新近系沉积的控制作用不是很大。

东部凹陷的断裂具有主控断裂多、发育时间长、断裂性质复杂、组合类型多样等特点。控制新生代坳陷的断层既对基底断裂有一定的继承性，又存在新生特征。发育时间长是这类断裂的特点，但最主要的发育期是古近纪，尤其是古新世—始新世（房身泡期—沙三期）。东部凹陷次级断裂具有如下特点：一是其对坳陷形成和演化的控制作用相对较小，二是因为它们或者是早期主要断裂的派生断层，或者发育时期以晚期为主。次级断裂的主要作用是局部构造的定型与构造单元的分割，对渐新世以来东部凹陷构造格局的形成起着重要作用。

大民屯凹陷盖层断裂主要分布于沙四段至东营组，断层以近东西走向为主。断层下界除个别可能断至沙四底界，其他基本上终止于沙四段的大段泥岩中，上界一般断至古近系东营组，最高可达新近系馆陶组。断层的倾角上陡、下缓，主要盖层断层近平行排列分布，表现为同向倾斜的"多米诺式"正断层组。断层按倾向分为北北西倾和南南东倾两组，在局部二者发生相交。盖层断裂系统中断裂的分布与基底的古潜山或古地形呈镜像关系，即基底潜山隆起较高的地区，往往其上部的古近系中的断裂也较为发育，显示古近系中伸展构造的发育除受区域性拉张的影响外，在局部地区还受到基底潜山的影响。

（三）基底主干断裂特征

辽河坳陷主干断层是郯庐断裂的重要组成部分，在中生代构造格局上继承、改造并进一步新生，是郯庐断裂系继续活动在浅层的不同表现形式。新生代早期有五条一级断层，均断至莫霍面以下，并有多期岩浆活动，它控制凹陷的发生和发展，发育具有多期性、分段性、多样性三大特点。

辽河坳陷基底主要发育北东向—北北东向主干断裂，包括西部凹陷的台安—大洼断层、兴西—双台子断裂、大民屯凹陷的大民屯西边界断层、大民屯东边界断层、韩三家子断裂和东部凹陷的营口—佟二堡断层、驾掌寺—界西断层和二界沟—大湾断层（图2-2-2）。这些断裂不仅控制了凹陷的构造形态，还控制着凹陷的构造演化和沉积充填历史。

几条主干断裂分述如下。

1. 台安—大洼断裂

台安—大洼断裂（图2-2-3）为一长期活动的大型生长断层，为西部凹陷主体的东部边界，北东走向长度为150km，平均走向为42°。该断层在不同时期、不同位置的性质和活动存在明显差异，根据断层是否存在分支断层和陡坡带阶梯状断层，大体上可分为北段、中段和南段三段。

北段指高升至牛一段，有明显伸展断层特征，断面为铲式，它的北端由于后期构造扭动作用，使断裂复杂化出现逆冲断层与伸展断层并存，断层最大落差 4700m，延伸长 46km，控制着台安洼陷形成与发展。中北段指冷家堡地区，断裂比较复杂，大体有三条不同发育期的断层，从东往西，发育期由老至新。东侧靠中央凸起一条是沙三段沉积前期的，仍保持伸展断层特征，为断面平面状，与派生断层组合为羽状断层，控制沙三段沉积，中间一条断面倾角变陡，靠西一条为逆冲断层，断层延伸 33km。中南段指小洼至海外河一段，断面北陡南缓，断面形态由平面状变为铲状，有明显的伸展断层特点，与派生断层组合为羽状和阶梯状组合类型，延伸 38km，控制清水洼陷形成、发展。南段指滩海地区海南—月东断层，区内延伸长度 58km，最大落差 3500m，控制了海南洼陷的形成，断面多为平面状，倾角北缓南陡，沿断层发育派生断层呈阶梯状组合。

2. 营口—佟二堡断裂

营口—佟二堡断裂（图 2-2-3）是东部凹陷与东部凸起的分界断裂，作为一级主干断裂，控制东部凹陷沉降及火山活动，长期发育，贯穿凹陷南北，控制东部凹陷形成与演化，延伸长度 170km，断距一般为 1000～2000m，最大超过 5000m。以腾鳌断裂为界，北段表现为正断层性质，南段为逆冲断层性质。

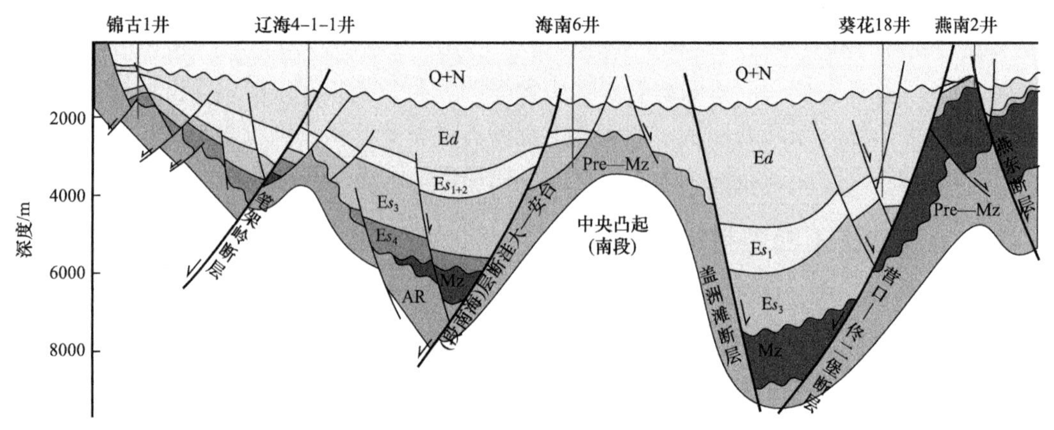

图 2-2-3　过辽河坳陷西部、东部凹陷的近东西向构造地质剖面图

北段指腾鳌断层至永乐地区一段，其断面北西倾，呈较陡的平面状，倾角 60°～80°，断层落差大，基底落差达 4000m，延伸长约 100km，控制东部凹陷三界泡、青龙台潜山形成以及界东、青东、长滩洼陷沉积，是一条长期发育的断层；南段指腾鳌断层至油一段，此段作为东部凹陷在此段的边界，过去称驾东断层，表现出逆冲断层性质，断面 SE 倾，据分析，早期曾经控制西侧古近系沉积，新生代右旋走滑作用使之呈现逆断层性质；可见营口—佟二堡断裂是由多条断层组成的，发育时间、断面倾向、倾角各段表现不尽相同，之间连接关系亦不同。营口—佟二堡断裂对东部凹陷火山活动的控制作用十分明显。

3. 大民屯凹陷东边界断裂

大民屯凹陷东边界断裂又叫边台—法哈牛断裂（图 2–2–4），由三条近北东走向且呈雁行分布的张扭及压扭性断层组成。由南向北依次发育法哈牛断裂、曹台断裂、白辛台断裂，总的延伸长度约 45km。

法哈牛断层：为凹陷东部一条长期发育的边界断层。其走向为北东向，延伸长度 12km，断面西倾的张扭性正断层，最大断距达 1600m。该断层强烈活动期在沙三段沉积期，与荣胜堡断层共同控制法哈牛潜山披覆构造的形成和发育。

曹台断层：是控制凹陷东部边界断层之一。该断层北东向展布，延伸长度 18km。古近纪晚期受郯庐断裂活动的影响，发生右旋走滑，该断层表现为逆断层性质。受曹台断裂强烈活动的影响，边台—曹台潜山迅速抬起，发育大型潜山披覆构造。

白辛台断层：位于三台子地区的东侧，走向北东，延伸长度 15km。该断层在凹陷形成时期为一条西倾正断层，控制着凹陷北部地区的元古宇、中生界沉积与分布。至晚期（东营组沉积时期）受右旋区域构造应力场的作用，转变为东倾逆断层，具走滑性质。

4. 大民屯凹陷西边界断裂

大民屯凹陷西边界断裂又叫大民屯断层（图 2–2–4），其延伸长度超过 50km，其走向为北东向，断层倾向北西，断距 100～3000m，断层性质北逆南正，由南向北断距逐渐增大。该断层前古近纪开始发育，东营组沉积末期，在右旋走滑应力场作用下，断层倾角较陡，有些位置甚至近于直立，走滑标志明显。该断层控制着凹陷的西部边界、凹陷的形态及古近纪沉积，具有延伸长、断距大的特点。

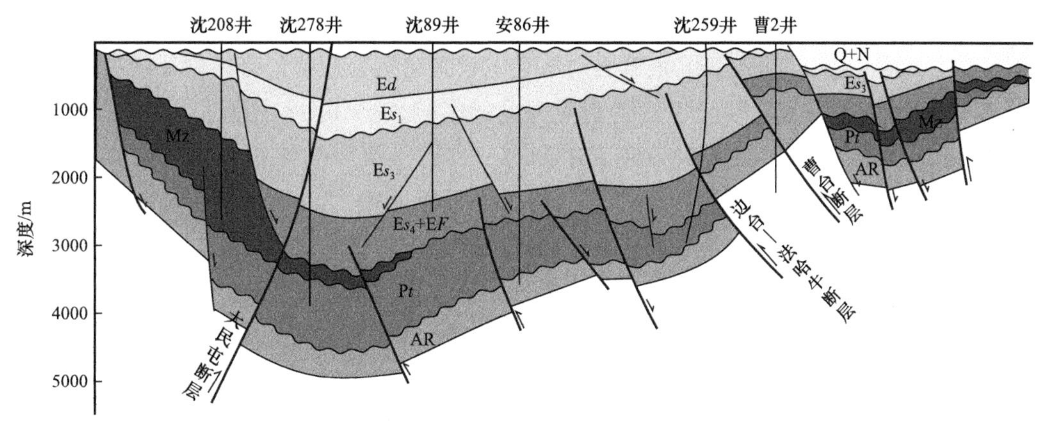

图 2–2–4 过辽河坳陷大民屯凹陷的近东西向构造地质剖面图

5. 韩三家子断裂

即大民屯凹陷南边界断裂，近东西走向，延伸长度约 20km，其断面北倾，断距具有中间大、向东西两端逐渐减小的特点。该断层在古近系沉积早期活动剧烈，使荣胜堡洼陷急速下降，地层沉积厚度快速增大，沉积物在重力作用下，湖岸产生滑塌。该断层控制了荣胜堡洼陷沙河街组的沉积，在侧向挤压力作用下，形成不明显的浅层背斜构造。它是一条控制大民屯凹陷构造沉积演化的边界断层之一。它的发育使大民屯凹陷发育更完整，成为三面为断层控制的三角形凹陷。

6. 兴西—双台子断层

兴西断层位于兴隆台潜山构造带的西部，走向北东，平均方位为47°，在沙四段沉积期和沙三段沉积期底界构造图上的长度分别为19.6km、16.6km，是分隔盘山洼陷和兴隆台潜山构造带的控制性断层，也是沙四段在该区域的东部边界断层，对兴隆台潜山构造带的形成起重要控制作用。在沙四段沉积期，作为断层上升盘的兴隆台潜山构造带整体出露地表，没有沉积；而位于下降盘的盘山洼陷则接受沙四段的沉积；沙三段沉积时期，该断层强烈活动，沙三段的断层滑动距离最大达到1530m，兴隆台潜山构造带已具有相当的规模。

双台子断层是兴西断层向南的延伸，是西部凹陷沙四段沉积期的边界断层。双台子断层为北东走向，分布在清水洼陷沉积中心偏西的位置，向北延伸到双古附近与兴西断层相接，向南继续向西部凹陷探区外延伸，平均走向为48°～51°，在沙四段底界构造图上的延伸长度为30.5km，是沙四段沉积期在清水洼陷的边界断层。沙三段沉积期断层活动量已很小，沙三段底界的滑距大多为200m左右，最大为890m，说明双台子断层在沙三段沉积期活动强度已很小，只有少量的继承性活动。

7. 驾掌寺—界西断层

驾掌寺断层位于荣兴屯—黄沙坨地区中央，呈北东向展布，区内延伸长度70km，倾角陡，部分区段达到80°以上，个别部位近乎直立。该断裂为走滑断层，具有早期伸展、后期走滑改造的特征。主要表现在：在平面图上断面宽度较小；在剖面上断面倾角陡，有时在正、逆断层之间摆动；在沉积盖层内从交织状到向上分枝状都有，为花状构造；该断裂活动强度南强北弱，晚期受右旋走滑应力场的影响，平移活动明显。界西逆断层早—中期活动（Pz—Es_3），早期起到控制其东侧中—古生界沉积的作用；沙三段沉积中—晚期，受挤压应力场作用，表现为逆断层性质，而且断距较大，对三界泡潜山的形成意义重大。

8. 二界沟断层

二界沟断层是东部凹陷中央断裂背斜构造带与西部斜坡带的分界断层，主要为一北东走向正断层，处于东部凹陷中部，与驾掌寺断层近平行展布，这两条主要断层造就了所夹持区域的早期构造格局，与驾掌寺断层一起控制着凹陷的地层格架、构造形成和油气分布。

该断层贯穿延伸长度46km，走向为东西—北东，倾向为南—南东。从古近系沙三段沉积前活动，断距大，最大垂断距1400m，到新近系馆陶组沉积时期停止活动；具有分期活动的特点，主要活动期为沙三段沉积期和东营组沉积期，以沙三段沉积期为主。在南部二界沟地区，该断裂由多条雁行排列的断层组成，为晚期盆地受到右旋走滑应力场作用的结果；即走滑成因模型属于后端松弛型，构造应力场为张扭性，构造单元的主要表现是发散沉降。大型的斜滑正断层呈雁列式排列，从撒开端向主走滑带靠近，交角大致为30°～60°，形成多个断阶带。由应力松弛作用引起的沉降较明显，形成大型洼陷区。

四、构造单元划分及基岩潜山分布

辽河坳陷历经长期强烈构造变动，基底形成凸凹相间的构造格局，自西向东为西部凸起、西部凹陷、大民屯凹陷、中央凸起、东部凹陷和东部凸起六个次级构造单元（图2-2-5）。坳陷内已发现了多个潜山带，但由于各构造单元石油地质条件的差异，因而基岩潜山的油气成藏也各不相同，其中，三个凹陷是基岩油气藏勘探的主要目标区，中央凸起也发现了基岩及内幕油气藏；而受烃源岩条件和盖层条件的影响，东部凸起和西部凸起尚未发现基岩油气藏。

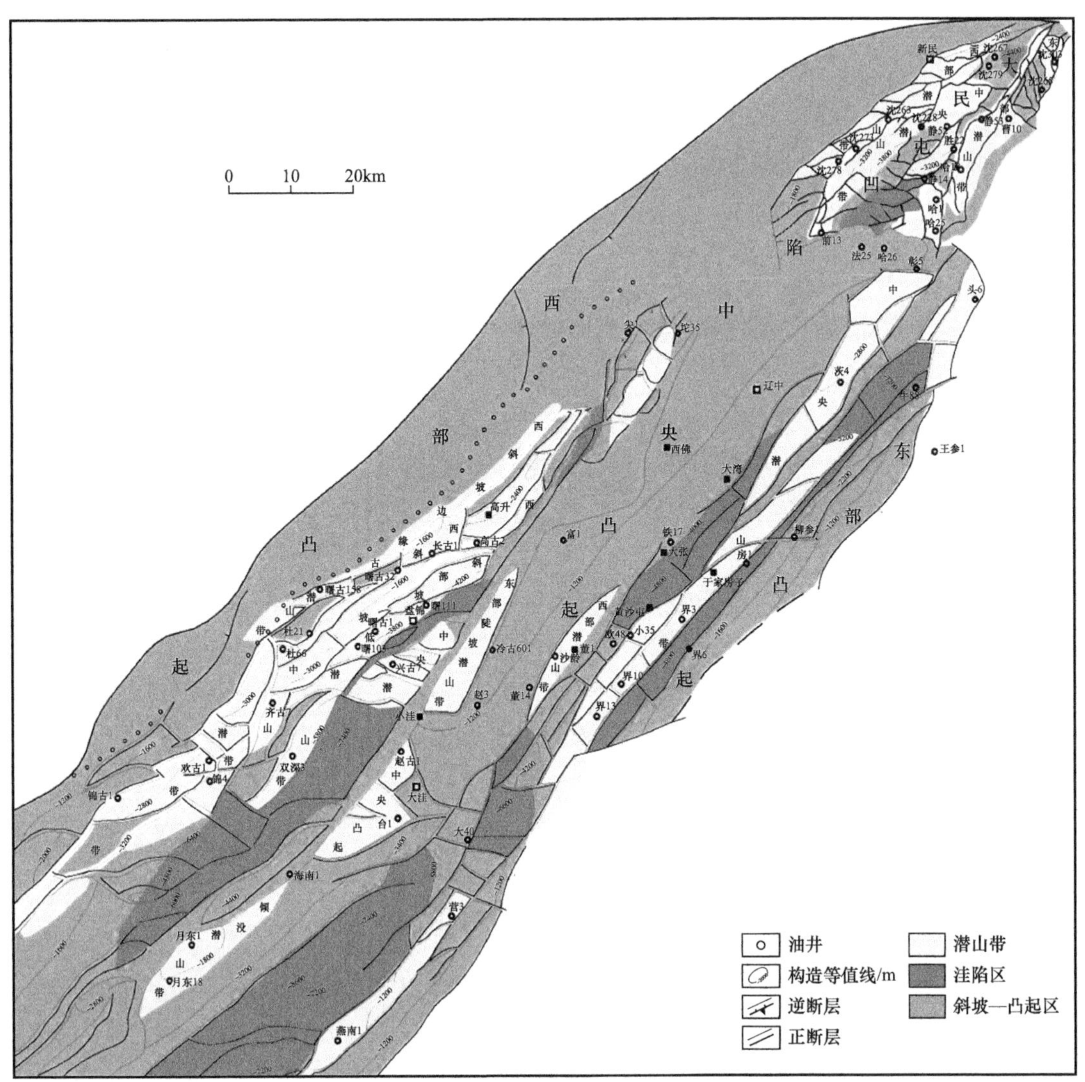

图2-2-5 辽河坳陷构造单元划分及基岩潜山分布图

（一）西部凹陷

西部凹陷面积为 2560km^2，自北向南有六个负向构造，分别为牛心坨洼陷、台安洼陷、陈家洼陷、盘山洼陷、清水洼陷和鸳鸯沟洼陷。即牛心坨洼陷，基底最大埋深 4800m；台安洼陷，基底最大埋深 5600m；陈家洼陷，基底最大埋深 6000m；盘山洼陷，基底最大埋深 4800m；清水洼陷，基底最大埋深 8400m；鸳鸯沟洼陷，基底最大埋深 7000m。

西部凹陷由西向东大致可划分为北东走向的五排潜山带：第一排是西斜坡边缘潜山带，主要有胜利塘潜山、曙光高潜山等；第二排是西斜坡中潜山带，主要有西八千潜山、欢喜岭潜山、杜家台—曙光潜山等；第三排是西斜坡低潜山带，主要有笔架岭潜山、锦州潜山、齐家潜山、曙光低潜山、高升潜山等；第四排是中央潜山带，主要有双台子、兴隆台和牛心坨等潜山带；第五排是东部陡坡潜山带，主要是指冷东—雷家潜山带。其中，曙光高潜山、曙光潜山、胜利塘潜山、杜家台潜山、曙光低潜山、高升潜山六个潜山的地层均属于中—新元古界或古生界，兴隆台和牛心坨等其他潜山为新太古界或中生界。截至 2020 年底，兴隆台潜山带、曙光高潜山、曙光潜山、胜利塘潜山、杜家台潜山、曙光低潜山、牛心坨潜山、冷东—雷家潜山等均已上报探明石油地质储量，并取得了良好开发效果。

（二）大民屯凹陷

大民屯凹陷面积为 800km^2，基底最大埋深在荣胜堡洼陷，埋藏深度超过 7000m。凹陷整体构造格局具有东西分带、南北分块（段）的特点，根据基底结构特点可划分为西部斜坡带、中央构造带和东侧陡坡带三个次级构造单元。其中，中央构造带可分南段、中段、北段三段，中段为两洼夹一隆，即安福屯洼陷和胜东洼陷夹静安堡—东胜堡构造带，南段、北段分别为荣胜堡洼陷和三台子洼陷，荣胜堡洼陷西侧为前进断裂背斜构造带，东侧为法哈牛构造带。

大民屯凹陷可分为三个潜山带：第一个是西部潜山带，主要包括前进潜山、平安堡潜山和安福屯潜山；第二个是中央潜山带，主要包括东胜堡潜山、静安堡潜山和静北潜山；第三个是东部潜山带，主要包括法哈牛潜山、边台潜山、曹台潜山和白辛台潜山。其中静北潜山、平安堡潜山、安福屯潜山和白辛台潜山为中—新元古界（局部潜山含古生界），其他潜山主要为新太古界潜山，部分潜山为残留中生界潜山。截至 2020 年底，平安堡潜山、安福屯潜山、东胜堡潜山、静安堡潜山、静北潜山、法哈牛潜山、边台潜山、曹台潜山等均已上报探明石油地质储量，并得了良好开发效果。

（三）东部凹陷

东部凹陷是一狭长的凹陷，面积为 3300km^2，基底最大埋深 9000m。自北向南发育四个负向构造，依次为青龙台—长滩洼陷、于家房子洼陷、架掌寺洼陷、二界沟—盖州滩洼陷。青龙台—长滩洼陷，基底最大埋深 5100m；于家房子洼陷，基底最大埋深 4500m；驾掌寺洼陷，基底最大埋深大于 6800m；二界沟—盖州滩洼陷，基底最大埋深 9000m。

东部凹陷也分为三个潜山带：第一个是西部潜山带，主要包括沙岭潜山和铁匠炉潜山；第二个是中央潜山带，主要包括燕南潜山、油燕沟潜山、三界泡潜山、青龙台潜山和茨榆坨潜山；第三个是东部潜山带，主要是指沈旦堡等潜山。其中，燕南潜山、油燕沟潜山和三界泡潜山为古生界或元古界潜山，其余均为新太古界潜山。茨榆坨新太古界基岩潜山的茨 26-117 区块和茨 120 区块已上报探明石油地质储量并投入开发。

（四）西部凸起

西部凸起面积 960km^2，是彰武—黑山中生代盆地与下辽河新生代坳陷的重叠部分，是在太古宇和中—新元古界基底上发育起来的中生代凹陷。白垩世末期，断裂活动加剧，西部凸起整体抬升，遭受强烈剥蚀，从而结束了中生代的发展历史。按中生界构造特征，西部凸起共划分为八个三级构造带，其中：正向构造四个，由南往北依次为新庄子突起、下洼子突起、南二家屯突起、徐家围子突起；负向构造四个，从南至北依次为兴隆镇洼陷、公兴河洼陷、胡家镇洼陷和宋家洼陷，中生界最大埋深分别为 3200m、2400m、1600m 和 3100m。

（五）中央凸起

中央凸起位于三大凹陷之间，面积约 2300km^2。西、北两侧分别受到边界断层的控制，东侧以沙一段底界超覆线为界，由南向北分为月东潜山、海外河潜山、大湾潜山和韩三家子潜山。另外，中央凸起的鞍部因受北西向断裂的控制，还发育了小断块低潜山构造，主要分布在海南和榆树台地区。其中，月东潜山为古生界和太古宇的二元结构潜山，其他潜山均为新太古界潜山。

（六）东部凸起

东部凸起整体上是一个北东走向、北西倾斜的斜坡，南北长约 80km，东西宽约 20km，面积约为 1600km^2。东部凸起自下而上发育太古宇、古生界、中生界和新生界。东部凸起构造上具有北西低、东南高的单斜特征，控制东部凸起构造的断裂主要有以下两条：营口—佟二堡断层是一条长期发育的断层，断层为北东走向，主要控制了上古生界和古近系，是划分东部凹陷和东部凸起的区域性大断层，断裂深入地壳，最大断距在 4000m 以上，它的发育控制了中生界小岭组酸性火山岩的喷发；腾鳌断层是一条古生代发育的断层，断层近东西向展布，主要控制该区上古生界的沉积，该断层以南地区地层受到强烈剥蚀。

五、基底构造演化

辽河坳陷属于在华北地台之上发育的中—新生代坳陷盆地，东临辽东地块，西部为燕辽沉陷带。基底构造则分属于华北地台三个不同的一级构造单元。以辽河坳陷中央凸起为界，以东地区分为南北两部分，南部为辽东台背斜，北部为太子河台向斜；中央凸起以西地区（包括大民屯凹陷）为燕辽台褶带。因此，辽河坳陷西部凸起、西部凹陷和大民屯凹

陷均属于燕辽台褶带的一部分；而东部凹陷及东部凸起分属于太子河台向斜及辽东台背斜的一部分。

辽河坳陷基底构造的形成是多次构造运动复合叠加的结果。但主要由于古近系沙四段—沙三段沉积期东西向强烈拉张的作用，形成了现今盆地基底三凹三凸的构造格局；古近纪晚期侧向挤压应力形成的右旋走滑对基底构造没有产生太大影响，主要对新近系沉积盖层的形成起着重要的控制作用。

辽河坳陷基底的主要构造区是古近纪—新近纪沉积盆地的基底，基底构造的发展过程可划分为两个阶段：第一阶段是先期（前新生代）构造发展阶段，包括太古宙—中生代的发展过程；第二阶段是古近纪—新近纪构造发展阶段。

（一）前新生代构造演化

辽河坳陷是中朝准地台经中—新生代破坏改造后所形成的断陷盆地。其中，郯庐断裂带的形成与发展，渤海湾盆地新生代动力学过程是影响其构造演化的最主要因素。

郯庐断裂系自太古宙开始活动，主要控制断裂系东、西两侧的沉积。东侧以正常海相沉积为主，而西侧是以基性—超基性火山喷发岩为主，推测有两条北东向断层控制着这种差异性的沉积环境。一条断层是东部凹陷的边界断层——营口—佟二堡断层，该断层为控制古近系—新近系沉积的主要断层。鞍山群的鞍山式铁矿所产生的高磁异常向西延至该断层的东侧而快速消失，推测营口—佟二堡断层在太古宇沉积时期就已发育；另一条断层位于辽河坳陷西缘边界地区，控制了坳陷结晶基底与辽西地区广泛分布的太古宇基性—超基性火山喷发岩的差异沉积。

营口—佟二堡断层发展到古元古代时仍对沉积起到主要控制作用。该断层东侧至辽东的宽甸地区广泛分布古元古界辽河群，这套地层以海相碳酸盐岩和碎屑岩沉积为主，经区域变质作用后形成片岩和大理岩类。但在辽河坳陷内未发现该套地层的分布，消失在大石桥—海城至营口—佟二堡断层的中间地带，说明辽河坳陷在古元古代处于抬升剥蚀阶段。

五台运动至吕梁运动使太古宇和古元古界发生强烈褶皱和区域变质作用，辽河坳陷形成坚硬的结晶基底，其上覆第一套沉积盖层是中—新元古界和古生界，具备华北地台的共同特征。但此时郯庐断裂系对辽河坳陷东、西两侧的控制作用更加显著。以东部凹陷的茨榆坨东侧断层为界，以东地区为东西向的太子河沉降带，沉积一套以碎屑岩为主，相当于青白口系钓鱼台组以上地层及古生界；以西部凹陷台安—大洼断层为界，以西地区属于燕辽沉降带，沉积一套以海相碳酸盐岩为主的大红峪组以上地层及古生界。两条断层中间地带包括现今构造的中央凸起为抬升剥蚀区，故把辽河坳陷中央凸起划为山海关—清原古陆的一部分。显而易见，这两条断层对辽河坳陷基底构造演化起到了重要的控制作用。

海西运动至印支运动使辽河坳陷基底整体抬升并导致第一盖层发生强烈褶皱变动，形成褶皱山系，西部凹陷、大民屯凹陷和西部凸起的中—新元古界及古生界呈开阔的向斜分布。大民屯凹陷的向斜呈近东西向，而西部凹陷与辽西地区的构造相同，呈北东向开阔的向斜构造。由于受印支运动期间东西向的强烈挤压应力作用，东部凹陷和东部凸起在古生代沿着一系列北东向逆断层左旋走滑，形成紧密褶皱并呈线状分布的褶皱带，使太子河近东西向沉积凹陷在西延部分的构造线完全转变成北东向，同时使沿北东向逆断层左盘的古生界向南走滑推移，推测最大走滑距离达 80km 以上。

印支运动之后，辽河坳陷基底抬升，中—新元古界和古生界遭受强烈的风化剥蚀，尤其是处于坳陷中的中—新元古界和古生界遭受风化剥蚀时间跨越整个中生代，因此，目前三个凹陷中的中—新元古界和古生界是残存的。大民屯凹陷残存地层是向斜西缘收敛部位的中—新元古界和古生界；西部凹陷残存的是向斜的东翼（即半个向斜）；东部凹陷及东部凸起经历风化剥蚀时间稍短，背斜轴部残存地层多为寒武系或奥陶系，而向斜部位地层保留较为完整。

中生代，辽河坳陷基底形成了凸凹相间的构造格局。其中，西八千—胡家镇断层控制了中生代沉积凹陷，沉积了侏罗系—白垩系的湖相碎屑岩及火山岩；现今西部凹陷的构造是中生代的长期隆起区；台安—大洼断层及海南断层控制了中央凸起及其以东地区（包括东部凹陷和东部凸起），为中生代的晚侏罗世—早白垩世的沉积凹陷区。此时，辽河坳陷三个凹陷的基底已形成了潜山的雏形。

（二）古近纪—新近纪构造演化

根据发生时间的先后和应力场作用方式的不同，将辽河坳陷基底构造的演化分为早期和晚期两个时期。早期构造演化发生于房身泡组、沙四段、沙三段沉积时期，以东西向拉张应力场形成的断裂系统和箕状构造为特征；晚期构造演化发生于沙二段至东营组沉积时期，以东西向的挤压应力场和右旋走滑而形成的基底逆断层为特征。

1. 早期构造演化（古近系房身泡组—沙三段沉积时期）

由于欧亚大陆板块与太平洋板块在古近纪相互作用及地壳与地幔的相对运动，导致基底形成强大的北西向拉张应力场，致使辽河坳陷基底在古近纪产生一系列北东走向深大断层，且多为西掉，使断层下降盘向东发生翘倾掀斜，逐渐使基底形成东陡西缓的箕状构造。房身泡组玄武岩的裂隙喷发和沙四段、沙三段半深湖—深湖相沉积的形成都是这种断裂系所导致。

1）西部凹陷

台安—大洼断层、海南断层是西部凹陷成为典型箕状构造的主控大断层，延续长度可超过 150km，下降盘下落深度最大超过 6000m。控制凹陷潜山带形成的断层主要是北东走向的西掉正断层：控制欢喜岭潜山带有五条西掉正断层，控制西斜坡边缘潜山带形成的西掉正断层主要有两条，控制齐家—曙光潜山带的形成主要有两条西掉正断层，控制曙光低潜山带形成的有两条西掉正断层。这些西掉正断层对潜山圈闭的形成起到了重要作用，尤其是处于深部位的低潜山带，原是低矮的古丘陵，房身泡组直接超覆其上，潜山幅度很小，但在西掉正断层的切割下，加大了潜山的闭合幅度，甚至把上部房身泡组全部断开，使沙四段、沙三段烃源岩直接接触潜山储层，所以西掉正断层对潜山圈闭的形成起着关键作用。此外，在曙光地区还有两条北东走向的东掉正断层。其中，西侧的一条延伸长约 15km，断层落差 500～1000m；东侧的一条（盘山断层）延伸长约 30km，断层落差 400～600m，且均是油源断层。

近东西向断层是由于北西向拉张应力场分布的不均匀性（受到岩性和古地形形态影响）及其诱导作用而形成，其多为延伸长度较短的北掉正断层，与北东走向断层之间的夹角为 40°～60°，可将北东走向潜山带切割成一个个独立的山头及断块山。

2）东部凹陷

控制东部凹陷形成和沉积的主要断层是北东走向的营口—佟二堡断层，延伸长度约 125km。该断层北段早期基底为东掉，晚期古近系—新近系盖层为西掉；南段为逆断层；二者以近东西向的腾鳌断层为界。凹陷内部还发育北东走向的茨东断层，东掉，延伸长约 52km；茨西断层，西掉，北东走向，延伸长约 65km；二界沟断层，西掉，北东走向，南北长约 60km。茨东断层和茨西断层控制着茨榆坨潜山带的形成；二界沟断层、茨东断层和营口—将二堡断层控制东部凹陷中北段中央潜山带的形成。

3）大民屯凹陷

大民屯凹陷东侧的边台—法哈牛断层，北东走向，西掉，延伸长度约 30km；韩三家子断层，北东东走向，北掉，延伸长度 25km；这两条断层是控制大民屯凹陷形成的断层。大民屯凹陷西侧边界大断层为大民屯西断层，是高角度逆断层，由于断层面的扭曲，可使某些局部呈现正断层性质。凹陷内部主要有北东走向的西掉前当铺—静安堡断层，延伸长度 45km，控制了前当铺潜山—大民屯潜山带和静北石灰岩潜山的形成。控制中央潜山带形成的断层是东胜堡断层，北东走向，西掉，延伸长度 15km。

2. 晚期构造演化（沙二段—东营组沉积时期）

古近纪晚期，自沙二段沉积开始，由于太平洋板块运动方向由北北西向转为北西西向，且印度板块迅速向北推移，辽河坳陷随之产生压扭性构造变动，此时区域应力场由侧向拉张逐渐转变为侧向挤压，三个凹陷内各自发生右旋走滑，即沿着原控制三个凹陷形成的深大断层向北推移，尤其以东营组沉积时期表现最为显著。西部凹陷和大民屯凹陷及凹陷北部的锐角收敛区在右旋走滑过程中，基底受到挤压应力最大，导致两个凹陷北部都各自形成了一些逆断层。大民屯凹陷北部曹台逆断层是高角度逆断层，形成了地垒式的曹台潜山（图 2-2-6），曹台逆断层为北东走向，延伸长度 27km；西部凹陷以冷东和牛心坨地区逆断层最发育，如冷东潜山（图 2-2-7）就是由推覆体所形成；东部凹陷发生右旋走滑运动时间更早，推测在沙三段沉积中期就已开始，使早期形成的湖盆很快结束并沉积了巨厚的煤系地层。

辽河坳陷右旋走滑阶段对基底构造影响不大，只是局部形成了一些逆断层，主要影响着古近—新近系盖层，形成许多开阔的褶皱，也是背斜盖层形成的主要控制因素。

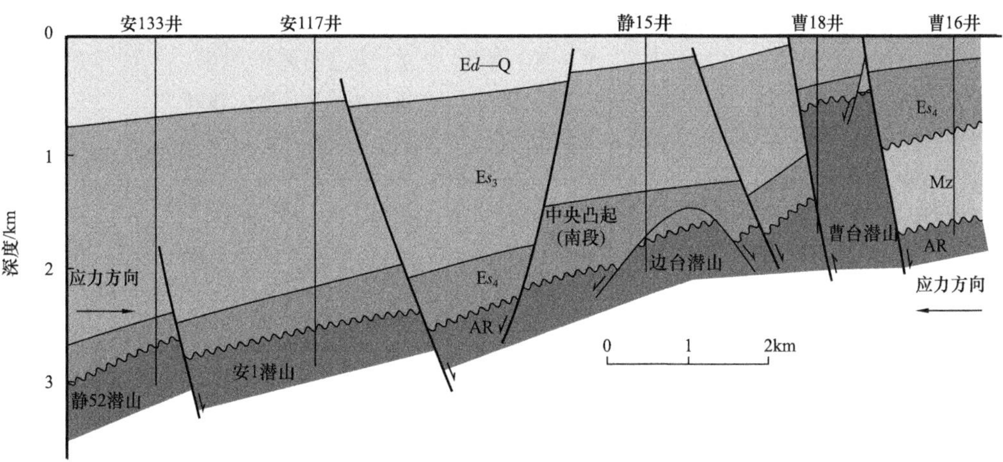

图 2-2-6　安 133—曹 16 井东西向地应力挤压而形成的地垒式潜山示意图

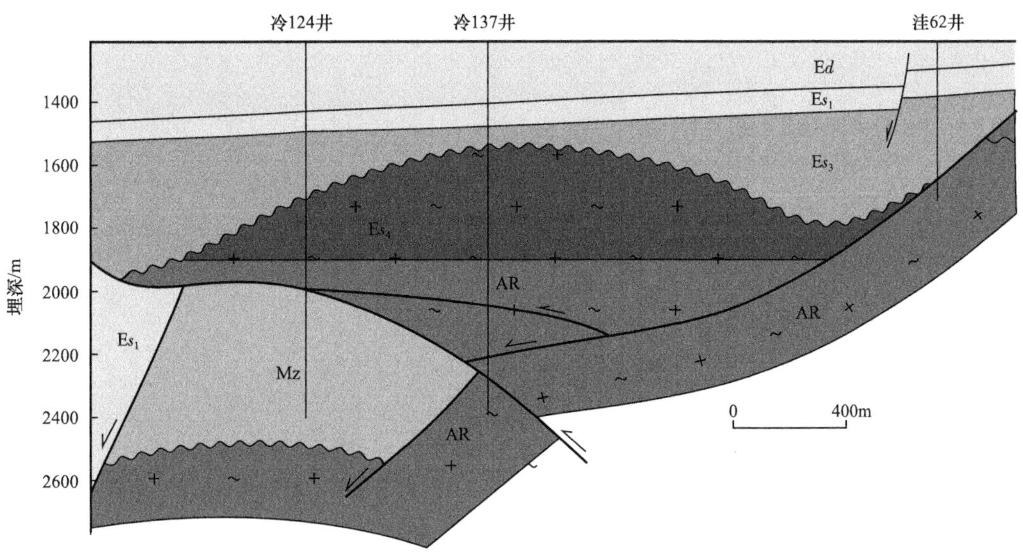

图 2-2-7　推覆体形成的冷东潜山油藏剖面图

参考文献

[1]廖兴明，姚继峰，于天欣，等．辽河盆地构造演化与油气［M］．北京：石油工业出版社，1996.
[2]辽宁省地质勘察院．中国区域地质志·辽宁志［M］．北京：地质出版社，2017.
[3]《中国地层典》编委会．中国地层典（太古宇）［M］．北京：地质出版社，1996.
[4]《中国地层典》编委会．中国地层典（古元古界）［M］．北京：地质出版社，1996.
[5]《中国地层典》编委会．中国地层典（中元古界）［M］．北京：地质出版社，1996.
[6]《中国地层典》编委会．中国地层典（新元古界）［M］．北京：地质出版社，1996.
[7]《中国地层典》编委会．中国地层典（震旦系）［M］．北京：地质出版社，1996.
[8]《中国地层典》编委会．中国地层典（寒武系）［M］．北京：地质出版社，1996.
[9]《中国地层典》编委会．中国地层典（奥陶系）［M］．北京：地质出版社，1996.
[10]《中国地层典》编委会．中国地层典（石炭系）［M］．北京：地质出版社，1996.

[11]《中国地层典》编委会．中国地层典（二叠系）[M]．北京：地质出版社，1996.
[12]《中国地层典》编委会．中国地层典（三叠系）[M]．北京：地质出版社，1996.
[13]《中国地层典》编委会．中国地层典（侏罗系）[M]．北京：地质出版社，1996.
[14]《中国地层典》编委会．中国地层典（白垩系）[M]．北京：地质出版社，1996.
[15]王仁民，贺高品，等．变质岩原岩图解判别法[M]．北京：地质出版社，1987.
[16]邢志贵．辽河坳陷太古宇变质岩储层研究[M]．北京：石油工业出版社，2006.
[17]王仁厚，魏喜．辽河断陷元古宙及古生代潜山地层研究[M]．北京：石油工业出版社，2001.
[18]李晓光，陈振岩，单俊峰，等．辽河油田勘探40年[M]．北京：石油工业出版社，2007.

第三章　基岩油气藏储层特征

辽河坳陷基岩主要发育太古宇变质岩、中—新元古界石英砂岩和碳酸盐岩、古生界碳酸盐岩、中生界火山岩及碎屑岩，形成变质岩、碳酸盐岩、碎屑岩、火山岩等多种岩性储层，各类储层具有不同储层特征。

第一节　基岩储层岩石学特征

一、变质岩储层岩石学特征（太古宇 + 元古宇）

（一）变质岩储层岩石类型

辽河坳陷太古宇、元古宇变质岩储层的岩石类型主要为区域变质岩（片麻岩类和长英质粒岩类、石英岩类）、混合岩（混合岩化变质岩类、注入混合岩类、混合片麻岩和混合花岗岩）和碎裂变质岩（构造角砾岩类、碎裂岩类和糜棱岩类）（表 3-1-1）[1]。而非储层岩石类型主要为角闪质岩类。在变质岩储层中，混合岩分布最广，区域变质岩只残留在局部，或以残留体的形式存在于混合岩中；碎裂变质岩多分布在断层带及其附近。

表 3-1-1　辽河坳陷变质岩储层岩性统计表

分类	亚类	主要类型	主要岩石名称
变质岩	区域变质岩	片麻岩类	（黑云母）二长片麻岩、（黑云母）斜长片麻岩、角闪斜长片麻岩
		长英质粒岩类	黑云母变粒岩、角闪斜长变粒岩
		石英岩类	石英岩
	混合岩	混合岩化变质岩类	混合岩化（黑云母）钾长片麻岩、混合岩化（黑云母）二长片麻岩、混合岩化变粒岩
		注入混合岩类	长英质黑云母斜长片麻岩条带状混合岩
		混合片麻岩类	斜长混合片麻岩、二长混合片麻岩
		混合花岗岩类	钾长混合花岗岩、二长混合花岗岩
	碎裂变质岩	构造角砾岩岩类	构造角砾岩
		碎裂岩类	碎裂混合花岗岩、碎裂片麻岩、长英质碎斑岩与碎裂岩
		糜棱岩类	糜棱岩

（二）变质岩成分与结构特征

1. 区域变质岩

区域变质岩主要包括太古宇片麻岩类、长英质粒岩类和元古宇石英岩类三种类型。

1）片麻岩类

片麻岩类主要包括（黑云母）斜长片麻岩、（黑云母）二长片麻岩和角闪斜长片麻岩三种类型。

（黑云母）斜长片麻岩：一般绿灰色，具中—细粒鳞片粒状变晶结构，片麻状构造、条带状构造、条痕状构造，晶粒大小 0.5～4mm；主要成分为斜长石、石英、钾长石和黑云母。其中，斜长石含量 40%～70%，粒状，绢云母化与黏土化强烈，微裂缝、解理缝较发育，方解石和泥质充填；石英含量 5%～25%，他形，细粒状；钾长石含量 10%～25%，粒状为主，多蚀变；黑云母含量 5%～20%，黄绿色，片状，绿泥石化强烈，黑云母聚集呈条带状定向分布，与粒状矿物相间排列（图 3-1-1）。

岩心

微观照片，正交25×

马古3井，4186.35m

图 3-1-1　黑云母斜长片麻岩

（黑云母）二长片麻岩：具花岗变晶结构、鳞片粒状变晶结构，片麻状构造，晶粒大小 0.2～4mm；主要成分为斜长石、石英、钾长石和黑云母。石英含量占 10%～30%，他形、粒状，多为相对洁净、小于 2mm 不规则颗粒，粗粒石英微裂缝密集、多由方解石充填；斜长石含量 20%～45%，粒状、板柱状，多为发育密集双晶纹的更长石、中长石和钠长石等斜长石，绢云母化和黏土化强烈，微裂缝、解理缝、双晶缝较发育，方解石和泥质充填裂缝；碱性长石主要为钾长石，其含量为 20%～35%，粒状为主，多为不发育双晶的微斜长石、条纹长石，黏土化强烈，微裂缝、解理缝较发育，方解石和泥质充填裂缝；黑云母含量为 4%～25%，黄绿色，片状、破碎状、斑状，绿泥石化，具弯曲变形特征。

角闪斜长片麻岩：以绿灰色、杂灰白色为主，交代假象结构，阴影状构造、片麻状构造；主要成分为斜长石、角闪石及少量石英。斜长石含量 55%～70%，近等轴粒状，斜长石发生强烈绢云母化，仅保留了斜长石晶形假象；角闪石含量 20%～40%，半自形柱粒状，被微晶黑云母，绿泥石交代，只保留角闪石晶形假象，并析出星点状的磁铁矿；石英含量 5%～18%，不规则粒状，无色透明，大多具玻状消光；绿泥石含量 5%～8%，淡绿色，细小鳞片状，呈阴影状集合体出现，为角闪石绿泥石化（图 3-1-2）。

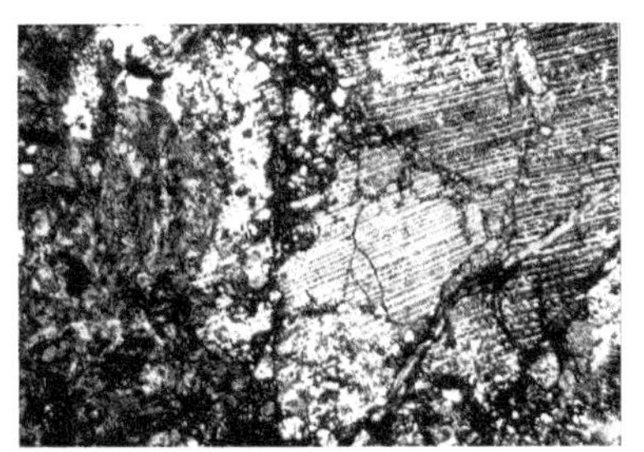

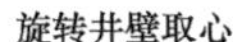

旋转井壁取心　　　　微观照片，正交25×

兴古10井，4539.00m

图 3-1-2　角闪斜长片麻岩

2）长英质粒岩类

长英质粒岩类包括浅粒岩和变粒岩两种类型。

浅粒岩：岩石颜色为灰白色、肉红色；具细—中粒花岗变晶镶嵌结构，部分具有条纹状构造；主要矿物为石英、斜长石、碱性长石及少量黑云母和角闪石。根据石英、斜长石、碱性长石的含量主要有钠长浅粒岩、钾长浅粒岩和二长浅粒岩。据薄片鉴定分析，石英含量 25%～42%，他形、细粒变晶，粗粒石英中微裂缝密集、多由方解石充填；斜长石含量 10%～70%，蚀变强烈，不均匀，粒状、板柱状，多为发育密集双晶纹的更长石、中长石和钠长石等斜长石，微裂缝、解理缝、双晶缝较发育，多绢云母化，钠黝帘石化。碱性长石（钾长石）含量 30%～38%，呈肉红色与灰色，粒状、板柱状，多为发育卡式双晶与不发育聚片双晶的正长石、微斜长石；黑云母与角闪石含量小于 5%，呈黑色、黄绿色，片状，具弯曲变形特征，绿泥石化强烈。

变粒岩：颜色以浅灰色、灰色、灰黑色为主，一般为细粒变晶结构，微片麻状、条带状构造，晶粒大小 0.05～1mm。主要矿物为钾长石含量 30%～36%，石英含量 38%～42%，斜长石含量 15%～25%，多已绢云母化；深色矿物黑云母、角闪石等含量大于 10%。根据暗色矿物成分可分为黑云母变粒岩、角闪石变粒岩。石英呈单晶、多晶、粒状、他形均可见，细粒变晶；钾长石中细粒变晶；黑云母、角闪石呈分散状、片状，细粒变晶。

3）元古宇石英岩类

浅变质石英岩是一套由海相石英砂岩、石英粉砂岩经浅变质作用形成，或称变余石英砂岩。其成分以石英颗粒为主，石英含量一般在 95% 以上，甚至高达 99%，质纯，中—细砂级。岩石硅质胶结异常强烈（以石英加大方式胶结），颗粒间呈缝合接触或凹凸接触。由于石英的物理化学性质稳定，不易被溶解，导致岩石孔隙发育差，在镜下几乎没有见到对储油有意义的粒间孔隙。但其脆性很强，在构造运动中易发育构造裂缝。

2. 混合岩

混合岩是区域变质岩受混合岩化作用改造的产物。一般由残留的变质基体和新生的长英质脉体组成。根据混合岩化由弱到强，可划分为混合岩化变质岩、注入混合岩、混合片麻岩和混合花岗岩。

1）混合岩化变质岩

这类岩石混合岩化轻微，一般长英质脉体小于15%。主要包括混合岩化变粒岩、混合岩化黑云母斜长（钾长、二长）片麻岩。

混合岩化变粒岩：以混合岩化黑云斜长变粒岩为主，黑灰色，岩性致密，坚硬。粒状变晶结构，块状构造，晶粒大小一般为 0.1～1.5mm。主要矿物成分石英含量 18%～25%，他形，粒状，部分具定向拉长特征；斜长石含量 40%～55%，粒状，板状，绢云母化，蚀变深；钾长石含量 5%～10%，多呈填隙状、不规则状，交代斜长石，为混合岩化过程中新生成成分；黑云母含量 6%～12%，他形、半自形片状，蚀变深，多绿泥石化。另外还有混合岩化斜长浅粒岩（图 3-1-3）。

混合岩化黑云斜长（钾长、二长）片麻岩：特征同黑云斜长（钾长、二长）片麻岩相似，继承了原岩的结构、构造。新生成的长英质脉体小于 15%（图 3-1-4）。

兴古8井，3960m，正交25×

图 3-1-3　混合岩化变粒岩

兴229井，2421.0m，正交25×

图 3-1-4　混合岩化黑云母斜长片麻岩

2）注入混合岩

以基体岩石为主，新生的长英质脉体含量 15%～50%（图 3-1-5）。基体、脉体界线一般清楚，以机械注入作用为主，局部见交代作用。基体中矿物所受交代作用不强烈，但交代反应、交代重结晶和重结晶也占有一定地位。岩石多为灰绿色、灰白色混杂，致密，

旋转井壁取心

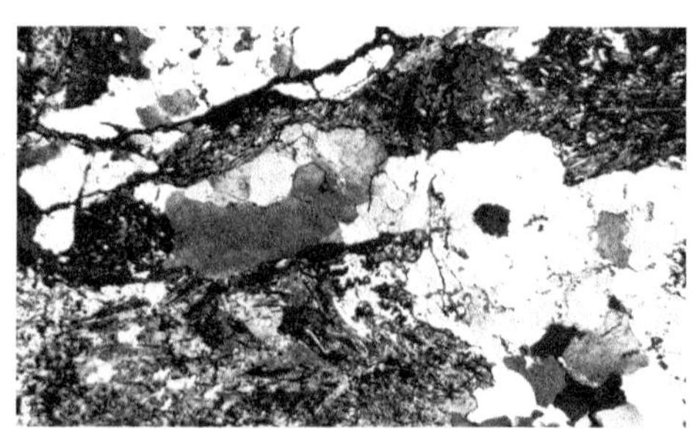

微观照片，正交25×

兴古9井，4277.03m

图 3-1-5　石英质黑云斜长条带状混合岩

坚硬，条带状、角砾状构造。具鳞片粒状变晶结构，晶粒大小一般为0.2～2.4mm；矿物成分主要为石英、斜长石、碱性长石、黑云母。岩石主要以长英质黑云斜长片麻条带状混合岩为主，随着混合岩化程度的加深，暗色矿物含量降低。各种矿物含量根据新生脉体注入量的多少而变化较大。

3）混合片麻岩

该岩石混合岩化作用已相当强烈，残留的基体含量小于50%。受强烈的交代作用，残留的变质岩基体和新生的长英质脉体之间无明显的差别和界线，原来的区域变质岩已发生了较深刻变化，仅残留某些不易变化的矿物，常为暗色矿物（图3-1-6）。岩石以肉红色、灰白色为主，混杂黑绿色、深绿色，花岗变晶结构，片麻状构造。石英含量15%～25%，斜长石含量40%～60%，钾长石含量5%～20%，黑云母含量一般小于10%。主要混合片麻岩类型为花岗质混合片麻岩，混合岩化作用残留下来的暗色基体较少并呈定向分布。

岩心常光

岩心荧光

微观薄片正交25×

兴古8井，3718.78m

图3-1-6　混合片麻岩

4）混合花岗岩

混合花岗岩是混合岩化作用中最强烈的岩石，成分与花岗岩和花岗闪长岩相似，呈半自形不等粒结构，局部具交代结构，块状构造。主要矿物成分是石英、斜长石、碱性长石、黑云母，夹少量其他类矿物，如榍石、绿泥石、高岭土以及后期穿插的方解石等。斜长石含量30%～50%，呈半自形宽板状，直径1～7mm，发育聚片双晶，大部分斜长石出现绢云母化、黝帘石化，与微斜长石接触部位常见交代蚕蚀、交代蠕英和交代净边结构；碱性长石（微斜长石、条纹长石、钾长石）含量20%～30%，呈半自形—他形，有时出现高岭石化，晶内常见斜长石包裹体，斜长石包裹体有明显的被交代特征；石英含量20%～30%，呈不规则粒状，直径0.5～4mm，分布不均匀，在团块状集合体下出现，普遍强烈波状消光；黑云母含量5%～15%，呈片状，直径1～2mm，具浅黄色—褐色极明显多色性，大部分黑云母强烈绿泥石化。混合花岗岩薄片中往往具有较多的裂缝，大多被方解石充填，部分无充填物，表明长英质矿物含量高，平均值近90%，黏土类矿物较少。混合花岗岩岩心观察中有时保留了一定数量的暗色矿物较集中的斑块条痕，分布不均匀，为混合岩化作用中原岩的残留体（图3-1-7）。

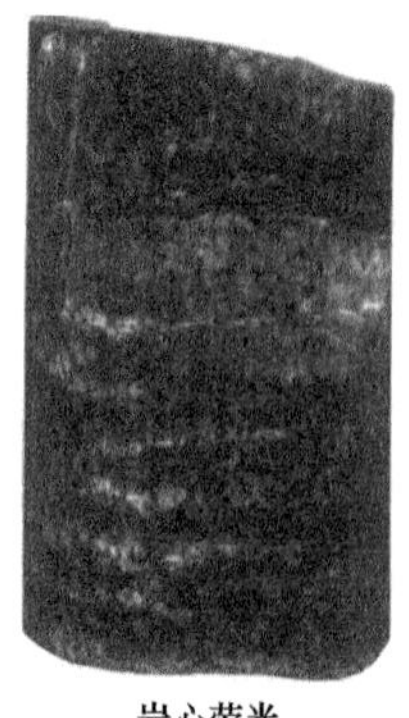

岩心常规　　岩心荧光　　微观薄片，正交25×

马古2井，4833.6m

图 3-1-7　混合花岗岩

根据斜长石和碱性长石含量分为斜长混合花岗岩、二长混合花岗岩和钾长混合花岗岩。

斜长混合花岗岩：颜色为浅肉红色、紫灰色、灰色混杂少量灰绿色，岩性致密、坚硬；一般具有花岗变晶结构、交代穿孔结构、交代净边结构、交代条纹结构、交代反条纹结构，块状构造。矿物成分以斜长石、石英、黑云母（角闪石）为主，少量钾长石。斜长石含量 60%～70%，为钠长石、斜长石；石英含量 20%～30%，平均含量为 25%；黑云母（角闪石）含量 5%～15%。

二长混合花岗岩：颜色为肉红色，混杂少量灰绿色，具有花岗变晶结构、交代净边结构、交代蠕英结构、交代残留结构、交代反条纹结构，块状构造。矿物成分为斜长石、钾长石、石英和黑云母。斜长石含量 30%～50%；钾长石含量 30%～40%；石英含量 20%～30%；黑云母含量小于 10%。Na_2O 含量斜长石明显高于钾长石，K_2O 含量斜长石明显低于钾长石。

3. 碎裂（动力）变质岩

碎裂（动力）变质岩是构造断裂带中的原岩，在不同性质的应力影响下，发生碎裂、变形和重结晶（矿物成分变化）等作用形成的岩石；主要分布在构造错动带内，多呈狭长的带状，具有局限性。碎裂变质岩包括构造角砾岩类、碎裂岩类和糜棱岩。

1）构造角砾岩类

颜色浅灰色，致密，具有角砾状结构、无定向构造。原岩为动力变质岩，主要由长英质组成，石英含量 40%～70%，长石含量 30%～60%，且硅质重结晶。岩石后期构造应力作用下破碎，碎块呈棱角状，碎块含量 50% 以上，多为 70%～85%，碎块间被石英细碎屑、长英质糜棱组分及泥晶方解石充填。构造缝将岩石切割，但岩心角砾岩中裂缝多被方解石充填；原岩分别为斜长角闪岩和片麻岩，碎块间被细碎屑及泥晶方解石充填。后期构造缝将岩石切割，但裂缝均被方解石充填。

2）碎裂岩类

以压碎、变形作用为主，碎裂化程度较高。主要为碎裂混合花岗岩、碎裂片麻岩、长英质碎斑岩与碎斑岩。原岩为混合花岗岩和花岗片麻岩，具碎裂花岗变晶结构，无定向构造，主要成分为石英、斜长石、碱性长石和少量黑云母。岩石在构造应力作用下破碎，但原岩特征还保留，构造裂缝发育，一部分被方解石充填，破碎粒间孔发育（图 3-1-8）。

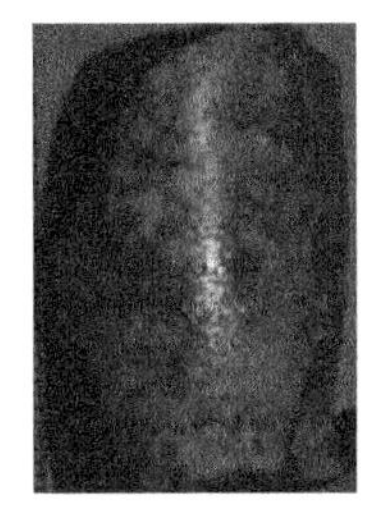

旋转井壁取心　　微观薄片，正交25×

马古7井，4196.0m

图 3-1-8　碎斑岩

3）糜棱岩类

糜棱岩类包括糜棱岩和千糜岩两种类型。为粉色，糜棱结构，眼球纹理构造，平行定向构造，岩石由碎斑和碎基两部分组成，碎斑含量 30%～40%，大小为 0.4～1.2mm，成分以碱性长石为主，其次为斜长石。基质为长英质细碎屑。岩石后期构造破碎，局部细粒化，构造微裂缝发育，少数充填碳酸盐，多数都未充填（图 3-1-9）。

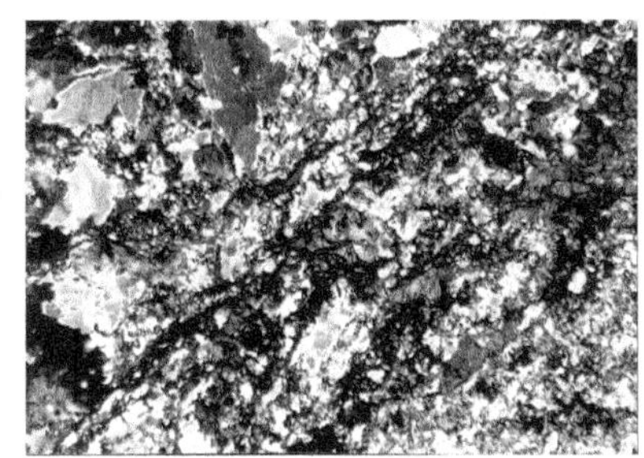

旋转井壁取心　　微观照片，正交25×

陈古5井，4675.0m

图 3-1-9　糜棱岩

二、碳酸盐岩储层岩石学特征（元古宇 + 古生界）

（一）碳酸盐岩储层岩石类型

辽河坳陷碳酸盐岩主要分布于西部凹陷曙光地区和大民屯凹陷的西断槽和静北潜山等地区。其岩石类型包括颗粒碳酸盐岩、泥晶—微晶碳酸盐岩等（表 3-1-2）[2, 3]，且具有多种结构和多种构造类型。部分岩石中普遍发育白云化作用和去白云石化作用等现象，反映碳酸盐岩形成的古气候和沉积成分介质的变化以及埋藏后经历了多种成岩作用改造。

表 3-1-2 辽河坳陷碳酸盐岩储层岩石类型特征

岩性		特征
石灰岩	泥晶灰岩	结构致密，性脆，易受压力作用形成各类裂隙
	含颗粒或颗粒质灰岩	颗粒含量 10%～25% 及 25%～50%，具生物搅动构造和纹层构造，裂隙一般较发育
	颗粒灰岩	颗粒含量大于 50%，多发生白云化、胶结作用明显
白云岩	泥晶云岩	多含生物碎屑和陆源碎屑，具泥晶结构
	粗粉晶—中细晶云岩	粒晶相对粗大，白云岩自形程度较高，等粒或不等粒嵌晶结构；晶间孔发育，或具残余结构等特征
	颗粒云岩与含颗粒、颗粒质云岩	富含有机质和生屑内部结构，致密，形成于颗粒的准同生白云石化阶段

（二）碳酸盐岩成分与结构特征

碳酸盐岩主要包括石灰岩和白云岩两种类型。

1. 石灰岩

1）泥晶灰岩

泥晶灰岩常具纹层构造、藻纹层或泥质纹层，但典型泥晶结构的泥晶灰岩分布局限；泥晶灰岩广泛发育缝合线构造，后期溶解作用可产生具储集性的缝隙，沿裂隙的溶解作用可形成溶孔，多数裂隙被方解石、沥青充填；在弱重结晶作用影响下，多数泥晶灰岩已转化为具有粉晶结构的粉晶灰岩。该类岩石结构致密，并伴有微弱的白云石化作用。

2）含颗粒或颗粒质灰岩

碳酸盐颗粒含量 10%～25% 或 25%～50%；岩石中的颗粒类型以生物碎屑、细粒、砂屑、球粒等为主。此类岩石具生物扰动构造和纹层构造，裂隙较发育。

3）颗粒灰岩

颗粒含量大于 50%，颗粒灰岩多见于中—上寒武统，在上古生界中也有所见，颗粒主要类型以鲕粒、砂屑、砾屑、生物碎屑为主。

根据填隙物的不同，颗粒灰岩可分为以下几种类型。

亮晶颗粒灰岩：鲕粒类型较为复杂多变，常具重结晶或白云石化作用，破碎、变形鲕常与之伴生，强烈变形者可呈蝌蚪状，甚至呈链状鲕；放射鲕、薄皮鲕亦较常见。此类岩石的胶结物多为二世代或三世代方解石。

竹叶状灰岩：填隙物以灰泥为主，具有程度不等的白云石化作用，致使有时砂、砾屑具晶粒结构或颗粒边缘遭白云石化破坏。

亮晶砂屑灰岩：较为少见。亮晶砂屑灰岩中的砂屑分选、磨圆程度中等且有石英碎屑伴生，粒间则为亮晶方解石胶结。

除此之外，还见到泥晶—亮晶颗粒灰岩，其中常见细粒与生物屑、细粒与砂屑、砂砾屑与球粒等组合。复颗粒组合的特点是颗粒具有结构上的一致性，即高能颗粒如鲕粒与磨圆的砂砾屑、竹叶状内碎屑与圆化的长形生物屑以及球粒与成熟度差的内碎屑和化石等组合。

2. 白云岩

常见类型主要为泥晶、泥微晶云岩、颗粒云岩、灰质云岩和混积岩等。

1）泥晶云岩

泥晶云岩成分中含有生屑、藻、铁泥质、陆源碎屑等，质地不纯，大部分具泥晶—微晶结构。但在埋藏重结晶作用控制下，少见典型的泥晶云岩。

2）粗粉晶—中细晶云岩

皆为准同生后的成岩白云岩，具有粒晶相对粗大，白云岩自形程度较高，等粒或不等粒嵌晶结构；晶间孔发育，或具残余结构等特征。

3）颗粒云岩与含颗粒、颗粒质云岩

各种颗粒或颗粒质灰岩经白云石化可形成颗粒云岩或颗粒质云岩，较强的白云石化作用可导致原岩结构部分消失而形成颗粒云岩。多为泥晶结构或者粉晶—泥晶结构，由泥质、白云石充填，见生物潜穴等痕迹，亮晶充填。

4）亮晶鲕粒灰质云岩

富含有机质和生屑，内部结构致密，亮晶或泥晶填隙作用明显，最终形成的白云石化仅限于鲕粒内部；从颗粒先期的白云石化作用看，属于颗粒虽已形成但尚未胶结成岩的准同生阶段。

5）混积岩

该类白云岩组分不单是由砂屑、细粒、生屑、核形石、凝块石等组成，还不同程度地存在石英碎屑和长石碎屑，致使岩石呈现与颗粒云岩过渡的混积岩。

三、中生界储层岩石学特征

辽河坳陷中生界储层，按岩性可分为火山岩和碎屑岩两大类。中生界火山岩由下往上从偏基性逐渐过渡到中性、中—酸性、最后到酸性结束。它们以中心式喷发为主，多呈火山锥分布在西部凹陷的西侧及兴隆台潜山等部分地区，而且岩性复杂；中生界碎屑岩中裂缝与次生溶孔均发育砾岩是中生界主要的储层岩石类型。在砾岩中，以花岗质砾岩最为发育，其次为混合砾岩。花岗质砾岩以灰色为主，厚层块状，棱角状砾石含量一般大于50%，成分以太古宇花岗质砾石和岩屑为主，其次为单颗粒石英、碱性长石、斜长石。受多期构造运动强烈改造，花岗质砾石破碎，砾石间发育大量裂缝。花岗质角砾岩在后期溶蚀作用下，常发育少量的粒间溶孔、粒内溶孔等，次生溶孔与裂缝相沟通，孔渗性极好。混合砾岩成分仍以太古宇成因的花岗质岩屑为主，但火山质岩屑及细碎屑含量大量增加，充填在颗粒间，同等应力条件下形成的裂缝发育程度仅次于花岗质角砾岩，储集性能良好[4-5]。

（一）火山岩储层岩石类型

1. 火山岩

根据火山成岩作用结合岩心、岩石化学分类及岩矿资料分析，将中生界火山岩分为熔岩类、火山碎屑岩类两大类岩石类型（表 3-1-3）。

表 3-1-3　中生界火山岩类型

成因分类	岩石类型	主要名称	特征	分布
火山岩及火山碎屑岩	火山熔岩类	玄武岩、玄武安山岩	具斑状结构玻基交织结构气孔、杏仁数量多、缝孔联合气孔晶间孔及串珠状喉道，含油	台 10 井、兴 99 井等钻遇
		安山岩、粗安岩	交织结构环带结构，长石溶蚀强烈，溶蚀孔、裂缝含油	西部斜坡、牛心坨等钻遇
		流纹岩、英安岩	斑状结构霏细结构，长石普遍溶蚀。裂缝溶蚀孔发育，含油	牛心坨、西斜坡等钻遇
		火山角砾岩	火山角砾，粒径 2～100mm，角砾含量大于 75%；砾间缝发育，溶蚀成孔、洞，形成大型砾间缝，晶间缝含油	齐古 2 井、齐古 31 井、齐古 61 井、齐古 62 井、兴 603 井、兴 68 井、杜 138 井、洼 609 井等钻遇
		集块岩	团块，粒径大于 10cm 的团块超过 50%。砾间缝发育，溶蚀成孔、洞，形成大型砾间缝、晶间缝含油	齐古 6 井
		凝灰岩	绿灰色、含黑云母多，常和凝灰质砂岩夹于火山角砾岩中，溶蚀缝洞含不同	欢古 5 井、齐 48 井、齐 80 井、宋 3 井、冷 44 井等钻遇
	火山碎屑沉积岩	凝灰质砂砾岩、凝灰质砂岩	岩石结构中火山碎屑在 40% 以下，陆源碎屑为主，砾间孔、缝及粒间孔含油	牛心坨与宋家地区多井钻遇，不均匀分布

1）熔岩类

流纹岩：流纹岩主要分布于坨 32 井—坨 33 井区。

岩石多为灰白色、浅灰红色，致密块状，裂缝发育（图 3-1-10、图 3-1-11）。岩石具斑状结构，斑晶为石英、碱性长石（钠长石）及云母。基质为霏细结构、隐晶质结构。钠长石斑晶呈半自形板状，溶蚀现象明显，有的长石呈聚斑状，部分具碳酸盐化、高岭土化。云母呈板状，具暗化边。基质由碱性长石微晶、石英微晶、玻璃质及暗色矿物等组成。碱性长石微晶普遍具溶蚀现象。在坨 32 井深 2051.18～2053.06m 处，流纹岩中含有少量长石、石英晶屑、玻屑及流纹岩岩屑。

安山岩类：主要有蚀变安山岩、安山岩、角砾状安山岩、气孔、杏仁状安山岩、粗安岩等。安山岩主要分布于牛心坨地区坨 3 井，齐家地区、高升和大洼等地区有井钻遇。灰黑色，致密块状，滴 HCL 起泡。斑状结构，斑晶为斜长石含量 11%，碱性长石含量 5%。基质具交织结构。斑晶中的斜长石呈板状，发育聚片双晶、卡纳复合双晶、环带结构。碱性长石呈板状，发育卡式双晶。斑晶长石具溶蚀现象，并且长石蚀变强烈，有的长石发生破碎。基质由长石及石英微晶、少量暗色矿物等组成。长石微晶呈细粒长条状，含量为5%，溶蚀强烈。微晶之间充填有较多的隐晶质，碳酸盐化强烈。

坨32井1368.2m，岩心

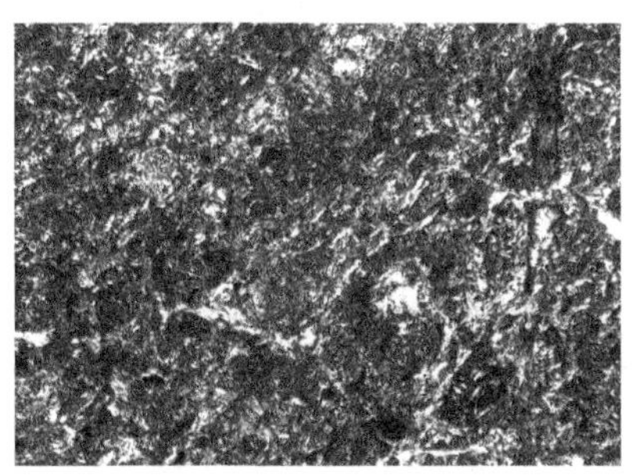

坨32井 1395.6m，正交光正交10×

图 3-1-10 流纹岩

坨32井 1368m流纹岩斑状结构，单偏×5，斑晶为钠长石

坨3井 1142.49m安山岩交织结构，正交×10

图 3-1-11 流纹岩和安山岩

英安岩：浅灰色，致密块状。裂缝发育多呈密集的网状，局部破碎成角砾状，孔隙中多含油。斑状结构，基质具交织结构（图 3-1-12）、霏细结构或微晶—玻璃质结构。斑晶含量 1%～10%，以斜长石为主，少量石英。基质主要由微晶斜长石和石英构成霏细结构，部分结晶较差，含较多玻璃质。该类岩石主要分布在西部凹陷的牛心坨、兴隆台和西部斜坡地区。

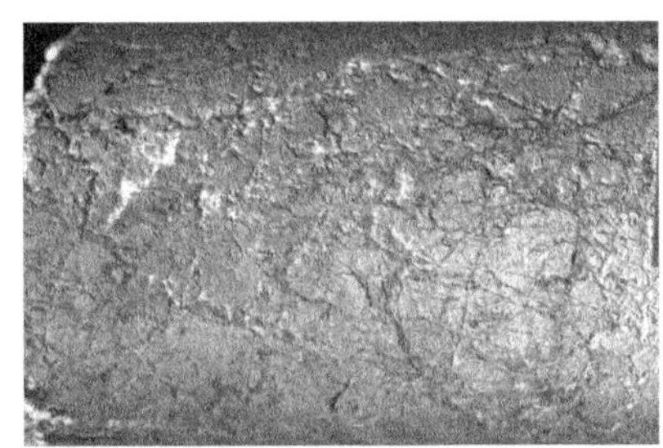

齐古61井2223m，岩心

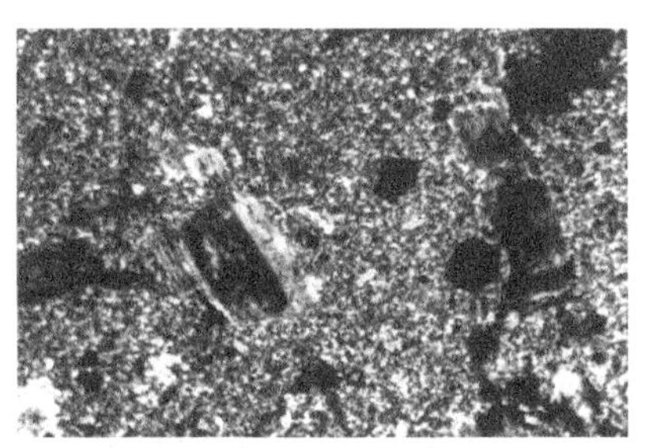

杜古69井2200m，正交40×

图 3-1-12 英安岩

玄武岩类：呈灰黑色、黑色、黄色等，气孔、杏仁构造、块状构造，一般蚀变较深，绿泥石化、碳酸盐化较强烈。裂缝发育较差或裂缝充填程度较高，部分地区见残余气孔和裂缝中含油。岩石具斑状结构，基质以填隙结构为主。斑晶含量5%～25%，为斜长石、碱性长石、辉石和橄榄石等。长石多为长斑状，部分蚀变较强烈，黏土矿物化。基质由微晶长石、蚀变粒状辉石、玻璃质和铁质构成填隙结构，基质多绿泥石化强烈（图3-1-13）。该类岩石在古近系中最为发育，如高升至曙光地区有大面积分布等。而中生界白垩系仅在个别钻井中（台10井、兴99井）见到。

坨34 1500.2m，岩心，黑色玄武岩

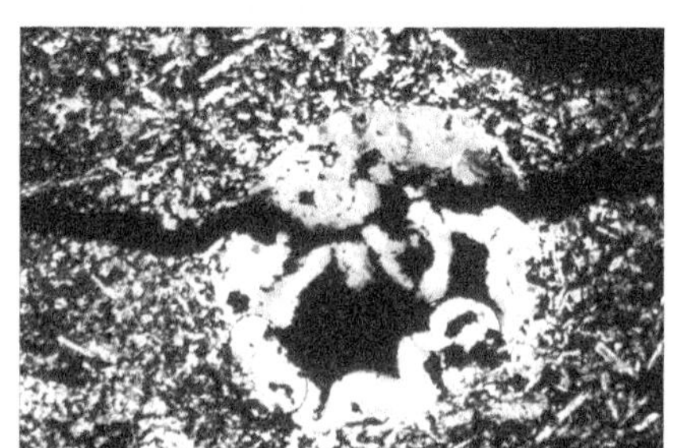
曙74井 1997.0m，薄片，杏仁状玄武岩，正交40×

图3-1-13　基性玄武岩

2）火山碎屑岩类。

火山碎屑沉积岩主要包括凝灰质砂砾岩、凝灰质砂岩，岩石结构中火山碎屑在40%以下，陆源碎屑为主，砾间孔、缝及粒间孔含油。

火山角砾岩，火山角砾，粒径2～100mm，角砾含量大于75%；砾间缝发育，溶蚀成孔、洞，形成大型砾间缝，晶间缝含油。火山角砾岩分布于牛心坨地区坨3井、坨4井、坨32井、坨33井、坨34井和兴隆台兴99井、兴68井钻遇。

集块岩，团块，粒径大于10cm的团块超过50%。砾间缝发育，溶蚀成孔、洞，形成大型砾间缝，晶间缝含油。

凝灰岩，绿灰色、含黑云母多，常与凝灰质砂岩夹于火山角砾岩中，溶蚀缝洞含量不同。凝灰岩分布于坨3井、坨4井、坨32井等井区。

（二）碎屑岩储层岩石类型

碎屑岩储层岩石类型主要包括砾岩类、砂岩类和泥岩类（表3-1-4）。

1. 砾岩类

主要呈紫灰色、深灰色，分为砂砾岩、中砾岩、角砾岩。按矿物成分进一步细分为花岗质砂砾岩、混合砂砾岩、花岗质中砾岩、混合中砾岩、花岗质角砾岩、混合角砾岩及构造角砾岩等。岩心可见宏观裂缝发育，局部被方解石充填。其中花岗质砾岩类为兴隆台中生界主要储集岩，其次为混合砾岩。花岗质砾岩岩石具砾状结构，砾石成分以太古宇花岗质岩块为主，其次为酸性浅成岩、中酸性喷出岩块。粒间黏土杂基和方解石充填，黏土杂基氧化铁浸染为紫红色，方解石在阴极发光下为橙红色。岩石后期在构造应力改造下，形成网状微观裂缝，碎块间被细碎屑及方解石充填。混合砾岩也具有砾状构造，成分相对复杂，含有两种及以上砾石成分，包括火山质砾、花岗质砾，成因多为后期构造改造。

表 3-1-4　中生界碎屑岩储层岩石分类表

岩类			基本岩石类型	主要特征	岩石归类
碎屑岩	砾岩类	砂砾岩	花岗质砂砾岩	花岗质砾石和岩屑大于 70%	花岗质砾岩类 混合砾岩类
			混合砂砾岩	两种砾石和岩屑含量接近或某种略高	
		中砾岩	花岗质中砾岩	砾石中花岗质岩砾石大于 70%	
			混合中砾岩	两种砾石含量接近或某种略高	
		角砾岩	花岗质角砾岩	棱角状砾石含量大于 50%，砾石中花岗质砾石大于 70%	
			混合角砾岩	棱角状砾石含量大于 50%，两种砾石含量接近	
			构造角砾岩	岩石原地破碎，呈棱角状	
	砂岩类	粗砂岩	粗—巨粒砂岩、巨—粗粒砂岩、中—粗粒砂岩	主要粒径 0.50～2.00mm，长石、岩屑为主，次为石英，泥质和钙质含量小于 10%	砂岩类
		中砂岩	粗—中粒砂岩、细—中粒砂岩	主要粒径 0.25～0.50mm，长石、岩屑为主，次为石英，泥质和钙质含量小于 10%	
		不等粒砂岩	砾质不等粒砂岩、含砾不等粒砂岩、含泥不等粒砂岩、不等粒砂岩	主要粒径 0.10～2.00mm，长石、岩屑为主，次为石英，泥质和钙质含量小于 10%	
		细砂岩	中—细粒砂岩	主要粒径 0.10～2.00mm，长石、岩屑为主，次为石英，泥质和钙质含量小于 10%	
		含泥或泥质砂岩	含灰或灰质粗砂岩	主要粒径 0.10～2.00mm，长石、岩屑为主，次为石英，钙质含量 10%～30%	
			含灰不等粒砂岩		
	泥岩类		含砂泥岩、粉砂质泥岩、砂质泥岩	粒径小于 0.03mm 为主	泥岩类

2. 砂岩类

主要呈灰色、灰白色及杂色，分为粗砂岩、中砂岩、不等粒砂岩、细砂岩、含泥或泥质砂岩等。碎屑成分主要为石英、长石和岩屑，其中岩屑以花岗质岩为主，次为酸性浅成岩，反映了物源来自周边的新太古界基岩及附近火山岩。填隙物以黏土杂基为主，局部为方解石胶结。

第二节　储集空间特征及储集性能

一、储集空间特征

辽河坳陷基底由前古近系多种类型岩石所组成，主要包括太古宇变质岩、元古宇碳酸盐岩和变余石英砂岩、古生界碳酸盐岩以及中生界火成岩和碎屑岩等。不同岩性发育的储集空间类型不同，变质岩储层储集空间以裂缝为主，碳酸盐岩主要发育次生孔洞和裂缝，火成岩以次生裂缝、溶孔为主。整体上来看，各类基岩不发育原生孔隙[6, 7]。

（一）变质岩储集空间类型及特征

变质岩储层储集空间主要为孔隙和裂缝。裂缝包括构造裂缝、溶蚀裂缝和解理缝等；孔隙包括溶蚀孔隙、晶间孔隙和破碎粒间孔隙等（表 3−2−1）。一般以岩心所能测量的最小裂缝开度大于 10μm 者为宏观裂缝，小于 10μm 者为微裂缝。裂缝的发育程度是形成变质岩油气藏的重要条件，裂缝的发育程度越高，变质岩的储集性能就越好。

表 3−2−1　变质岩储层储集空间类型分类

分类	储集空间类型	孔隙成因
裂缝	构造裂缝	构造作用形成的裂缝
	溶蚀裂缝	前期形成的裂缝，受溶蚀扩大，或充填的裂缝再溶蚀
	解理缝	沿矿物解理所形成的缝隙，受应力或风化作用后更明显
孔隙	溶蚀孔隙	早期形成的孔隙经溶蚀作用形成的孔隙
	晶间孔隙	矿物晶体间孔隙
	破碎粒间孔隙	受构造应力作用造成的岩石破碎，矿物和岩石之间形成的空隙，或潜山顶面的岩石，受物理风化作用，崩解，破碎所产生的破碎颗粒间孔隙

1. 裂缝类型

变质岩的裂缝主要有构造缝、溶蚀裂缝、解理缝三种类型。

构造缝是指刚性岩石或矿物在构造应力作用下产生的缝隙，以高角度张性裂缝为主。剪切裂缝主要发育在断层附近发育，一些张剪性复合裂缝呈现先张后剪的特点，基本上与区内断层的展布相一致。根据裂缝张开度的大小及油气运移的有效性，将裂缝划分为六种类型，即大缝、中缝、小缝、微裂缝、显微裂缝及超显微裂缝。西部凹陷兴隆台潜山的大量岩心、薄片统计资料表明，该区宏观裂缝多为高角度缝（图 3−2−1），裂缝张开度为 0.1～0.2mm，呈网状分布，部分裂缝被方解石等充填；微观裂缝开度一般为 1～100μm，以微裂缝为主（图 3−2−2）。

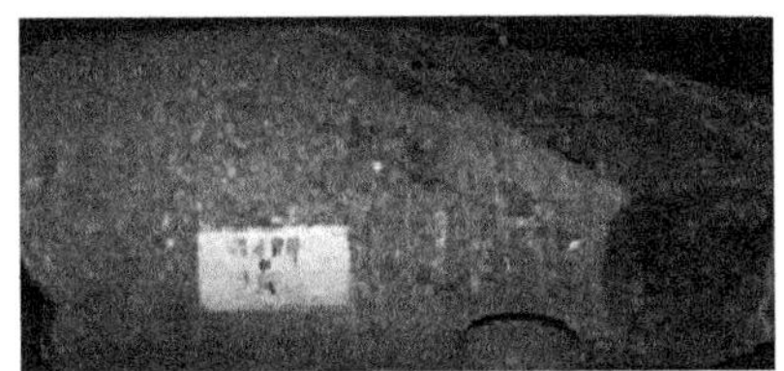

兴古9井，倾角47°和76°斜缝相交，肉红色混合花岗岩

兴古7-19-34井，多组缝切割形成的碎块

图 3-2-1 多（两）组裂缝相互交切现象

兴古8井，3718.34m，混合片麻岩，微观构造缝，单偏光，50×

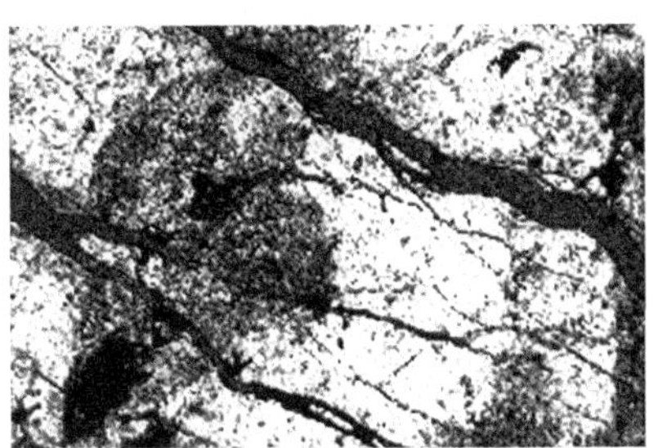

马古2井，4834.50m，混合花岗岩，微观构造裂缝，单偏光,50×

图 3-2-2 微观裂缝薄片资料

溶蚀裂缝是在构造运动之后，由于化学淋溶作用沿构造裂缝溶蚀，主要分布在易溶矿物的富集带内或长石和石英的颗粒之间，裂缝形态不规则，宽度不等（多在 1mm 以下），且延伸长度一般小于构造裂缝；或为早期被方解石充填的裂缝，后期又受到不同程度的溶蚀而形成。

解理缝是受构造应力的影响，长石等矿物沿解理缝裂开，形成两组较平直裂理或两组解理缝叠合呈阶梯状。在太古宇变质岩中，可以普遍见到这种裂缝，它们常与碎裂粒间孔及其他裂缝相互连通，对油气运移和聚集有着重要意义。

2. 孔隙类型

变质岩孔隙类型主要有溶蚀孔隙、晶间孔隙、破碎粒间孔隙三种类型（表 3-2-1）。

溶蚀孔隙属于次生孔隙，溶蚀作用在变质岩潜山中发育较差，主要是矿物蚀变形成的溶蚀孔，且伴生裂缝分布。如，茨榆坨太古宇潜山储层的主要溶蚀矿物为角闪石，角闪石先蚀变呈绿泥石化，随后被溶蚀形成溶蚀孔隙；次为斜长石，斜长石在绢云母化过程中，一些成分被溶蚀淋虑作用带走，从而形成溶蚀孔隙。一般在潜山顶部溶蚀孔隙较为发育。

晶间孔隙是指矿物晶体之间的细小孔隙，常见的有长石晶间孔隙、长石与石英晶间孔隙、黑云母、角闪石与其他矿物的变晶间孔隙，裂缝充填物晶间孔隙等。

破碎粒间孔隙是在构造应力作用下岩石破碎后，碎裂颗粒之间存在的孔隙；或位于潜山顶面的岩石，在上覆地层未沉积前，长期暴露地表，受物理风化作用，发生崩解、破裂而产生的破碎颗粒间孔隙（图 3-2-3、图 3-2-4）。

一般情况下，裂缝可与次生孔隙组合成多种类型的复合储集空间。常见储集空间的组合方式有三种类型：一是溶洞—裂缝型，裂缝构成喉道；二是宏观裂缝型，大裂缝构成喉道和储集空间；三是微观裂缝型，微裂缝构成喉道和储集空间。

胜25井，3404.04m，
浅粒质混合岩，裂缝及破碎粒间孔，单偏光，50×

图 3-2-3　胜 25 井裂缝及破碎粒间孔

沈224井，3135.4m，
碎裂混合花岗岩，碎裂粒间孔，单偏光，50×

图 3-2-4　沈 224 井碎裂粒间孔

3. 孔隙结构特征

1）孔隙结构参数特征

太古宇变质岩储层主要储集空间为裂缝和破碎粒间孔隙，次为溶蚀孔隙。铸体薄片下储集空间参数表明（图 3-2-5 至图 3-2-7）：混合花岗岩为小裂缝、微裂缝和破碎粒间孔隙，裂隙率为 0.13%～2.84%，孔隙面孔率为 0.97%～8.90%，裂缝平均宽度 17.50～67.50μm，平均孔隙直径 140.09～1003.82μm；角闪斜长片麻岩和变粒岩以微裂缝为主，裂隙率 0.49%～1.35%，裂缝平均宽度 10.49～12.50μm；闪长玢岩储集空间为小裂缝、微裂缝和破碎粒间孔，裂隙率 1.10%～3.29%，孔隙面孔率 1.10%～8.96%。

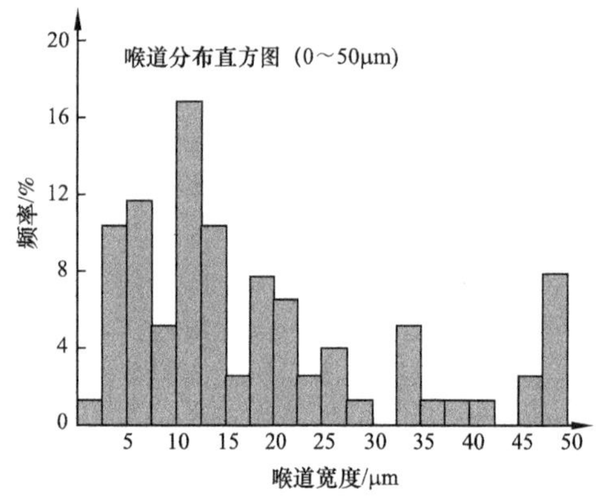

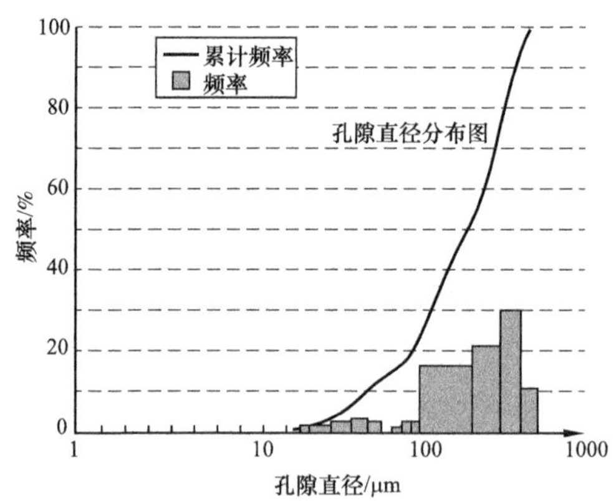

图 3-2-5　孔隙喉道分布图
前 34 井，混合花岗岩，铸体 3302.8m

2）毛细管压力曲线特征

变质岩实测毛细管压力曲线大致可分为两种类型。

Ⅰ类：孔喉半径分布在 0.025～224.238μm 之间，排驱压力为 0.003～0.008MPa，最大压力下进汞饱和度为 81.00%～85.70%，最大孔喉半径在 88.829～224.238μm 之间，孔喉半径平均值为 33.690～64.258μm，退汞效率为 14.85%～33.79%。储集空间组合类型为宏观裂缝型（图 3-2-8）。

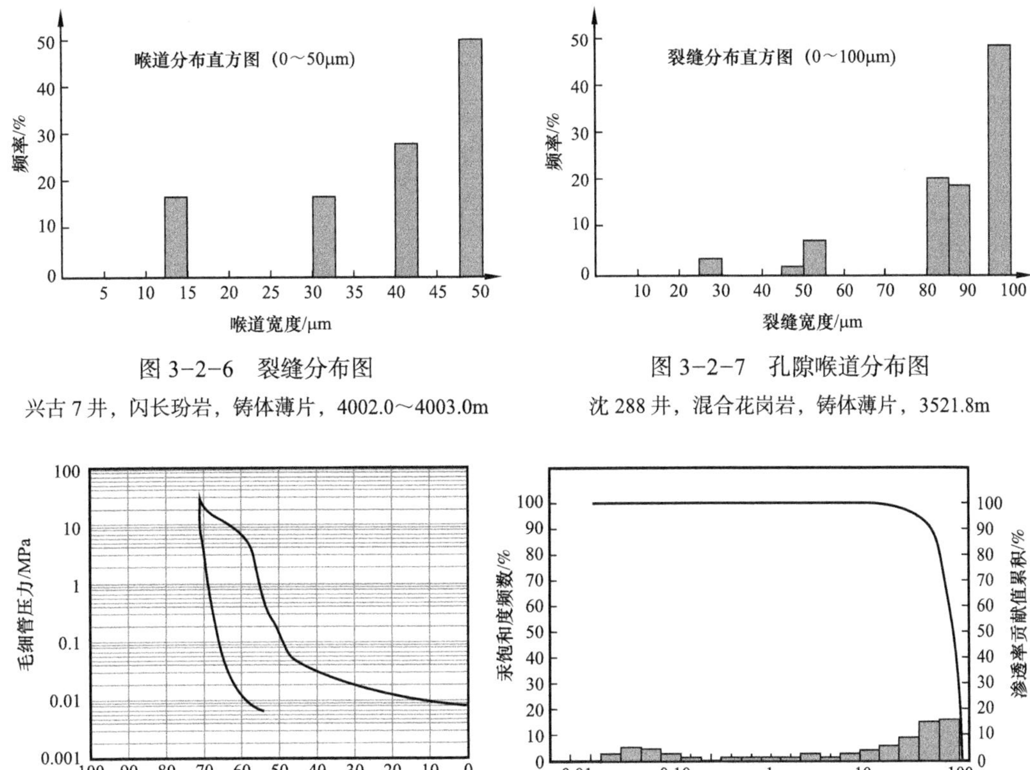

图 3-2-6　裂缝分布图

兴古 7 井，闪长玢岩，铸体薄片，4002.0～4003.0m

图 3-2-7　孔隙喉道分布图

沈 288 井，混合花岗岩，铸体薄片，3521.8m

图 3-2-8　Ⅰ类毛细管压力曲线特征图（前 34 井）

Ⅱ类：孔喉半径分布在 0.025～94.174μm 之间，排驱压力为 0.008～0.013MPa，最大压力下进汞饱和度在 76.92%～806.11% 之间，最大孔喉半径为 88.829～94.174μm，孔喉半径平均值为 7.987～12.326μm，退汞效率为 24.84%～35.05%。孔隙分选性差，储集空间组合类型为微裂缝—破碎粒间孔隙—溶蚀孔隙型（图 3-2-9）。

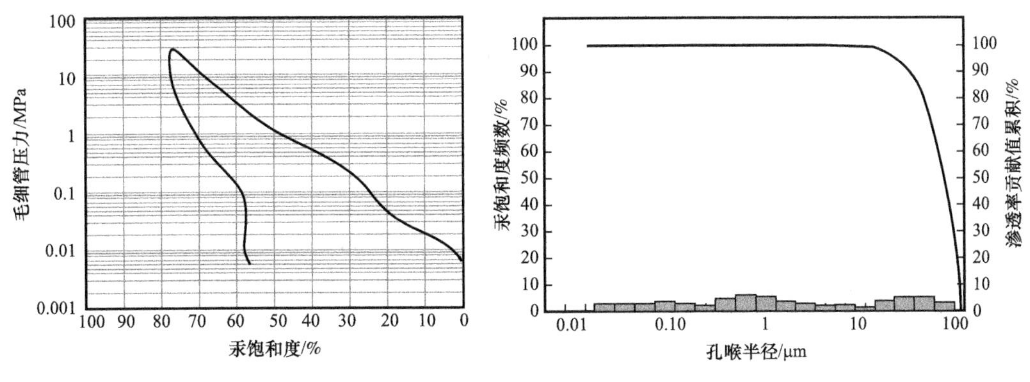

图 3-2-9　Ⅱ类毛细管压力曲线特征图（前 34 井）

（二）碳酸盐岩储集空间类型及特征（元古宇＋古生界）

辽河坳陷基岩潜山的碳酸盐岩储层比较发育，主要分布于西部凹陷曙光潜山和尖1井井区、大民屯凹陷静北石灰岩潜山、东部凸起、滩海地区等的古生界和元古宇之中。根据曙光潜山和静北潜山碳酸盐岩的岩心观察和岩石薄片鉴定等资料综合研究，总结了潜山碳酸盐岩储集空间类型和分布特点（表3-2-2）[8-10]。

表3-2-2　碳酸盐岩储集空间类型表

<table>
<tr><th colspan="5">形态分类</th><th rowspan="3">成因分类</th><th rowspan="3">分布特点</th></tr>
<tr><th rowspan="2">类别</th><th colspan="4">划分尺度</th></tr>
<tr><th colspan="3">开度（孔喉直径）</th><th>三度空间之比</th></tr>
<tr><td rowspan="5">缝</td><td>超微裂缝</td><td>微裂缝</td><td>宏观裂缝</td><td rowspan="5">有一个>10</td><td>构造缝</td><td>具有一定组系，具压、剪、张力学性质属性</td></tr>
<tr><td rowspan="4"><0.0001mm</td><td rowspan="4">0.0001～0.01mm</td><td rowspan="4">>0.01mm</td><td>层间缝</td><td>沿层理分布</td></tr>
<tr><td>压溶缝</td><td>多顺层，也有垂直层面的，不规则锯齿状</td></tr>
<tr><td>矿物解理缝</td><td>主要为亮晶白云石矿物解理缝，细小、量小</td></tr>
<tr><td>溶蚀缝</td><td>上面四种裂缝的溶蚀扩大，缝壁不规则</td></tr>
<tr><td rowspan="2">洞</td><td colspan="3" rowspan="2">>2mm</td><td rowspan="2"><10</td><td>角砾间溶洞</td><td>构造角砾间的溶蚀洞，受构造缝控制，少见</td></tr>
<tr><td>顺缝溶洞</td><td>多顺溶蚀缝串珠状分布</td></tr>
<tr><td rowspan="4">孔</td><td colspan="3" rowspan="4"><2mm</td><td rowspan="4"><10</td><td>角砾间孔隙</td><td>构造角砾间孔隙，多被溶蚀，分布较均匀</td></tr>
<tr><td>粒间孔隙</td><td>仅于安81井高三层粉砂岩中见到，分布较均匀</td></tr>
<tr><td>晶间孔隙</td><td>主要是亮晶、中细晶白云石晶粒间孔隙，分布较均匀</td></tr>
<tr><td>溶蚀孔隙</td><td>上面三种孔隙溶蚀扩大而成</td></tr>
</table>

一般来说，潜山中分布的碳酸盐岩较为致密，原生孔隙多已消失，但性脆且易溶的碳酸盐岩常发育构造裂缝和溶蚀孔洞，孔隙以次生的孔洞、裂缝和间隙为主所构成，洞和缝具有高孔隙性和高渗透性的“双高”特征。

裂缝连通孔洞和间隙，是主要岩溶的通道，决定了碳酸盐岩储层的渗透性。早期形成的裂缝大多被完全充填而失去储集能力，或被部分充填而吸附部分烃类，或经溶蚀扩大而成溶蚀裂缝。而晚期形成的裂缝多切割先期形成的裂缝，并且大多未被充填。根据岩心观察，裂缝多为张开缝，裂缝面延伸较长，常切割整块岩心；多组裂缝发育，宏观上呈网状分布（图3-2-10、图3-2-11）。

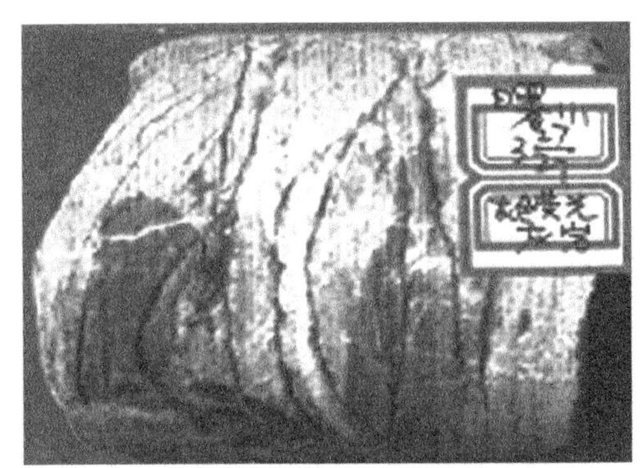

3740.7m，灰色石灰岩，裂缝十分发育两组
低角度裂缝互相切割，裂缝环切岩心，未充填

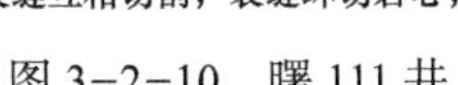

图 3-2-10　曙 111 井

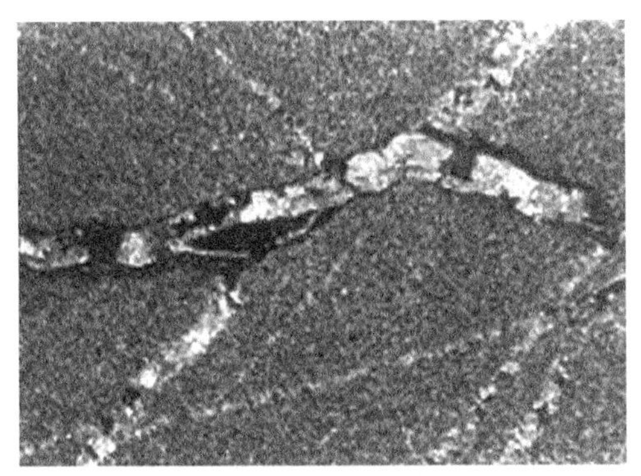

2008m，晚期构造裂隙切割早期裂隙
并均被方解石充填，正交偏光27×

图 3-2-11　曙古 102 井

岩溶是碳酸盐岩储集空间的重要特征。溶蚀孔洞是碳酸盐岩的重要储集空间。岩溶在石灰岩中比白云岩中发育，石灰岩多发育溶洞和溶缝，白云岩则多发育小溶孔。在断裂发育带，常形成断层溶蚀带、角砾溶蚀带、水平或顺层面粗晶溶蚀带，大大提高了碳酸盐岩储层的渗透性。

孔隙型储集空间主要为各种颗粒内溶蚀孔、粒间溶蚀孔及晶间溶蚀孔（图 3-2-12）。连通溶蚀孔隙的通道为微裂隙，由于微裂隙发育很少，故此类储集空间属于高孔—低渗型。可见，虽然碳酸盐岩孔洞发育，但仍需借助裂缝来连通，才能保证储集性能的有效性。

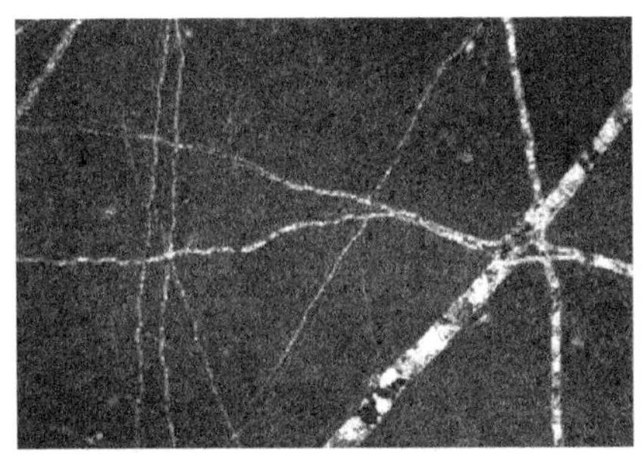

曙古97井，1717.1m，16×正交偏光
网格裂隙被碳酸盐充填

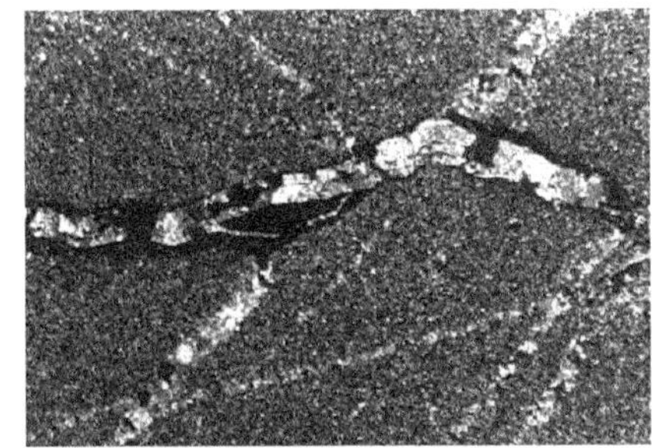

曙古102井，2008m，27×正交偏光
泥晶灰岩中晚期裂隙切割早期裂隙，且被方解石充填

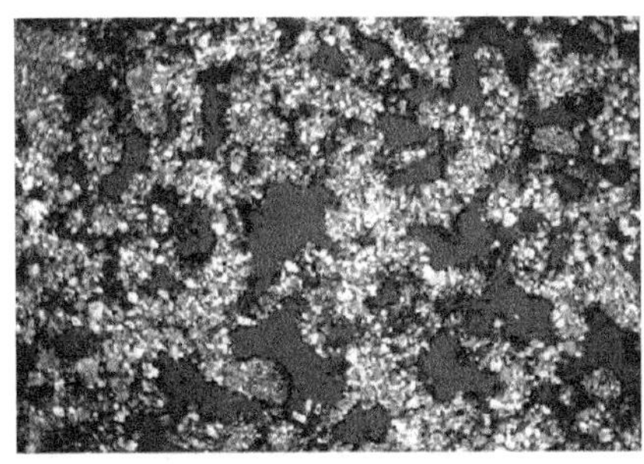

安96井，3057m，32×正交偏光
硅质云岩中呈筛孔状的溶蚀孔隙

曙103-1井，3210.6m，125×正交偏光
晶间溶孔和铸模孔连为一体形成大的溶蚀孔隙

图 3-2-12　碳酸盐岩储层主要储集空间类型图

（三）中生界储集空间类型及特征

1. 火山岩储集空间类型及特征

火山岩在喷发、喷溢、冷凝、结晶和构造运动等因素影响下，火山岩体内形成各种孔隙和裂缝。由孔、缝和洞交织在一起时，可作为油气的良好储集空间，分为原生孔隙和次生孔隙两大类。原生孔隙是在火山岩形成过程中产生的，包括气孔、砾间缝、冷凝收缩缝、晶间孔缝等；次生孔隙是由后期的成岩作用、构造活动和风化作用形成的，主要包括溶蚀孔洞、晶间溶孔及构造裂缝、溶蚀缝等。西部凹陷火山岩潜山储层较少，主要是中生界火山岩储层，中生界由于成因复杂，造成岩石类型多，储集空间复杂且多样化（表 3-2-3）。不同岩石类型储集空间特征详述如下。

表 3-2-3　火山岩储集空间类型表

<table>
<tr><th colspan="5">形态分类</th><th rowspan="3">成因分类</th><th rowspan="3">分布特点</th></tr>
<tr><th rowspan="2">类别</th><th colspan="3">划分</th><th>尺度</th></tr>
<tr><th colspan="3">开度（孔喉半径）</th><th>三度空间之比</th></tr>
<tr><td rowspan="5">缝</td><td rowspan="2">超微裂缝</td><td rowspan="2">微裂缝</td><td rowspan="2">宏观裂缝</td><td rowspan="5">>10</td><td>构造缝</td><td>具有一定组系，多为一组至四组，发育时互相交错、切割；平面上呈线状、三角形、四边形网状；空间上呈面状、板片状、柱体状、菱面体状、立方体状、蜂窝状，开度小—中等</td></tr>
<tr><td>溶蚀缝</td><td>其他四种缝的溶蚀扩大，缝壁不规则，开度大</td></tr>
<tr><td rowspan="3"><0.1 μm</td><td rowspan="3">0.1～10 μm</td><td rowspan="3">>10 μm</td><td>砾间缝</td><td>主要为火山角砾的不规则多边形少部分（熔蚀交代）港湾形及较规则的环状、连环状、串环状，有时单独发育，更大量的是共同发育呈连通性好的联合式裂缝发育系统，开度最大；其次为变质岩不规则多边形构造角砾间缝，开度大</td></tr>
<tr><td>晶间缝</td><td>主要为安山岩、安山玄武岩中微晶斜长石的晶间缝及凝灰岩中晶屑、坡的晶间缝，二者裂缝皆细密，开度小，多数为微裂缝</td></tr>
<tr><td>矿物解理缝</td><td>主要为安山玄武岩中微晶斜长石中矿物解理缝，二者裂缝最为细小，全为微裂缝，开度最小</td></tr>
<tr><td rowspan="2">孔</td><td colspan="3" rowspan="2"><2mm</td><td rowspan="2"><10</td><td>气孔及杏仁体孔</td><td>见于安山岩、安山玄武岩中呈球形，椭球形、花生形、云朵形，不规则形气孔、杏仁体溶孔</td></tr>
<tr><td>砾间孔</td><td>多为火山角砾的砾间孔，多呈不规则多尖锐角的多角状（平面）或多面体状（空间），部分在溶蚀及溶蚀交代不规则状火山角砾周围呈星点状密集分布；变质岩构造角砾岩及沉积砂砾岩中亦可见多角状，不规则状砾间孔；三者多为砾间缝、构造缝连结成复杂网状</td></tr>
</table>

续表

<table>
<tr><th colspan="3">形态分类</th><th rowspan="3">成因分类</th><th rowspan="3">分布特点</th></tr>
<tr><th rowspan="2">类别</th><th>划分</th><th>尺度</th></tr>
<tr><th>开度（孔喉半径）</th><th>三度空间之比</th></tr>
<tr><td rowspan="3">孔</td><td rowspan="3"><2mm</td><td rowspan="3"><10</td><td>粒间孔</td><td>仅见于少部分凝灰质砂砾岩、砂岩中，且孔喉细小、次要；正常沉积砂砾岩、砂岩中偶见</td></tr>
<tr><td>溶蚀孔</td><td>其他四种孔的溶蚀扩大，形体不规则，如凝灰岩顺构造缝溶蚀成串珠状溶孔</td></tr>
<tr><td>晶间孔</td><td>主要见于安山岩、安山玄武岩中斜长石微晶间其质被溶蚀所形成的三角形、多边形、不规则形溶孔</td></tr>
<tr><td rowspan="3">洞</td><td rowspan="3">>2mm</td><td rowspan="3"><10</td><td>顺缝溶洞</td><td>偶见于中酸性流纹质熔结凝灰岩中顺构造缝溶蚀成串珠状溶洞，洞少且洞径小（2～5mm）</td></tr>
<tr><td>气孔洞杏仁体溶洞</td><td>仅见于质较纯较致密的安山岩大型椭球形、花生形、云朵形，不规则形气孔及杏仁体中，洞虽少但洞径长大，为 0.2～1cm</td></tr>
<tr><td>砾间溶洞</td><td>火山角砾的砾间缝交叉处溶蚀形成，呈复杂不规则的多面体状，洞径小 2～5mm，但数量多，仅分布于一火山粗角砾岩中，砾径 0.5～2cm</td></tr>
</table>

流纹岩的原生孔隙不发育，储集空间主要为构造裂缝和长石微晶溶蚀形成的微晶溶孔、斑晶粒内溶孔、晶间扩大孔隙及微晶间溶孔。构造裂缝的贯穿对于上述溶蚀产生的孔隙，不仅起到连通的作用，而且扩大了储集空间，改善了储集性能。如，牛心坨地区坨 32 井中生界潜山储层是流纹岩，其次生孔隙包括晶间溶孔、晶内溶孔、次生溶蚀孔洞、构造及溶蚀裂缝，这是流纹岩经火山期后的热液蚀变、地下水的溶蚀、风化作用及构造应力作用形成的储集空间，是该区储层的主要储集空间（图 3-2-13）。

火山角砾岩在喷发物堆积过程中，由于原始砾间孔隙较大，虽然火山喷发后受硅质、钙质物质的充填，但长期的风化溶蚀作用，使中性火山熔岩及其碎屑岩类易于溶蚀，从而使砾间孔隙重新扩大，成为以大型砾间缝及砾间溶蚀孔、洞为代表的储集空间。安山质角砾岩中斜长石微晶间缝遭溶蚀，形成密集的晶间溶蚀缝及近三角状晶间孔。因此，砾内晶间缝和大型砾间缝、溶孔、洞相连呈不同形状或不规则的储集空间。安山岩中主要是大型椭球形、花生形、弯管形等气孔和杏仁体内的溶孔、溶洞及构造溶蚀缝和斜长石的微晶间溶蚀孔隙联合组成储集空间，不利之处在于杏仁中多为黏土、硅（或钙）质充填或半充填，这对储集空间有一定的影响（图 3-2-13）。

英安岩储集空间为宏观裂缝和基质孔隙（微裂缝和晶间孔隙）两部分，具有孔隙—裂缝双重孔隙结构特征。据铸体薄片平均裂缝宽度 31.34μm，平均裂缝密度 0.48mm/cm^2。

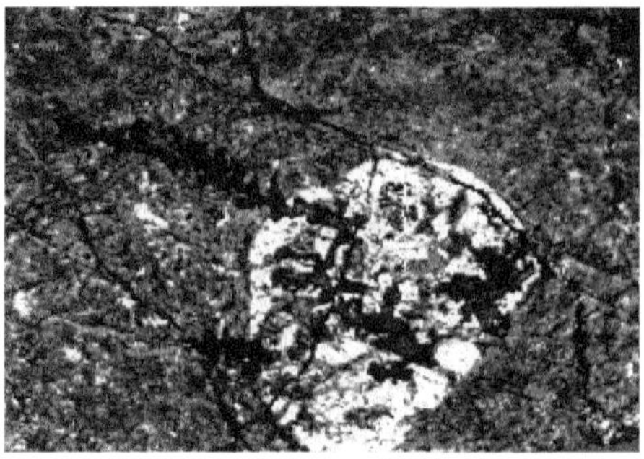

坨32-4井，1370.7m，单偏光，50×
流纹岩，长石斑晶粒内溶孔

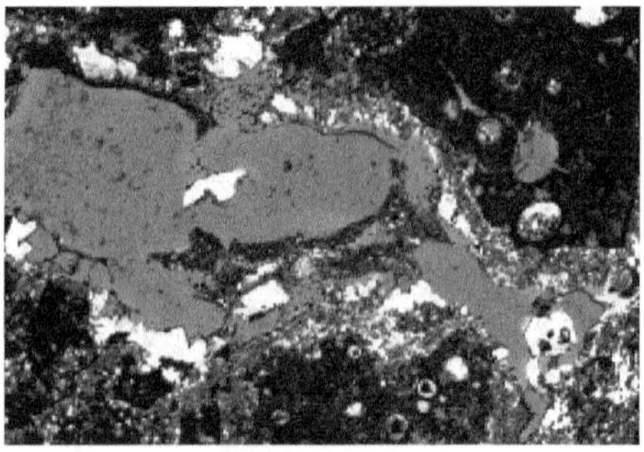

洼7井，1816.8m，单偏光，25×
火山角砾岩，溶蚀孔

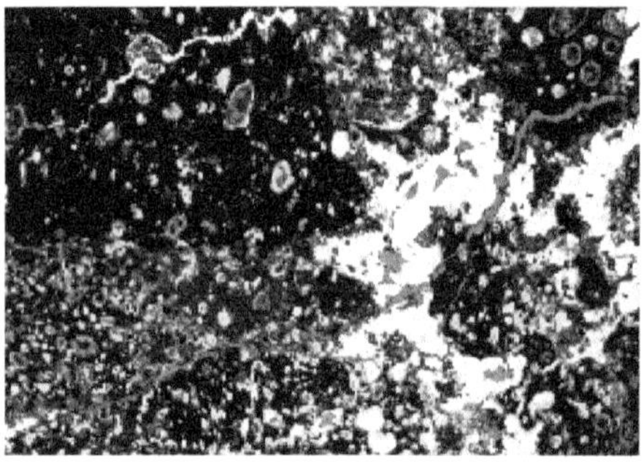

洼7井，1821.1m，单偏光，25×
火山角砾岩，裂缝

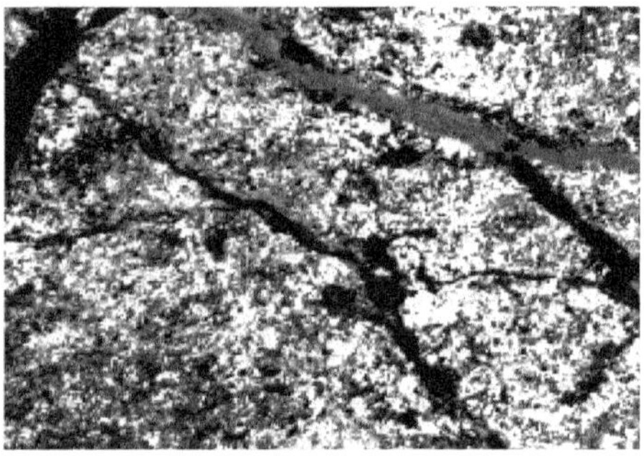

坨32-1井，1368.0m，单偏光，10×
流纹岩，微晶溶孔和裂缝

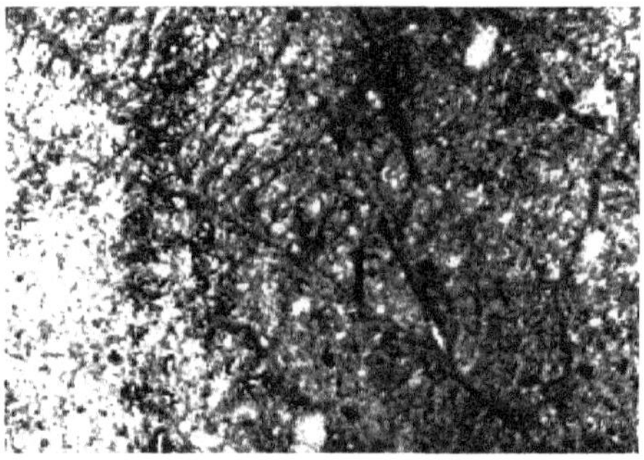

坨32-7井，2054.9m，单偏光，25×
流纹质凝灰岩，三期构造裂缝

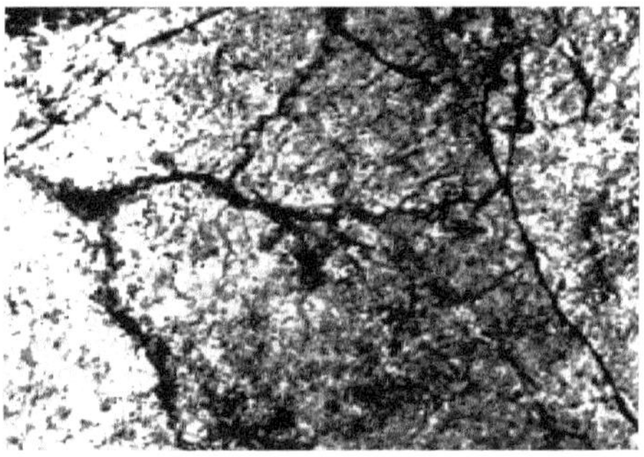

坨32-1井，1368.0m，单偏光，25×
流纹岩，网格状裂缝

图 3-2-13　中生界火成岩储层主要储集空间类型图

安山岩具有隐晶质结构、斑状构造，致密坚硬。主要储集空间为裂缝、溶孔、气孔等。

凝灰岩类主要发育细窄的构造缝和细小点状的晶屑、玻屑、晶间孔，二者皆开度较小，以发育微裂缝为主。在构造裂缝及溶蚀作用发育段，形成了构造缝及沿缝呈串珠状溶孔和岩屑内晶间孔缝，构成该类储层主要储集空间。齐古 2 区块压汞样品分析，最大进汞量 93.04%，最小 43.3%。平均孔喉半径大于 1μm 的样品仅两块，其余均小于 1μm（图 3-2-13）。

凝灰质角砾（或砂砾）岩、砂岩中，可见砾间缝、砾间孔，多呈环状分布在砾周边。砂岩中可发育粒间缝、粒间孔隙。当构造活动强烈时，裂缝可将砾（粒）间缝、孔连接起来，构成“环状”“串珠状”储集空间，虽然缝细、孔窄，但连通性较好，因此储集空间相对比较好。

2. 中生界碎屑岩储集空间类型及特征

根据岩心及荧光薄片分析认为，中生界碎屑岩类储层储集空间类型以孔隙为主。孔隙类型主要有：粒间孔、粒内溶孔、晶内溶孔、溶模孔四种。由于岩性具有砂岩—砾岩成层性的特点以及火山岩屑分布的不均匀性及成岩变化的复杂性等特点，孔隙分布表现为不均匀，成斑块状分布于砂岩层中的现象很普遍。从兴古 10 井 2700m 以深取得中生界碎屑岩荧光薄片照片进行分析（3-2-14）。

（1）粒间孔：呈三角形和多边形。包括因粒缘发生溶蚀而形成的扩大粒间孔。面孔率最高 4%，最低 0.5%，平均面孔率为 1.78%，一般分布在 0.5%～2% 之间。

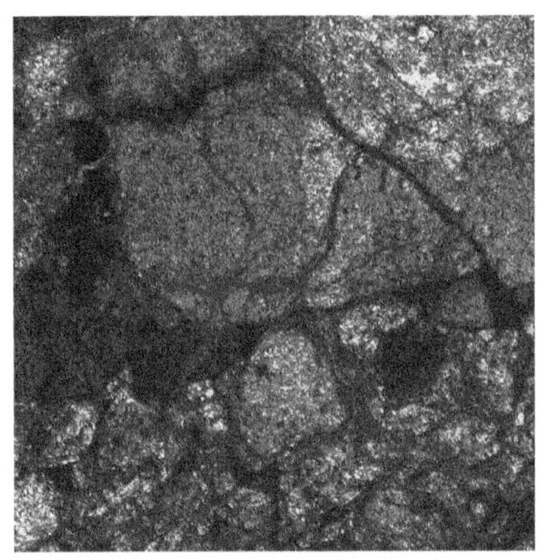

兴古10井，2700.49m，岩屑长石砂砾岩，线接触，粒间孔隙、裂缝，单偏光25×

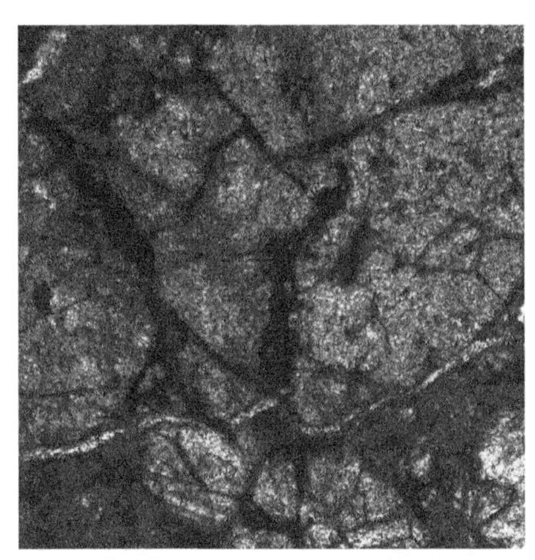

兴古10井，2921.79m，岩屑长石角砾岩，线接触，粒间孔隙、裂缝，单偏光25×

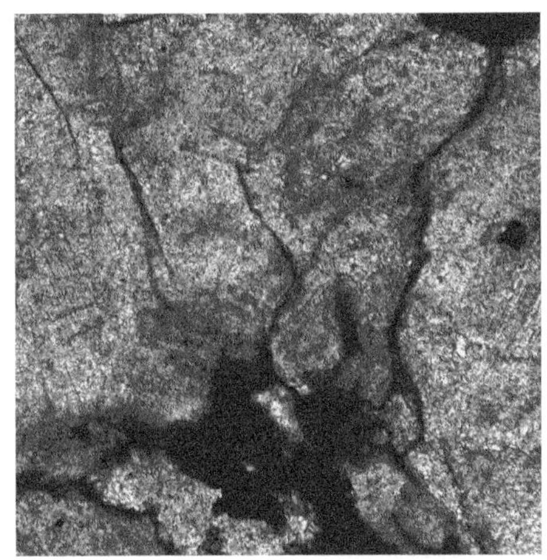

兴古10井，2922.68m，岩屑长石角砾岩，线接触，粒间孔隙、裂缝，单偏光25×

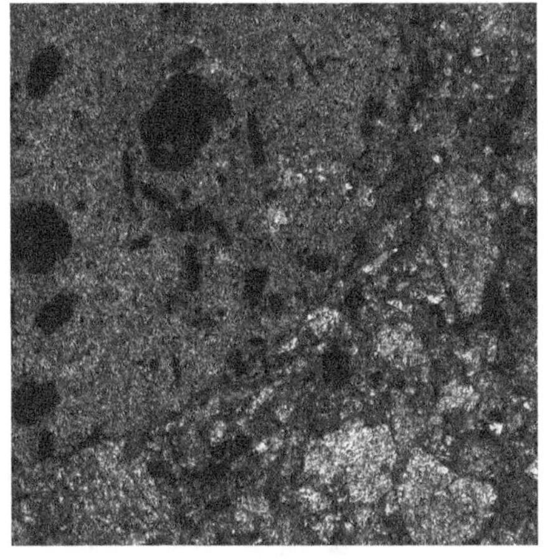

兴古10井，3724.8m，岩屑长石含泥砂砾岩，线接触，粒间孔隙、孔隙式泥质胶结，单偏光25×

图 3-2-14 兴古 10 井岩心荧光薄片照片

（2）粒内溶孔：火山岩屑组分的不稳定性使得粒内溶孔成为本组最为发育的孔隙类型。面孔率最高为5.7%，最低为1.8%，平均面孔率3.79%，一般分布在3%～5.7%之间。

（3）晶内溶孔：主要蚀长石晶内溶孔。面孔率最高为1%，最低0.2%，平均面孔率0.63%，一般分布在0.25%～0.5%之间。

（4）溶模孔：此类孔隙在本组极少，面孔率一般小于0.5%。

二、基岩储层储集性能

（一）变质岩储集性能

辽河坳陷变质岩潜山油气藏在三大凹陷中都有分布。通过对各潜山变质岩岩性的物性统计表明（图3-2-15）：以浅色矿物为主的构造角砾岩、混合花岗岩、浅粒岩等物性较好；暗色矿物含量较高的角闪岩、煌斑岩等物性较差[11, 12]。

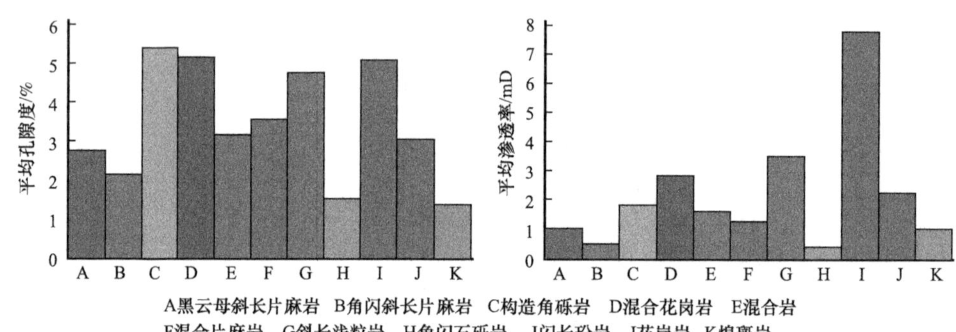

图3-2-15　不同的变质岩岩性孔隙度、渗透率直方图

按照“优势岩性”序列的认识，结合辽河坳陷三大凹陷的变质岩潜山油气藏的测井、试油、投产等资料分析，将变质岩潜山的储集岩分为三种类型（表3-2-4）。

表3-2-4　变质岩潜山岩性特征及主要储集岩

凹陷	潜山	岩性	主要储集岩	类型划分
大民屯	东胜堡	浅粒岩为主同时存在变粒岩、混合岩、斜长角闪岩以及基性岩脉（煌斑岩、辉绿岩）	浅粒岩、变粒岩、混合岩	Ⅰ
	曹台	斜长浅粒岩、斜长片麻岩及混合岩	斜长浅粒岩、斜长片麻岩及混合岩	Ⅰ
	法哈牛	混合岩、黑云母斜长片麻岩、角闪黑云母斜长片麻岩、斜长角闪岩、基岩岩脉	混合花岗岩、片麻岩	Ⅱ
	边台	黑云母斜长片麻岩为主，少量变粒岩、浅粒岩、混合岩、斜长角闪岩以及基性岩脉	黑云母斜长片麻岩	Ⅲ
	前进	黑云母斜长片麻岩、混合花岗岩、黑云母斜长角闪片麻岩、角闪岩、构造角砾岩、基岩岩脉	黑云母斜长片麻岩、混合花岗岩	Ⅲ

续表

凹陷	潜山	岩性	主要储集岩	类型划分
西部	牛心坨	浅粒岩、混合花岗岩、黑云母斜长片麻岩、角闪岩以及基性的辉绿岩岩脉	浅粒岩、混合花岗岩	Ⅰ
	杜家台—胜利塘	变余石英岩、页岩、板岩、酸性喷发岩	石英岩	Ⅰ
	冷家	浅粒岩、变粒岩、混合花岗岩、片麻岩、角闪岩以及基性岩脉	浅粒岩、变粒岩、混合岩	Ⅰ
	齐家	混合花岗岩为主，存在黑云母斜长片麻岩、黑云母斜长变粒岩、角闪岩以及基性岩脉	混合花岗岩	Ⅱ
	兴隆台—马圈子	中酸性火山岩岩脉、黑云母斜长片麻岩、混合花岗岩、角闪岩、煌斑岩岩脉	中酸性火山岩岩脉、黑云母斜长片麻岩	Ⅱ
东部	茨榆坨	斜长片麻岩、基性的辉绿岩岩脉以及煌斑岩岩脉	混合岩、斜长片麻岩	Ⅲ

不同地区分布的储层岩性有所不同。大民屯凹陷潜山带为浅粒岩、变粒岩、片麻岩类、混合花岗岩类等；西部凹陷潜山储层岩性主要为浅粒岩、混合花岗岩、混合岩、混合片麻岩、石英岩等；东部凹陷茨榆坨潜山主要以石英、长石等浅色矿物含量较高的混合岩类、片麻岩类等。

1. 西部凹陷变质岩潜山储层储集性能

变质岩中不同岩性的储层，其储集物性存在差异。对西部凹陷不同类型的基岩潜山中20多口井的岩性和物性数据统计表明（表3-2-5）：

（1）孔隙度较高的岩性为变质石英砂岩、混合花岗岩、石英岩、混合岩等变质岩岩类及酸性喷发岩，平均孔隙度在4%～7%之间，变质石英砂岩最高可达7.7%；

（2）孔隙度相对发育的岩性为混合岩、片麻岩、混合片麻岩及少量斜长角闪岩，平均孔隙度在2%～4%之间；

（3）孔隙度发育最差的岩性是斜长角闪岩，基本上都小于1%。

表3-2-5　西部凹陷变质岩潜山主要岩性—物性关系表

潜山	井号	岩性	孔隙度/%					渗透率/mD	
			样品数	最大	最小	一般	平均	样品数	
欢喜岭潜山	欢621、欢161、锦古1、欢633	混合花岗岩	54	8.3	0.1	1～3	2.9	10	值1、2各2块，值3、4、5、3.7、2.8、34.9各1块
小洼—冷家潜山	冷149、冷123、洼58	混合片麻岩	44	21.4	0.1	1～6	2.0	6	<1
		混合花岗岩	38	5.6	0.1	2～5	2.8	36	碎裂19块，<1的15块，值1、8各1块

续表

潜山	井号	岩性	孔隙度/%					渗透率/mD	
			样品数	最大	最小	一般	平均	样品数	
兴隆台潜山	马古3、兴603、兴古7	混合花岗岩	31	14.6	0.2	1～13	4.4	8	<1 的 4 块，值为 3、3.4、4、9、3.6 各一块
		斜长角闪岩	7	1.7	0.1	0～1	0.8		
		片麻岩	69	5.9	0.9	1～4	2.6	1	5.3
		混合岩	6	3.6	0.2	1～4	1.8		
齐家潜山	齐古8、齐古13、齐601	混合花岗岩	77	14.3	0.1	1～6	4.4	52	碎裂为 9 块，<1 的 36 块，值 1 的 5 块；3、7 各 1 块
牛心坨潜山	坨10、坨11、坨12、坨15、坨18	混合花岗岩	122	21.0	1.8	2～10	5.9	3	值为 2、1.821 各一块，<1 的 1 块
		斜长角闪岩	32	3.7	1.1	1～3	2.1	9	值<1
曙光潜山	曙古111、曙古60	变质石英砂岩	21	14.8	2.7	3～9	7.7		

2. 大民屯凹陷变质岩潜山储层储集性能

由于取样时缝发育处易破碎，具有好的孔渗性能的样品往往难以获取，因而岩心实测孔隙度、渗透率往往低于岩石的实际孔隙度与渗透率，但物性参数在一定程度上能够反映以变质岩不同岩性的储集性能差异性。

对大民屯凹陷中央潜山带变质岩取心井段的不同岩性实测孔隙度和渗透率数据进行分析（表 3-2-6）：碎裂混合花岗岩的储集物性最好，孔隙度分布在 4.3%～7.9% 之间，平均为 5.91%，渗透率在 1～5.85mD 之间，平均为 2.72mD；其次为混合花岗岩，孔隙度分布范围为 2.1%～4.6%，平均为 3.25%，渗透率大部分小于 2mD，平均为 1.85mD；碎裂混合岩和混合岩较差，孔隙度在 1.9%～4.3% 之间，平均为 3.67%，渗透率小于 1mD，平均为 0.13mD。

表 3-2-6　大民屯凹陷中央潜山带太古宇岩心实测孔隙度和渗透率

层位	井号	深度/m	孔隙度/%	渗透率/mD	岩性
新太古界	安150	3245.81	1.9	0.03	碎裂混合岩
		3146.18	4.1	0.09	
		3246.42	4.2	0.26	
		3246.45	4.1	0.38	

续表

层位	井号	深度 /m	孔隙度 /%	渗透率 /mD	岩性
新太古界	安 150	3246.53	4.3	0.06	碎裂混合岩
		3247.27	3.8	0.07	
		3247.67	3.4	0.18	
		3247.87	2.9	0.06	
		3248.15	4.3	0.06	
	沈 288	3619.54	1.8	0.24	条带状混合岩
	沈 224	3133.98	6.9	1.00	碎裂混合花岗岩
		3134.45	6.8	3.65	
		3144.99	8.2	1.77	长英质碎斑岩
		3135.48	7.9	1.39	碎裂混合花岗岩
		3219.07	3.7	1.72	混合花岗岩
		3382.68	3.4	0.62	
		3498.83	2.9	0.21	
		3498.08	4.6	1.03	
		3651.33	2.1	0.11	
	沈 230	2994.44	5.8	4.04	碎裂混合花岗岩
		2994.81	5.7	5.85	
		2995.10	5.2	3.83	
		2995.31	5.2	1.73	
	胜 21	3012.00	5.7		
		3013.90	4.3	2.00	
		3016.00	5.6	1.00	
		3230.40	2.8	7.50	混合花岗岩
		3052.10	3.6	1.30	混合岩化斜长浅粒岩

3. 东部凹陷变质岩潜山储层储集性能

东部凹陷中央构造带北段的茨榆坨潜山茨 110 块，太古宇岩心物性分析样品共 35 块，由于储层为孔隙、裂缝双重孔隙结构，在裂缝发育段钻井取心收获率较低，且容易破碎，因此常规分析的物性样品仅能代表基质岩块的物性特征。

根据岩心统计结果，岩心分析孔隙度最大5.1%，最小0.12%，主要分布在0.8%～5%之间，平均2.6%，有效储层孔隙度主要分布在2.3%～5%范围内，平均3.2%；岩心分析渗透率最大9mD，最小0.02mD，主要分布在0.01～4mD之间，平均0.33mD（图3-2-16、图3-2-17）。

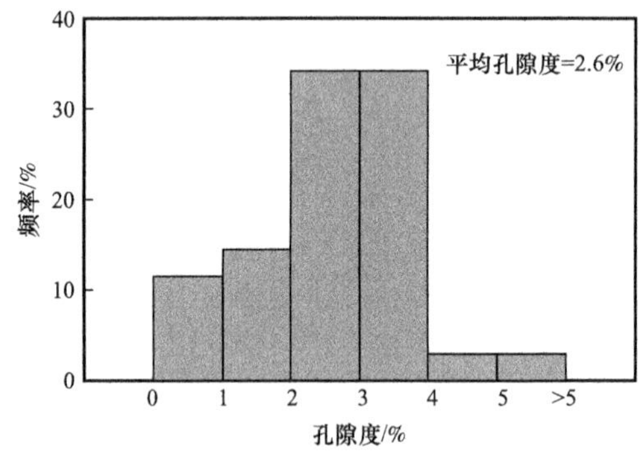

图3-2-16　茨110块岩心孔隙度分布直方图

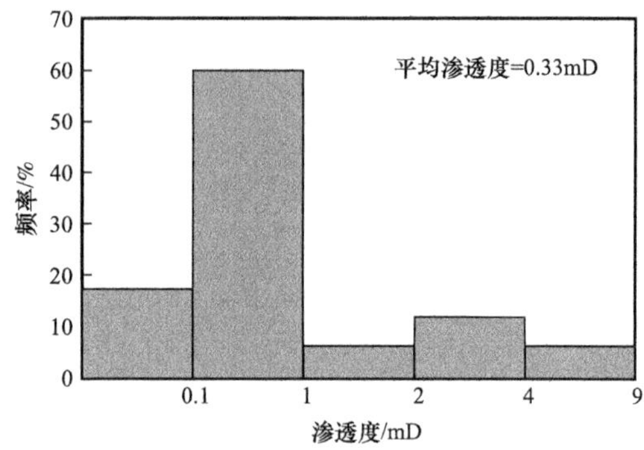

图3-2-17　茨110块岩心渗透率分布直方图

（二）碳酸盐岩储集性能

碳酸盐岩储集层具有岩性多样化、孔隙类型多、物性变化大及孔隙多次生变化等特点，储集性能受岩石本身的组构特征、构造运动的变迁、地下水的淋滤、溶蚀作用以及矿物质点的交代作用和矿物的重结晶作用的影响。

1. 曙光元古宇潜山

曙光潜山发育古生界、元古宇各种类型碳酸盐岩，储层岩性主要有泥微晶灰质云岩、微晶—粉晶云岩、颗粒灰岩、含灰云岩及灰质云岩；薄片鉴定及X—衍射全岩分析，该区碳酸盐岩的主要矿物由白云石、方解石、黏土、石英和菱铁矿、菱锰矿组成。长期以来，在各种地质营力、特别是构造断裂作用的改造下，岩石的溶蚀孔、洞、缝十分发育（图3-2-18至图3-2-20），它们以各种复杂的组合方式，形成良好的储集空间，主要为溶洞—裂缝型。物性分析，最大孔隙度27.71%，最小0.1%，平均3.0%，最大渗透率670mD，最小在0.1mD以下，平均为0.1mD，表现了较好的储集性能。

2. 大民屯凹陷元古宇潜山

大民屯凹陷元古宇潜山的碳酸盐岩主要为含镁云岩及白云岩，脆性强，裂缝发育，也具有一定的溶蚀性，往往沿构造缝溶蚀扩大成溶蚀缝，有的呈小型串珠分布的孔洞，一定程度上改善了储集渗流性能，成为潜山中良好的储集岩，属于Ⅰ类储集岩，主要分布于沈257井—静北的东西走向带上。如，安福屯潜山大红峪组二段和高于庄组二段的总有效孔隙度分别为4.5%和3.9%（表3-2-7）[13]。

利用压汞资料计算每个样品的孔喉半径区间内的孔喉分布频率。将压汞样品的孔喉半径区间内孔隙分布频率取平均值得到了各潜山裂缝开度分布图（图3-2-21），作为潜山储层的三级裂缝评价的主要依据，并结合岩石类型对潜山储层由好到差分类评价如下。

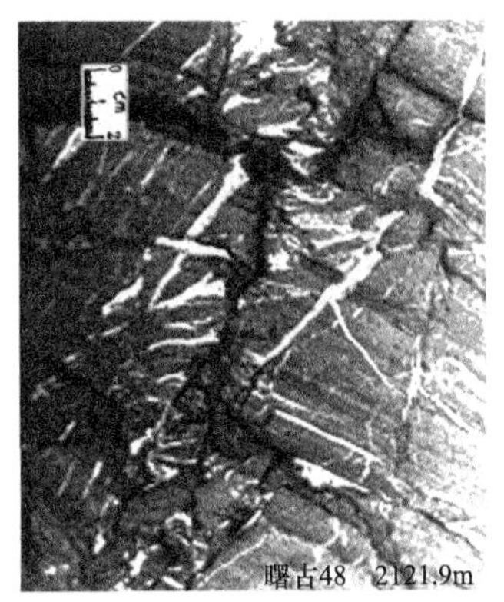

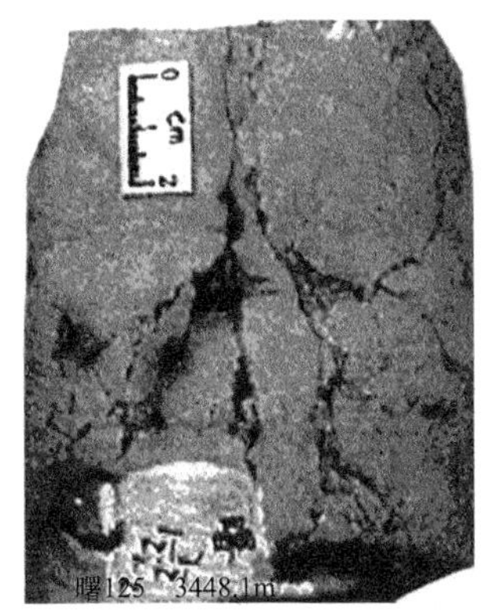

图 3-2-18　曙古 48 井和曙 125 井岩心照片

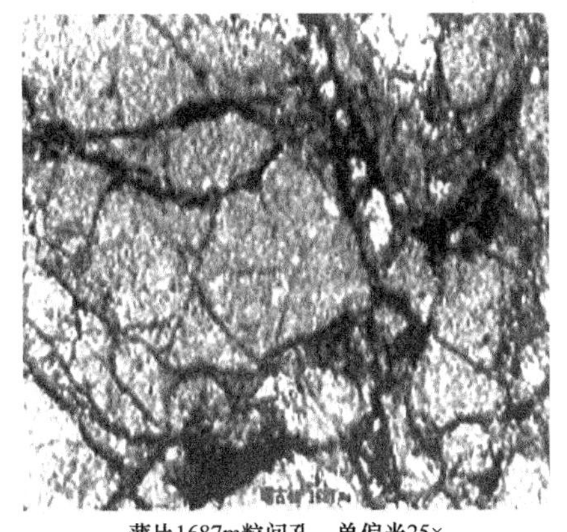

薄片1687m粒间孔，单偏光25×

图 3-2-19　曙古 40 井

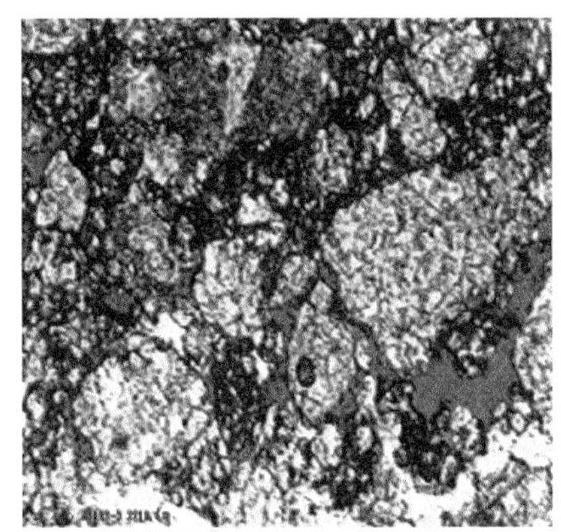

薄片3210.06m砾间孔，单偏光 25×

图 3-2-20　曙 103-3 井

表 3-2-7　安福屯潜山元古宇碳酸盐岩有效孔隙度数据表

层位			井号	厚度 /m	有效孔隙度 /%		
界	组	小层			ϕ_b	ϕ_f	ϕ
中元古界	大红峪组	d_2	沈 625-16-28	116.2	3.4	0.6	3.9
			沈 625-18-28	82.4	4.3	1.0	5.3
			平均	99.3	3.7	0.8	4.5
	高于庄组	g_2	沈 232	49.4	3.0	0.5	3.5
			沈 238	30	4.0	0.7	4.7
			沈 625-18-34	37.2	2.9	0.9	3.8
			沈 625-26-38	42	3.1	0.8	3.9
			沈 625-12-30	73.2	3.3	0.6	3.9
			沈 625-12-32	55.8	3.0	0.8	3.8
			平均	47.9	3.2	0.7	3.9

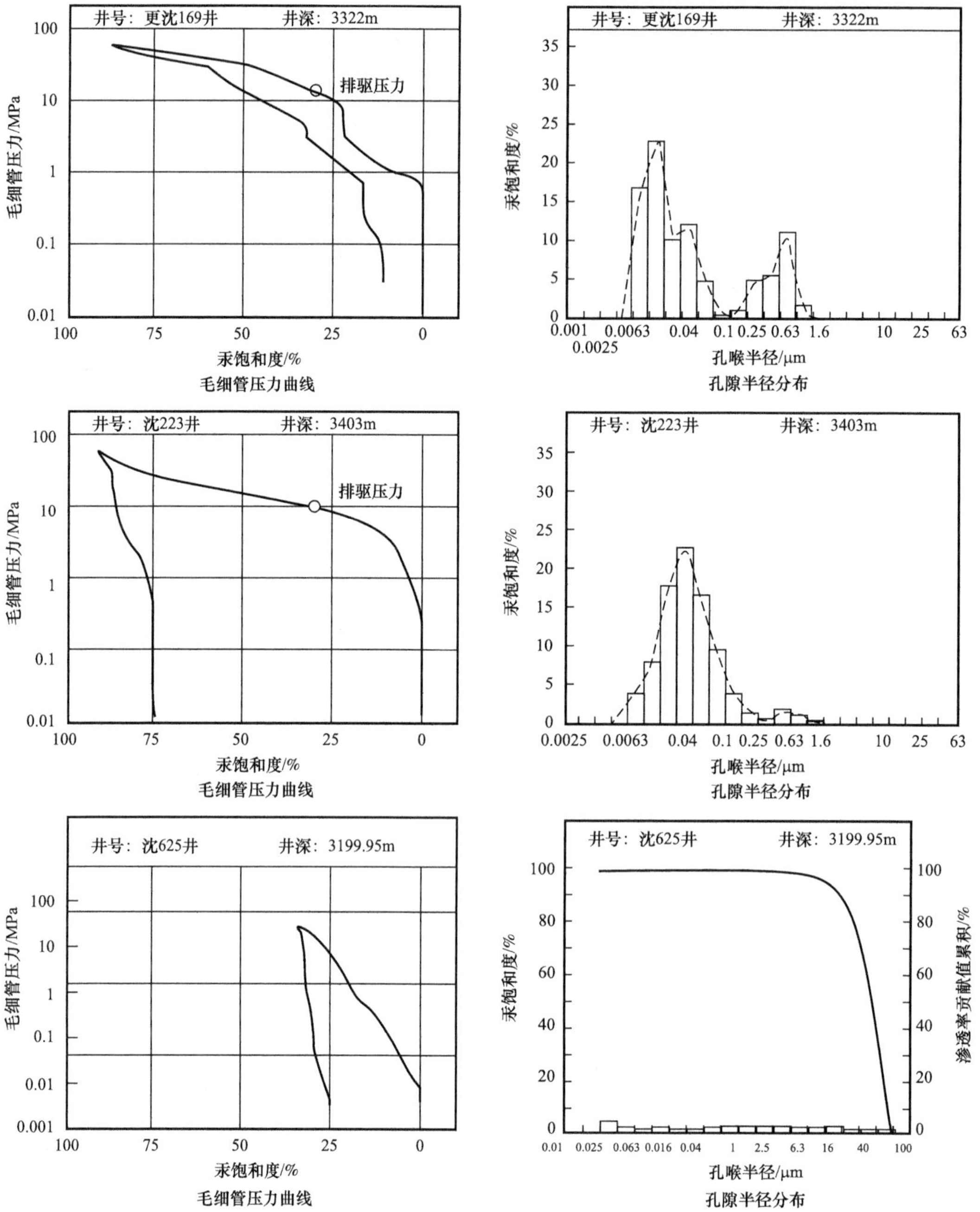

图 3-2-21　碳酸盐岩三类毛细管压力曲线图

第Ⅰ类为裂缝型（宏观），宏观裂缝溶蚀缝洞发育，压汞样品中毛细管压力曲线近似对角线状，孔隙分布频率为全喉道（0.1～100μm），多区间同时发育多峰状，储层物性较好，孔隙度在 1%～10% 之间，渗透率在 1～600mD 之间，岩性为含灰云岩—灰质云岩，储层条件最好（如更沈 169 井）。

第Ⅱ类为微裂缝型，压汞样品中毛细管压力曲线呈高台阶状，上下台阶毛细管压力平均值大于 0.495MPa（即原 5kgf/cm^2）。孔隙分布频率为喉道在 0.1～10μm 之间，微裂缝区间内呈多区间钟形单峰状，即微裂缝发育。孔隙度为 1%～6%，渗透率小于 2mD，为低—中孔隙度区、低渗透率，岩性为镁质云岩，储层物性较差（如沈 223 井）。

第Ⅲ类为超微裂缝型，压汞样品中毛管压力典型呈低凹曲线状，孔隙分布频率为喉道在 0.1μm 以下的超微裂缝占 70% 以上，即大部分为死裂缝，孔隙度为 1%～8%，渗透率小于 0.5mD，物性极差，几乎不具备储集能力，岩性为含泥云岩、变余泥岩，一般为非储层（沈 625 井）。

（三）中生界储集性能

1. 中生界火山岩储集性能

中生界火成岩储层主要分布在西部凹陷牛心坨坨 33 区块、齐家地区齐古 2 区块和齐 112 区块、大洼洼 609 区块、兴隆台潜山带以及大民屯凹陷沈 259 区块等地区[14]。储层岩性主要有安山岩、流纹岩、英安岩、凝灰岩、火山角砾岩等，已累计上报探明石油地质储量 785.19×10^4t。

西部凹陷白垩系中酸性喷发岩后期改造强烈，构造裂缝及溶孔发育，在不同地区形成了较好储层。

坨 33 区块内油气主要储集在溢流相的流纹岩内，岩体的顶部气孔、裂缝、溶蚀孔缝十分发育，其物性相对较好，孔隙度为 0.7%～11.8%，平均为 5.5%；渗透率为 0.12～52.2mD，平均为 4.9mD，为该区最好的储层。

齐古 2 区块储层岩性主要为凝灰岩，据 3 口井 99 块物性分析样品统计，孔隙度分布在 0.7%～20.4% 之间，平均 9.5%，渗透率大多小于 1mD。齐古 2 区块火山岩储层孔隙类型以孔隙为主，宏观裂缝为辅，孔隙连通性差的中孔低渗的储集类型。

齐 112 区块储层岩性为安山岩，储层平均孔隙度为 17%，渗透率为 2～120mD，属于中孔隙度、中低渗透率储层。

洼 609 区块储层岩性主要为凝灰质砂岩、凝灰岩和安山岩。凝灰质砂岩和凝灰岩储层储集空间主要为粒间孔、砾间孔和溶蚀孔，孔隙度在 6%～17% 之间，平均 11.2%，渗透率最大为 9mD，平均为 5mD；安山岩储集空间主要为孔隙—裂隙型，平均孔隙度为 22.3%，平均渗透率为 5mD（由于样品取自安山岩顶部风化壳，缺乏代表性）。

大民屯凹陷目前仅在静安堡油田的沈 259 区块中生界潜山获勘探突破。储层岩性为英安岩，具有双重孔隙结构特征。物性分析表明，英安岩孔隙度在 2.9%～5.5% 之间，平均为 4.1%，渗透率在 0.02～0.35mD 之间，平均为 0.08mD，属于低孔特低渗储层。

2. 中生界碎屑岩岩储集性能

中生界碎屑岩储层主要分布在宋家洼陷、兴隆台潜山带、西部凹陷西八千地区锦 150 区块、欢喜岭地区锦 95 区块等地区。

分布于西部凸起宋家洼陷宋 1 区块，储层岩性为砂砾岩、砂岩，属于构造—岩性油藏。宋 1 块储集空间主要是混合孔隙，以原生粒间孔和粒间扩大孔为主；储层孔隙度平均值为 16.5%、渗透率为小于 1mD 至 909mD，属中孔隙度、中低渗透率储层。

兴隆台潜山带碎屑岩储层主要集中在东侧，砾岩厚度最大的位置主要在兴古潜山和马古潜山，兴古陈古潜山以花岗质砾岩、混合砾岩为主，马古潜山以花岗质砾岩和砂质砾岩为主，砾岩储层厚度整体表现为东厚西薄。兴隆台中生界砾岩岩心孔隙度统计结果，岩心分析孔隙度最大 17.6%，最小 2.4%，主要分布在 4.0%～10% 之间，平均为 7.1%，根据渗透率统计结果，岩心分析渗透率最大 14.6mD，最小 0.009mD，主要分布在 0.064～2mD 范围内，平均为 1.01mD，属于特低孔隙度—特低渗透率储层。

锦 150 区块储层岩性以砾状砂岩为主，平均孔隙度 16.2%，平均渗透率 194mD，属中孔隙度、中渗透率储层。

锦 95 区块储层岩性为泥质砂砾岩、砾状砂岩，泥质含量高，储层砂体平面厚度变化较大。物性分析平均孔隙度为 16.9%，平均渗透率为 110mD，碳酸盐含量 2.6%，为中孔隙度、中低渗透率储层。

第三节　储层发育主控因素

利用矿物学、岩心常规分析等技术方法，分析了基岩储层储集空间成因类型，进一步分析明确了储层发育主控因素。基岩储层的发育程度受岩石类型、构造作用、风化剥蚀、溶蚀作用等控制。储集空间类型的差异性决定了储层发育控制因素的多样性和主控因素的差异性：（1）岩石类型是控制储层形成的基本因素，变质岩储层发育遵循优势岩性序列原则；（2）构造作用和风化剥蚀作用是储层形成的两个关键因素；（3）溶蚀、填充、岩浆等作用是储层好坏的最终决定因素[15]。

一、变质岩（太古宇和元古宇）

变质岩储层储集空间类型以裂缝为主，包括构造裂缝、微裂缝等，其次是溶蚀孔缝。变质岩储层发育的主控因素包括岩性特征、构造作用和风化剥蚀作用，其次是溶蚀作用和岩浆侵入作用。

（一）岩石类型对变质岩储层的影响

根据变质岩潜山岩心观察和试油资料分析，变质岩储集岩性一般具有如下特征：好的储集岩性以长英质混合岩、混合花岗岩和浅粒岩为主；较差的储集岩性有变粒岩和黑云母斜长片麻岩等；晚期侵入的岩脉则是非储集岩。

从岩石矿物学分析看，上述变质岩及其岩脉主要造岩矿物有长石、石英、黑云母、角闪石、辉石、橄榄石等（表 3-3-1）。岩石中富含造岩矿物更容易形成储层，好的储集岩性浅色矿物含量高，差的储集岩暗色矿物含量高。

表 3-3-1 太古宇潜山地层主要造岩矿物类型

岩石类型	主要浅色矿物	主要暗色矿物	次要矿物
浅粒岩类	钠长石、钾长石、石英		黑云母
混合岩类	斜长石、石英、钾长石		黑云母
变粒岩类	钠长石、更长石、石英	黑云母	
片麻岩类	斜长石、钾长石、石英	黑云母	
角闪岩类	角闪石、斜长石		石英、黑云母
煌斑岩类	黑云母、角闪石		绿泥石
辉绿岩类	斜长石、辉石、角闪石		黑云母、碱性长石、石英

主要造岩矿物的脆性和溶蚀性有较大差异。这种差异决定了不同的岩性受应力作用后形成裂缝以及溶蚀的难易程度不同：长石具有两组解理，岩性脆、易蚀变，受力后沿解理缝容易破裂，长石晶内、晶间均易溶蚀淋滤形成溶蚀孔缝；石英比较稳定，不易蚀变、且溶孔罕见，仅在强力作用下出现破裂；黑云母易蚀变、塑性稍强，受力后一般以解理溶缝为主，但长期受力或强力作用可发生碎裂或变形。

从岩石类型看，不同岩类变质岩暗色矿物含量，其产生裂缝的难易程度不同，从而形成了储层发育的优势岩性序列。储集岩有黑云母二长片麻岩、混合岩化片麻岩、混合花岗岩、混合片麻岩、碎裂岩、碎斑岩、花岗岩等；非储集岩有角闪石岩、斜长角闪岩、辉绿岩、辉长闪长岩、煌斑岩等。

储集岩可以分为区域变质岩、混合岩和碎裂变质岩三大类。区域变质岩以黑云母二长片麻岩、钾（斜）长片麻岩为主，储集空间包括构造裂缝、溶蚀孔缝、少量晶间孔等。暗色矿物含量控制了储集空间发育情况。研究表明，在相同受力与风化溶蚀条件下，黑云母含量 5%～15% 的岩石更容易形成孔缝和储层。暗色矿物含量大于 15% 的片麻岩类，构造裂缝不发育，以细微裂缝为主、且易被泥质和碳酸盐岩矿物充填；暗色矿物含量小于 15%，受力后容易发生破碎，储集空间更发育。

混合岩以混合岩化片麻岩、混合花岗岩为主，其成分极不均匀，结构、构造变化大。储集空间与混合岩化作用的强弱、基体（母岩）含量的多少以及被改造的程度等因素有关。混合作用强，其结构均匀、质地坚硬致密、性脆、暗色矿物含量少，易产生破裂，易形成裂缝型储层，如茨 26 井—茨 118 井混合花岗岩出油井段中有效孔隙度平均为 6.4%，渗透率达 11.2mD。

碎裂变质岩是由区域变质岩、混合岩、混合花岗岩及岩浆岩等经过构造改造作用而形成的。碎裂轻微的岩石储集特征和母岩相似；碎裂岩、碎斑岩等，母岩长英质矿物含量多，碎裂缝、破碎粒间孔发育，经溶蚀淋滤作用形成的孔隙极为发育；糜棱岩或碎粒岩类，母岩被研磨成糜棱状碎屑物质，经重结晶、硅化作用或混入较多泥质，其储集性能较差。

原岩性质对形成变质岩内幕储层储集空间起着重要作用。在同样的构造应力的作用下，基岩中暗色矿物含量低的岩石容易产生裂缝成为储层，而暗色矿物含量较高的岩石不容易产生裂缝，因此不易成为储层。变质岩存在优势岩性序列。同种岩性在不同地区或区块的储集物性差别较大。

在兴隆台潜山中，中酸性的火山岩岩脉是比较好的储集岩。这是由于在兴隆台潜山中，暗色矿物含量最低的岩性为中酸性的火山岩岩脉，其他岩性的暗色矿物含量远高于这种岩脉，因此，这种岩性能够成为兴隆台潜山较好的储集岩。杜古潜山中依然存在这种中酸性的火山岩岩脉，但是在杜古潜山中，这种中酸性的火山岩岩脉不是储集岩。

这是由于在杜古潜山中，石英岩为潜山的主要岩石，而石英岩基本没有暗色矿物，相对于中酸性的火山岩岩脉而言，石英岩为该潜山的优势岩石，因此，在兴隆台潜山中能够成为比较好的储集岩的中酸性火山岩在杜古潜山中为非储集岩。另外，在兴隆台潜山中，作为主力储集岩的黑云母斜长片麻岩在冷家潜山中就不是储集岩。这些实例表明，优势岩性的理论对于区带性的基岩勘探中寻找突破点有着十分重要的意义（表 3-3-2）。

表 3-3-2　变质岩的优势岩性序列

序列	Ⅰ	Ⅱ	Ⅲ	Ⅳ	Ⅴ	Ⅵ	Ⅶ	Ⅷ
岩性	石英岩	浅粒岩	混合岩	中酸性侵入岩	变粒岩	片麻岩	煌斑岩、辉绿岩	角闪岩

在对辽河油田以及渤海湾其他油田的潜山文献的查阅以及分析后发现，变质岩潜山个体存在不同的岩性下限。而对于变质岩潜山类型来说，储层岩性无下限，在特定的石油地质条件下，任何一种岩性都可能成为储集岩。

（二）构造改造对变质岩储层的影响

构造改造是构造裂缝及变质岩储层形成的关键因素。中生代多期强烈的构造演化造就了辽河坳陷基底内幕复杂的构造和破碎特征，为裂缝储层的发育奠定了基础。中生代印支期的挤压作用，燕山期太平洋板块的俯冲、拉张作用，喜马拉雅期的拉张作用以及剪切作用（图 3-3-1），这些多期构造作用形成多期次、多方向、多组系的裂缝系统。

多期次的构造运动在基岩内幕形成了多套裂缝体系。通过裂缝方向、组系的特征分析，建立构造运动与裂缝特征的大致对应关系（图 3-3-2）：中生代印支期，受到北部内蒙地轴和南部扬子板块的挤压褶皱作用，发育挤压低角度剪裂缝；燕山期，受太平洋板块的早期俯冲作用和晚期作用，发育伸展相关的中高角度缝；张扭剪裂缝、压扭剪裂缝、走滑直立剪裂缝和伸展中高角度缝，以及侧伏角 40°～60° 的裂缝表现出来的斜向滑动可以与东营期以来的走滑作用相配套。这些多层次、多期发育不均匀分布的裂缝带，呈现出“藕断丝连”的空间展布，整体上组成块状裂缝网络系统，形成了良好的裂缝型储集空间。

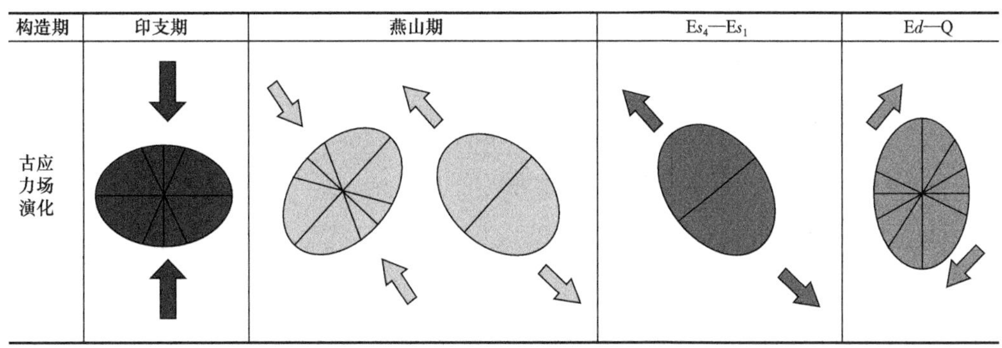

图 3-3-1　区域古应力场演化示意图

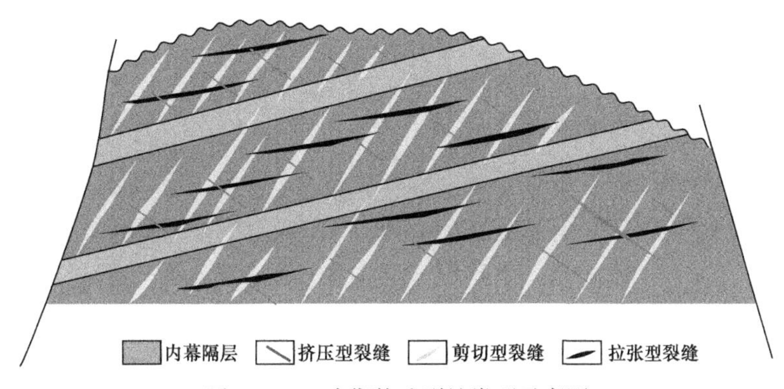

图 3-3-2　多期构造裂缝类型示意图

（三）风化、剥蚀对变质岩储层的影响

在漫长的地质演化过程中，太古宇和元古宇变质岩长期裸露地表，受到物理、化学、生物作用的影响，使变质岩遭到风化、剥蚀作用的破坏，由机械碎裂作用形成变质岩风化壳孔隙发育带。变质岩的矿物组成、颗粒粗细、结晶或胶结程度等差异决定了其侵蚀的速度不同，一般坚硬致密的岩石侵蚀速度较慢最终残留成山。潜山顶部的风化壳厚度范围大致在 15～40m 之间（风化破碎储集带的上部），其上部孔隙多被泥质充填，下部缝洞发育。

（四）溶蚀、填充作用对变质岩储层的影响

溶蚀和充填作用是影响储集空间变化的最终决定因素。对早期孔缝的溶蚀作用，是对原岩中不稳定组分的溶解滤失过程中，加大了缝隙的开度，使储层的孔渗性能变好，有利于形成优质储集体和运移通道。溶液离子饱和发生重结晶作用和沉淀，原有储集空间发生堵塞、填充。在变质岩裂缝中形成的自生石英、碳酸盐矿物、绿泥石和黄铁矿等充填，对储层储集性能产生不利影响，使储层物性变差。

（五）岩浆作用对变质岩储层的影响

辽河坳陷太古宇基岩储层受岩浆作用影响。辽河坳陷自中生代末期至古近纪早期曾发生多次大规模的岩浆喷发。一方面，岩浆侵入作用使得太古宇基岩发生了不同程度的混合

岩化和碎裂岩化作用，有利于形成裂缝和储层。另一方面，基性岩浆的侵入对围岩有着不同作用，侵入体致密形成基岩内幕隔层；岩脉高温及热液作用使下伏地层形成收缩裂缝，使岩层储集物性变好。

二、碳酸盐岩（元古宇和古生界）

元古宇和古生界碳酸盐岩储层储集空间类型具有孔—洞—缝三重特征。由于地层年代老，埋藏深度大时间长，在漫长复杂的成岩演化中，少部分原生孔隙保留了下来；由溶蚀作用、构造作用等改造形成了大量次生孔隙，是形成优质储层的关键；同时，成岩演化过程中胶结作用、充填作用等对储集空间则起到严重的破坏作用。因此，碳酸盐岩储层发育的主控因素包括岩石类型、构造改造和溶蚀作用以及胶结作用和充填作用等[16]。

（一）岩石类型对碳酸盐岩储层的影响

岩石类型是控制碳酸盐岩储层形成的基本因素，一方面，岩石类型决定了原生孔隙发育程度。不同类型碳酸盐岩中原生孔隙差异明显，白云岩中最为发育，其次是石灰岩、泥灰岩。其中，白云岩中又以细晶—中晶白云岩为主，泥晶—微晶白云岩次之。另一方面，岩石类型也影响溶蚀作用进而影响构造裂缝的发育。相同的构造和有机酸溶蚀条件下，不同类型碳酸盐岩溶蚀程度和构造裂缝发育程度不同。在高温高压条件下，白云岩相较于石灰岩更容易被溶蚀，其抗压性也更低，受应力改造也更容易形成构造裂缝。

（二）构造改造作用和溶蚀作用对碳酸盐岩储层的改造

构造改造作用对碳酸盐岩储层的发育有重要控制作用。一方面沟通了碳酸盐岩中的原始孔隙，改善了孔渗特征和储集性能。另一方面，现今不完全填充的构造裂缝可以成为有效的储集空间。同时，特别是早—中期形成的大量构造裂缝为溶蚀热液提供了必要通道，从而直接控制了碳酸盐岩中溶蚀作用的发生，是形成大量溶蚀孔洞和优质储层的关键。从静安堡潜山、曙光潜山等岩心观察可见构造裂隙极其发育，密度大，纵横交错，有的岩心破碎呈角砾状，砾间溶孔、碎裂溶缝十分发育（曙古 43 井、安 96 井等），就是由于构造应力作用使碳酸盐岩产生了大量的构造缝隙，进而促进了溶蚀孔洞的形成和发育。

（三）重结晶作用和硅化作用对碳酸盐岩储层的双重影响

重结晶作用是地下埋藏环境中常见的成岩作用，特别是碳酸盐岩地层。重结晶作用使碳酸盐岩晶体颗粒可以由泥晶向粉晶、粗粉晶甚至细晶方向转化，如白云岩多具粉晶或粗粉晶结构（曙古 103 井—曙古 1 井 3602m）等。重结晶作用的结果对储层孔隙的发育起着两方面的作用，一是由于重结晶作用使岩石的颗粒变大，晶间缝隙发育；二是由于重结晶，使原来岩石中的储集性遭到了破坏。

硅化作用在辽河坳陷古生界和中—新元古界广泛发育，形成硅质岩、玉髓等（曙古 197 井 1614.5m）。硅化作用对储层孔隙的发育的影响也是正、反两方面；一方面岩石经硅化作用后往往刚性增大，受力后更容易产生构造裂隙；另一方面造成孔隙堵塞，减少了储集空间。

（四）胶结作用与充填作用对碳酸盐岩储层的破坏

对碳酸盐岩储层发育不利的因素主要由胶结作用和充填作用。胶结作用多发育于颗粒岩中，颗粒灰岩和颗粒云岩中常见多次胶结。如静北安 71 井 2928m 亮晶颗粒云岩，可见多次胶结，各期胶结物分别为纤状方解石、刀状方解石和粒状方解石。胶结作用的结果是减少了原来岩石中的孔隙，不利于储层的形成和发育。

充填作用在辽河古生界和元古宇碳酸盐岩中较为普遍，有两个特点：一是充填物类型多样，包括内源物、外来物和热液作用形成的脉体等，常见的有围岩成分碎屑物、方解石、石膏、高岭石、玉髓、石英、硅质、绿泥石、铁泥质等；二是充填方式多样，有一次或多次充填，填充的结果使孔隙减小甚至不具储集性能，极大地破坏了储集性能。

三、火山岩（中生界）

中生代沉积了一套以火山岩为主的储集体，储集空间主要有孔隙型和裂缝型。中生代火山岩从喷出地表到成为油气储层，其间历经了固结成岩、风化淋滤、抬升剥蚀和埋藏改造等地质过程，并在此过程中经受了一系列复杂的成岩作用和改造作用。火山岩储层主要受控于成岩作用、构造裂缝，以及岩性与岩相分布三大因素[17, 18]。

（一）火山岩成岩作用对原生孔隙及次生孔隙的影响

火山岩成岩作用，包括挥发分溢出作用、冷凝收缩作用、自碎角砾化等，决定了原生孔隙的发育程度；以及晚期的溶解、填充作用等，对储层的起到改造或者破坏作用。

挥发分溢出作用，主要是岩浆上升、喷出和冷却过程中，随着压力和温度降低，挥发分饱和度递减，导致气体出溶形成气泡，气泡上升、聚合并最终被冷凝面所截获，形成相对更大的气孔。熔岩流动过程中，形成上部和下部两个冷凝界面，并向熔岩内部推进，底部出溶的气泡被下部冷凝界面所截获，而下部冷凝界面以上的气泡则全部被上部冷凝界面所截获，最终形成熔岩流纵向上的气孔分带性，即，上部厚层气孔带、中部致密块状带和下部薄层气孔带。三者区别在于气孔含量、大小和形态差异。上部气孔带通常占熔岩流总厚度的 50%，向下气孔直径增大、数量减少，直到其底部气孔直径达到最大；中部致密带无气孔或见有极少量的大气孔，有时发育节理缝；下部气孔带厚度较小（通常不足 1m，与熔岩流总厚度关系不大），向上气孔直径增大、数量减少，至其顶部孔径达到最大。尽管熔岩流的形成过程复杂多变，但气孔形成机理决定其固结成岩后所具有的分带特征在各类熔岩中都是占据主导地位的。气孔的分带性是决定熔岩有效储层分布的主要控制因素。

冷凝收缩作用，是指岩浆快速冷却过程中发生的体积收缩效应，可形成收缩孔（石泡孔）和收缩缝（如珍珠裂隙、柱状节理缝等），不但增加了储集空间，提高岩石的储集性能，同时也起到连通孔隙的作用。在宏观上，层间收缩缝和柱状节理缝对于储层单元的形成和规模具有重要的控制作用。

自碎角砾化作用，是熔岩未完全冷却成岩时，由于气体膨胀、塌陷、自身重力以及层间流动性差异等因素造成，角砾成分单一，角砾间为熔岩胶结。研究区流纹岩中常见，通常发生在熔岩流顶部和边缘相，形成角砾流纹岩和集块流纹岩，可作为喷溢相顶部的标志。

隐爆角砾岩化作用是岩浆期后热液活动主要表现形式之一。原有的近火山口相岩石（原岩）被高压流体炸碎形成原地角砾、之后又被灌入的富含矿物质“岩汁”胶结形成隐爆角砾岩，这一过程称为隐爆角砾岩化。这种高压的岩浆期后热液导致围岩炸裂、发生角砾岩化，形成大量角砾间孔隙、裂缝，是造成火山口—近火山口相带成为优质储层的重要因素。

充填作用在中基性火山岩中极为普遍，对于储集性能十分不利，初步统计储集空间因被充填而减少的部分可达 70% 以上。岩心和显微镜下观察发现，玄武岩和安山岩的孔隙充填程度明显高于粗面岩，流纹岩充填程度最低。充填物主要来源于蚀变作用或热液活动，玄武岩和安山岩中含有大量不稳定矿物（如中基性斜长石、橄榄石、辉石等），蚀变作用的发生强于粗面岩和流纹岩。此外，玄武岩喷发的多期性，伴随岩浆期后的热液活动对原生孔隙造成多期充填，这种充填方式十分不利于后期溶蚀作用的发生，而且还会对溶蚀孔隙形成再次充填。手标本和显微镜下观察发现，中基性火山岩中普遍发育杏仁构造，裂缝充填现象也很常见，孔缝以半充填—全充填居多，充填方式有单一充填、也有多期充填，充填矿物主要有皂石、绿泥石、沸石、方解石和石英。充填作用使储集性能变差，减少有效孔隙度并降低储层渗透性能。统计出储集空间因被充填而减少的部分可达 70% 以上（如玄武岩气孔面孔率为 19.6%，而实测有效孔隙度仅为 4.5%）。

溶解作用主要表现为物质的带出过程，形成的溶蚀孔缝可以有效改善储集性能，在本区起主导作用的是长石溶孔和杏仁体溶孔。碱性火山岩对溶解作用尤为敏感，是该类火山岩可能形成优质储层的决定因素。研究区中基性火山岩中碱性岩占有较大比例，相对钙碱性岩而言，含有较多的强活动性碱金属离子 K^+、Na^+，在酸性环境下碱性长石极易发生溶蚀。此外，斜长石的选择性溶蚀的结果是钙长石被溶解，钠长石被保留下来，同时产生长石溶孔。通过电子探针分析发现本区高产气层段的中基性火山岩中几乎完全缺失中基性斜长石，而以大量纯净的钠长石（Ab＞98 mole%）为主，可见长石的次生变化对于能否形成有利储层具有重要影响。现有研究表明，溶解作用的流体来源主要为油气侵位过程中有机质脱羧产生的有机酸溶液和由矿物间的相互作用产生的无机酸溶液。在研究中还发现，深源无机气形成的 CO_2 气藏构成的酸性水溶液对火山岩具有显著的溶解作用。

风化淋滤作用不仅可以使岩石破碎，也可以使岩石的化学成分发生显著变化（如溶解、水解等），从而既增加了岩石孔隙度，也促进了原生孔隙之间的连通性，表现为火山岩序列顶部孔缝连通性好、形成储层几率加大。此外，风化淋滤作用也使岩石的致密程度和抗应力强度降低，并在以后埋藏环境下受构造应力作用产生较发育的裂缝系统。风化淋滤作用对玄武岩储层的改善作用尤为明显，在准噶尔盆地和三塘湖盆地玄武岩风化壳型储层已成为寻找油气的有利目标。房身泡组玄武岩喷发的多期性决定其受风化淋滤作用改造更为强烈，火山岩旋回和期次的顶部成为储层发育的有利部位。

（二）构造裂缝改善了火山岩储集空间

构造研究区火山机构总体上沿断裂分布，火山口—近火山口部位受构造活动影响最大，形成的构造裂缝最为发育。火山岩裂缝改变储集空间主要体现在三个方面：（1）构造裂缝是一种重要的储集空间类型，同时裂缝提高了气孔、杏仁发育段的连通程度，改善了渗透条件；（2）裂缝作为深部流体的良好通道，为次生孔隙发育提供了重要条件；（3）致密火山岩段裂缝发育时，可形成良好的裂缝型储层。

（三）火山岩岩性、岩相控制优质储层及其分布

岩性控制着储层物性沉火山碎屑岩较火山岩的储集性能好，中酸性岩较中性岩储集性能好，基性岩相对较差。

火山岩岩相控制火山机构内优质储层的分布。本区优质储层的岩相是爆发相空落亚相＋热碎屑流亚相、喷溢相上部亚相和火山通道相火山颈亚相。储层物性好的相带为火山口—近火山口相带，其次为近源相带，远源相带物性最差。

四、碎屑岩（中生界）

中生界碎屑岩储集体，储集空间主要有孔隙型和裂缝型。碎屑岩储层岩石类型较复杂，主要有砂岩、砂砾岩、沉积火山碎屑岩和角砾岩，不同地层和不同沉积环境储集岩类型变化较大。中生界碎屑岩类储层储集空间类型以孔隙为主。孔隙类型主要有：粒间孔隙、粒内溶孔、晶内溶孔、溶模孔四种。

中生界碎屑岩中次生溶孔的大量发育，为油气提供了可观的储集空间，增强了孔隙间的连通性，提高了储层储集油气的能力。

次生孔隙的发育程度不仅受砂岩的组分、结构、厚度等内在因素的控制而且受物理、化学、生物等外界环境条件的影响。内在因素和环境条件的密切配合才能形成孔隙发育、连通性好的次生孔隙储层。

参考文献

[1]邢志贵，王仁厚，等．辽河坳陷碳酸盐岩地层及储层研究［M］．北京：石油工业出版社，1999.

[2]邢志贵．辽河坳陷太古宇变质岩储层研究［M］．北京：石油工业出版社，2006.

[3]郝石生，高耀斌，等．华北北部中—上元古界石油地质学［M］．北京：石油大学出版社，1990.

[4]陈义贤，陈文寄．辽西及邻区中生代火山岩——年代学、地球化学和构造背景［M］．北京：地震出版社，1997.

[5]赵澄林，孟卫工，金春爽，等．辽河盆地火山岩与油气［M］．北京：石油工业出版社，1999.

[6]孟卫工，李晓光，等．辽河坳陷基岩油气藏［M］．北京：石油工业出版社，2012.

[7]葛泰生，陈义贤．中国石油地质志（卷三）［M］．北京：石油工业出版社，1993.

[8]魏喜，祝永军，等.辽河断陷曙光古潜山古生代储层储集空间特征及演化［J］.石油与天然气地质，2004，25（4）：466-472.

[9]吴智勇，郭建华，等.辽河西部凹陷曙103块潜山油藏储层特征［J］.石油大学学报，2001，25（1）：40-50.

[10]赵立旻.大民屯凹陷古潜山裂缝特征及控制因素［J］.地质科技情报，2007，26（4）：37-41.

[11]李晓光，刘宝鸿，等.辽河坳陷变质岩潜山内幕油藏成因分析［J］.特种油气藏，2009，16（4）：1-12.

[12]刘兴周，顾国忠，等.辽河坳陷太古宇基底储层研究进展［J］.石油地质与工程，2012，26（6）：32-39.

[13]倪国辉，鲍志东，等.辽河坳陷大民屯凹陷静北潜山基岩储集层研究［J］.石油勘探与开发，2006，33（4）：460-466.

[14]赵澄林，孟卫工，金春爽，等.辽河盆地火山岩与油气［M］.北京：石油工业出版社，1999.

[15]李晓光，单俊峰，陈永成.辽河油田精细勘探［M］.北京：石油工业出版社，2017.

[16]王仁厚，魏喜.辽河断陷元古宙及古生代潜山地层研究［M］.北京：石油工业出版社，2001.

[17]孟卫工，陈振岩，张斌，等.辽河坳陷火成岩油气藏勘探关键技术［J］.中国石油勘探，2015，20（3）：45-57.

[18]吴永平，付立新，等.黄骅坳陷中生代构造演化对潜山油气成藏的影响［J］.石油学报，2002，23（2）：15-20.

第四章　基岩油气藏形成及分布规律

辽河坳陷潜山油气藏勘探实现从狭义的潜山到广义的基岩块体勘探理念的转变，是基于对基岩岩性、基岩储层和基岩油气藏形成特征认识的不断深化和实践而提出的。这些新认识丰富和发展了基岩油气藏理论，也成为基岩油气藏勘探的理论指导。

辽河坳陷基岩油气藏勘探研究表明：富油气凹陷基底是一个很有勘探潜力的领域；基底不仅发育潜山油气藏，同时也存在没有山形的基岩块体油气藏；不仅基岩顶部可形成油气藏，而且基岩内幕也可形成多种类型的油气藏；基岩地层的多重多元结构，形成变质岩地层的层状或似层状结构，并形成多重储盖组合；多期次构造作用形成了变质岩储层立体网络裂缝储集系统；岩石抗压和抗剪能力的差异形成储层优势岩性序列，成为变质岩储层评价的依据和基础；烃源岩—储层关系决定了基岩油气藏的形成方式，供油窗口和多元输导体系是基岩油气藏形成的重要控制因素。这些成果是基岩油气藏理论认识的重要内容，它为辽河坳陷基岩油气藏的勘探提供理论依据[1]。

第一节　基岩油气藏形成的基本条件

一、烃源岩条件

（一）烃源岩分布特征

丰富的油源条件是基岩油气藏形成的物质基础。辽河坳陷是一个新生代坳陷，发育古近系沙四段、沙三段、沙二段、沙一段及东营组等多套烃源岩，其中沙四段和沙三段烃源岩厚度大、分布广、有机质丰度高、类型好、生烃演化序列完整，是辽河坳陷的主力烃源岩，油源对比证实了辽河坳陷油气主要来自沙四段和沙三段烃源岩[2-4]。

1. 沙四段

沙四段烃源岩主要发育在西部凹陷和大民屯凹陷。大民屯凹陷沙四段沉积早期为裂谷盆地沉降初期，主要为浅湖—半深湖环境。南北水体略有差异，大致以大民屯至东胜堡为界，其北水体比较闭塞、安静，为微咸水还原环境，细菌、藻类等水下生物和低等浮游生物非常丰富。烃源岩岩性主要为油页岩和钙质泥岩，面积220km^2，平均厚度在150m左右，最大厚度达300m，中间潜山和古隆起部位厚度较小，一般在50～150m之间。沙四段沉积晚期，凹陷迅速沉降，水进速度加快，水域范围达到最大，为半深湖—深湖环境。

烃源岩岩性为暗色泥岩，面积约 600km²，厚度一般在 300～1000m 之间，厚度中心主要在南部的荣胜堡洼陷，推测最大厚度可达 1800m。

西部凹陷沙四段沉积早期，水域较窄，为浅湖环境，烃源岩主要分布在北部，厚度相对较薄。沙四段沉积晚期，湖盆面积大、水体较深，为半深湖环境。半咸水、强还原环境下低等水生生物较繁盛，有利于优质烃源岩发育，是西部凹陷主力烃源岩之一。烃源岩岩性主要为暗色泥岩和钙质泥岩，部分地区发育油页岩。厚度呈北厚南薄分布，自北向南主要分布在牛心坨地区、高升地区、盘山地区和齐家地区，面积约 1500km²，厚度一般在 100～300m 之间，厚度中心在牛心坨洼陷，推测最大厚度达 700m（图 4-2-1）。

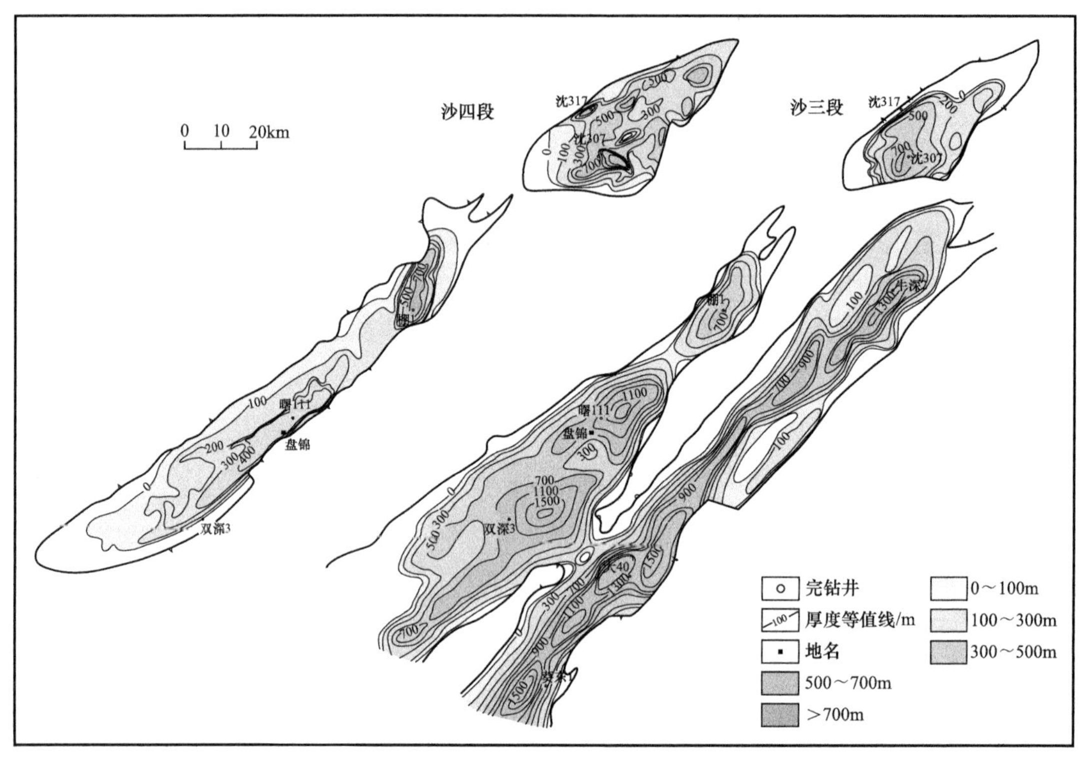

图 4-1-1　辽河坳陷沙四段和沙三段烃源岩厚度等值线图

2. 沙三段

沙三段沉积时期，处于湖盆发展的深陷期，由于断裂作用，盆地显著下降，成为古近纪水体最深的时期。褐灰色、深灰色厚层泥岩广泛发育。

大民屯凹陷沙三段沉积时期湖盆收缩，湖水向南退缩，属水退式沉积，下部砂岩与暗色泥岩互层，上部砂砾岩与紫红色、灰绿色泥岩互层，烃源岩仅在南部荣胜堡洼陷较为发育，面积约 300km²，厚度超过 1000m。

西部凹陷沙三段沉积时期水域广阔，呈东陡西缓的箕状深水湖盆，沉积以深湖—半深湖相暗色泥岩为主，面积约 2450km²，烃源岩平均厚度为 500m，厚度中心在清水洼陷，推测最大厚度可达 1500m 以上，为主力烃源岩之一。

东部凹陷沙三段下部以深湖—半深湖相暗色泥岩为主，为主力烃源岩；中部以滨浅湖相砂、泥岩互层为主；上部以沼泽相砂、泥岩与碳质泥岩、煤层互层为主，为次要烃源岩。东部凹陷烃源岩总体表现为南段和北段厚度大，中段较薄，南段盖州滩洼陷和北段牛居—长滩洼陷最厚在1300m以上，中段洼槽区厚度仅在700～900m（图3-1-1）。另外，东部凹陷沙三段上亚段自北向南还发育一套呈“串珠状”分布的煤层，其平均厚度在20m左右。

3. 沙一段、沙二段

沙一段、沙二段沉积时期为湖盆再陷期，基底沉降不均衡，各地沉积厚度有所差异。东部凹陷和西部凹陷均以浅湖相沉积为主，大民屯凹陷仅有短暂浅湖环境，烃源岩主要发育在东部凹陷和西部凹陷。

沙二段分布局限，主要分布在西部凹陷。沙一段沉积时期，湖泊范围大面积扩展，分布较广。烃源岩岩性以暗色泥岩为主，夹少量油页岩和钙质页岩。厚度和分布远不如沙三段，西部凹陷烃源岩平均厚度在250m左右，厚度中心在清水洼陷，厚度达600m。东部凹陷平均厚度也在250m左右，厚度中心在牛居洼陷，厚度达600m（图4-1-2）。

4. 东营组

东营组沉积时期，湖泊局限于东部凹陷和西部凹陷南部和海滩地区。东营组烃源岩较沙河街组面积小，厚度薄，岩性主要为暗色泥岩。西部凹陷烃源岩厚度平均在400m左右，厚度中心分布在鸳鸯沟洼陷、清水洼陷，厚度达800m；东部凹陷相对较厚，平均在500m左右，厚度中心在盖州滩洼陷，厚度可达800m（图4-1-2）。

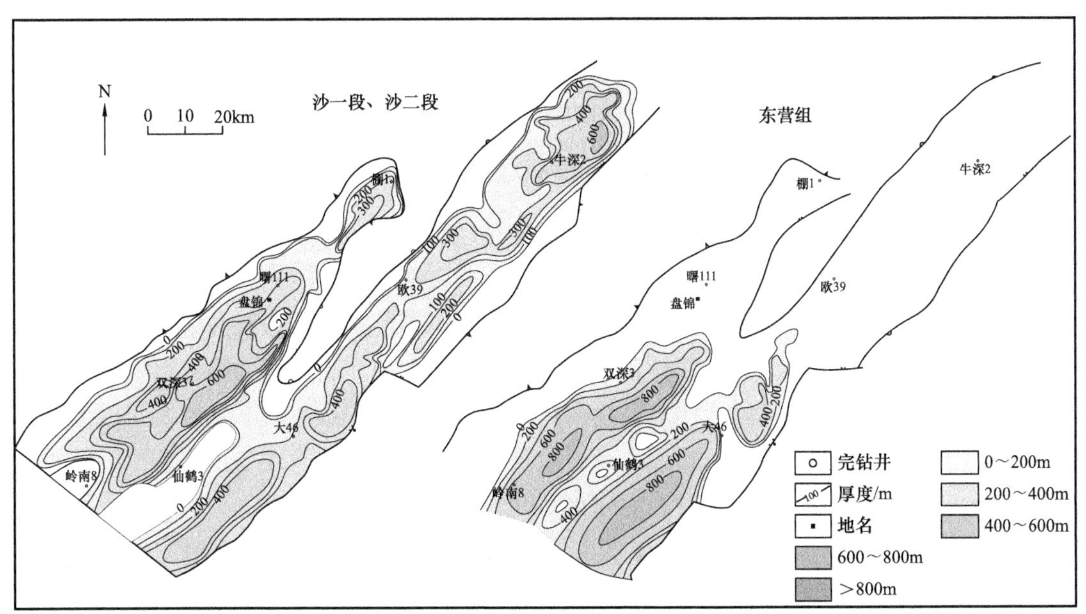

图4-1-2 辽河坳陷沙一段、沙二段和东营组烃源岩厚度等值线图

（二）圈闭与烃源岩配置关系

已发现的基岩圈闭和基岩油气藏分析表明，基岩圈闭与沙四段、沙三段烃源岩之间存在有四种相互配置关系。

第一种配置关系是基岩圈闭直接被沙四段、沙三段烃源岩包围，即沙四段、沙三段湖相地层直接超覆在圈闭之上，其中房身泡组的红色泥岩及玄武岩首先超覆在古地貌山的低部位，圈闭高部位及顶部至沙四段或沙三段沉积时最终由湖相泥岩完全覆盖其上。沙四段、沙三段以暗色泥岩为主的湖相沉积在压实成岩过程中，必然与基岩潜山之间形成高压与欠压实的异常压力带。这样泥岩排出的流体必然向压力低的潜山体运移，逐渐形成了基岩潜山油气藏。例如，大民屯凹陷的东胜堡潜山、静北灰岩潜山、西部凹陷的兴隆台潜山、杜家台古潜山、齐家古潜山等都是这种配置关系而形成的基岩潜山油藏（图 4-1-3）。

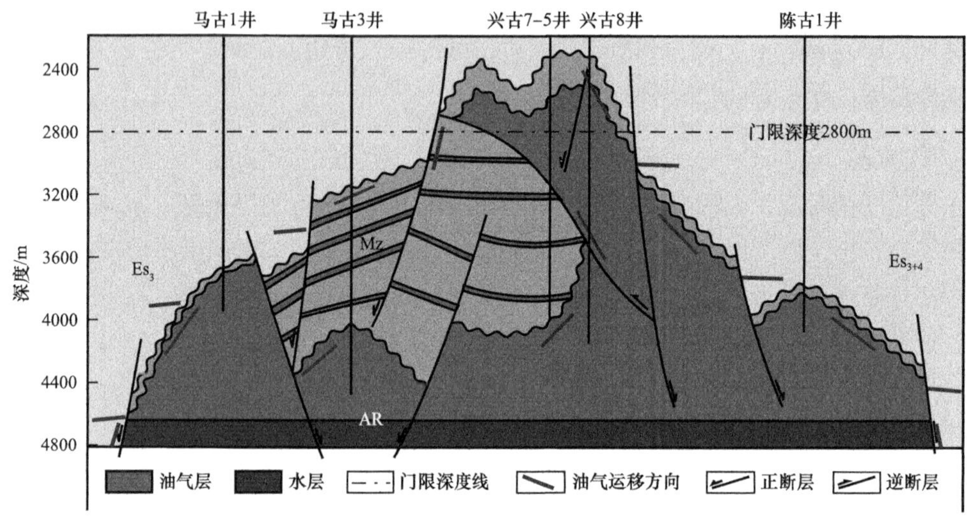

图 4-1-3　兴隆台潜山双元多层结构模式图

第二种配置关系是基岩潜山圈闭的直接盖层是厚度几十米至几百米不等的古近系房身泡组玄武岩及红层，沙四段、沙三段湖相烃源岩沉积在房身泡组之上。房身泡组把潜山圈闭与油源隔开，使沙四段、沙三段的烃源岩排出的烃类不能直接运移至古潜山储层中。在这种情况下，早期形成的东掉及西掉正断层就显得尤为重要。它可以把房身泡组断开，使古潜山储层与沙四段、沙三段烃源岩直接相接触或通过断层带及地层不整合面间接把古潜山储层与烃源岩相连通。例如，曙光高潜山带及低潜山带的成藏条件之一就是位于低潜山带的一条北东向东掉大断层把房身泡组完全断开，并通过断层使古潜山储层直接或间接连通（图 4-1-4），从而形成了三个埋藏深度不相同并以碳酸盐岩为主要储层的古潜山油藏带。这两个古潜山带上部直接盖层都是房身泡组的玄武岩及紫红色泥岩，连续厚度都大于 100m，最厚处可达到 300m。

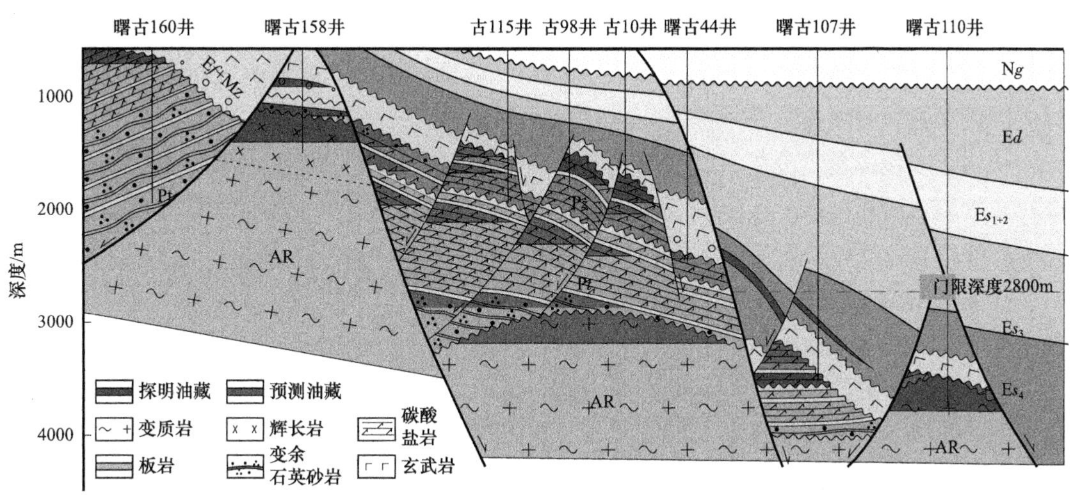

图 4-1-4 曙光潜山地质剖面图

第三种配置关系是基岩潜山圈闭之上的直接盖层是巨厚的中生界（千米以上）及房身泡组及巨厚的中—基性火山喷发岩等（厚度为数百米）。这种配置关系，只有存在断距很大的断层把基岩储层与烃源岩相连通才有可能形成基岩潜山油气藏，否则是不可能的。到目前，辽河坳陷古潜山勘探中已取得这方面成功的实例；在地震勘探中也取得了一定进展。例如，东部凹陷三界泡—青龙台古潜山带就属于这种类型。其中三界泡潜山在重新处理的地震剖面上，很清楚地显示出长期活动的西侧大断层已把中生界下伏的古生界奥陶系与沙三段相接触，这就为古潜山油藏的形成提供了可能条件；西侧热河台—欧利坨子潜山在新地震资料中显示出潜山圈闭幅度较大，而且东西两侧各具一条长期活动的北东向大断层有可能使这个潜山与沙三段生油岩直接相连。

第四种配置关系是反映中央凸起向滩海方向延伸部分的海外河潜山及海南构造带上古潜山带。这种古潜山的上覆地层没有烃源岩，完全靠西侧控制凹陷形成的台安—大洼断层及海南断层把西部凹陷中深层的沙四段、沙三段烃源岩生成的油气运移过来，形成间接油源与圈闭关系。这种配置关系如能形成潜山油气藏，必须具备一个条件，这就是西掉大断层必须是长期活动的断层，尤其在油气运移期间的活动更为重要，因为只有在断层的活动期才能把深层油源形成的油气通过断层的活动运移至古潜山储层中。目前，还没有发现这种运移方式形成的潜山油气藏，仅在海外河潜山及海南构造带上局部古潜山圈闭见到了油气显示。

二、构造条件

构造条件对基岩油气藏形成起着重要的控制作用。主要表现在三方面：第一，由于燕山、喜马拉雅四级断裂的活动，断裂的基岩块体一侧上升为山，一侧下降为洼，不仅在正向地形上形成圈闭，同时也在负向地形上形成了古近系的生烃洼陷，为基岩油气藏提供了良好的油气源；第二，断裂可作为油气运移通道，长期发育特征决定了圈闭的大小及基岩油气藏的保存状况；第三，构造运动产生构造裂缝，使基岩油气藏的储集性能得到改善。换句话说，有利的构造条件可以为基岩内幕油气藏提供油气运移通道（断裂和裂缝），同时也提供了有利的储集空间—构造裂缝[5-8]。

从构造演化的角度分析，辽河坳陷基岩油气藏大多具有“早隆、中埋、晚稳定”的特点；多数基岩圈闭在沙三段沉积时期以前形成，而且基本定型。晚期的断裂活动对其影响较小，使基岩油气藏具有良好的保存条件。

辽河坳陷基岩油气藏多产生于两组断裂交会处，并以二级、三级断裂交会处的上升盘为主。如西部凹陷欢喜岭、齐家、杜家台、胜利塘、曙光等基岩油气藏皆位于二级、三级主干断裂交会处的上升盘。早期（燕山期—沙四段沉积期、沙三段沉积初期）东西向或北东向逆断层的上升盘和正断层的下降盘是剪张性裂隙发育区，是基岩油藏油气聚集的有利地带；大民屯凹陷静北基岩油气藏，在北东东向沙四期逆断层上盘和正断层下盘均富集油气。

三、储集条件

（一）变质岩储层

变质岩储层是辽河坳陷最古老的基底储层，主要发育于中—新元古界和新太古宇。中—新元古界变质岩储层主要分布于西部凹陷杜家台、胜利塘、曙光和大民屯凹陷安福屯、静北等潜山，新太古宇变质岩储层分布于三大凹陷和中央凸起[9-10]。

中—新元古界变质岩储层：层位为大红峪组，岩性主要为石英岩、变余石英砂岩。在测井响应特征上表现为“四低一高”，即低自然马、低补偿中子、低光电吸收指数、低密度、高时差。储集空间主要为裂缝和孔隙。裂缝以构造裂缝为主，主要为高角度缝和网状缝，分布不均匀，向深部发育程度变差。孔隙可见残余粒间孔、粒内溶孔、粒间溶孔、微孔等，最大的溶孔孔径可达 2mm。常规物性分析结果显示，中—新元古界变质岩储层最大基质孔隙度为 14.3%，最小为 0.8%，平均为 5.18%；最大渗透率为 25mD，最小小于 1mD，平均为 7.3mD。

新太古界变质岩储层：西部凹陷兴隆台潜山储层岩性主要为注入混合岩类、混合片麻岩类等，大民屯凹陷潜山带为浅粒岩、变粒岩、片麻岩类、混合花岗岩类等，东部凹陷茨榆坨潜山主要为片麻岩类。这些储层岩性与角闪岩、板岩等非储层岩性一起共同构成了变质岩内幕的“层状”或“似层状”结构。兴隆台潜山岩石类型多样，包括片麻岩类（黑云母斜长片麻岩）、混合花岗岩类、混合片麻岩类、角闪岩类等变质岩，也包含了侵入岩。由于这些岩性在区域构造应力相同的条件下形成裂缝的程度不同，造成发育成为储层的难易程度不同，使得潜山内幕形成多套储隔层组合，从而形成了储层分布的层状或“似层状”发育特征。

新太古界变质岩储层的储集空间主要为孔隙和裂缝。孔隙包括溶蚀孔隙、粒间孔隙、晶间孔隙；裂缝包括宏观裂缝和微裂缝。据样品的物性分析结果，新太古界变质岩储层孔隙度最大为 13.3%，最小为 0.6%，平均为 5.1%；渗透率最大为 953mD，最小为 0.53mD。总的来说，以浅色矿物为主的构造角砾岩、混合花岗岩类、浅粒岩类等储层物性较好。随着暗色矿物含量的增高，储层物性变差。

（二）碳酸盐岩储层

古生界碳酸盐岩储层主要为海相沉积的风化壳和内幕储层，分布在西部凹陷曙光潜山、东部凹陷三界泡潜山、东部凸起和辽河滩海燕南潜山、海月潜山等[11]。

古生界碳酸盐岩储层岩性以石灰岩类为主，其次为白云岩类。石灰岩类常见类型主要为泥晶灰岩、含颗粒或颗粒质灰岩、颗粒灰岩。白云岩类主要有泥晶及泥微晶云岩、粗粉晶—中细晶云岩、颗粒云岩、颗粒质云岩、亮晶鲕粒灰质云岩等。西部凹陷曙光潜山的白云岩组分中不同程度地存在石英碎屑和长石碎屑，也可见与颗粒云岩过渡的混积岩。

孔隙、溶洞和裂缝是古生界碳酸盐岩储层的储集空间类型。孔隙包括晶间孔隙、晶间溶孔、粒内溶孔、铸模孔、粒间溶孔、超大溶孔、微孔隙等。裂缝以高角度构造裂缝为主。

常规物性分析结果显示，西部凹陷曙光潜山古生界碳酸盐岩储层最大孔隙度为 27.71%，最小孔隙度为 0.1%，平均孔隙度为 3.0%；最大渗透率为 $670\times10^{-3}\mu m^2$，最小渗透率为 0.1mD，平均渗透率为 0.1mD。一般具特低孔隙度特低渗透率特征，局部发育高孔隙度高渗透率储层。

东部凸起冶里组储层孔隙度一般为 13.7%～23.1%，平均孔隙度为 16.96%，渗透率为 10.2mD，为中—高孔中渗储层；下马家沟组储层孔隙度一般为 2.8%～7.4%，平均孔隙度为 4.43%，渗透率为 3～9mD，为特低孔—低孔低渗储层。东部凹陷三界泡潜山奥陶系石灰岩平均孔隙度为 0.71%，最大孔隙度为 1.17%，具特低孔隙度特征；平均渗透率为 1.75mD，最大渗透率为 4mD，具低渗透率特征。

中—新元古界碳酸盐岩储层为海相沉积的风化壳和内幕储层，主要分布于大民屯凹陷，储集层位为长城系的高于庄组和大红峪组。在西部凹陷曙光潜山也揭露高于庄组储层。

大民屯凹陷中—新元古界碳酸盐岩储层岩性以白云岩为主，次为灰质云岩、云质灰岩等，在泥质岩小层中多以夹层或互层形式出现。西部凹陷中—新元古界碳酸盐岩储层可见含砂亮晶鲕粒云岩、含砂亮晶粒屑云岩、含砂粒屑—泥晶云岩等。中—新元古界碳酸盐岩储层的储集空间为裂缝和基质，裂缝包括构造裂缝、层间缝、压溶缝、节理缝、溶蚀缝等，也可见溶洞、粒内溶孔、粒间溶孔。常规物性分析表明，白云岩储层最大基质孔隙度为 4.0%，最小为 0.5%，一般为 0.65%～3.69%。安福屯潜山白云岩最大孔隙度为 1.5%，最小为 0.27%，平均为 0.79%；静北潜山白云岩平均裂缝孔隙度为 0.61%。

四、输导条件

烃源岩生成的油气是通过断裂、不整合面、内幕储层或其组成的复合型输导运移进入基岩的，进入内幕储层以后，内幕裂缝和溶蚀孔洞缝在作为内幕储层的同时，也起着油气运移的作用。根据输导体系类型以及组合类型，将辽河坳陷输导体系分为断裂型、不整合型、内幕储层型以及复合型四种类型[12]。

（一）断裂型输导体系

断裂型输导体系是裂陷盆地最主要的输导体系类型，也是油气垂向运移的最主要通道。其输导能力受到多种因素的影响，包括断裂的活动强度、生长指数、产状、泥岩的涂抹系数、碎裂岩颗粒粒度、两盘的岩性以及对接类型等因素。自印支期开始，辽河坳陷基岩地层经历多次强烈的断裂构造活动，发育多期次、多方向的断裂系统，断裂上盘下降形成烃源区，下盘上升形成潜山，断裂成为油气从烃源岩到潜山储层的重要运移通道（图 4-1-5）。

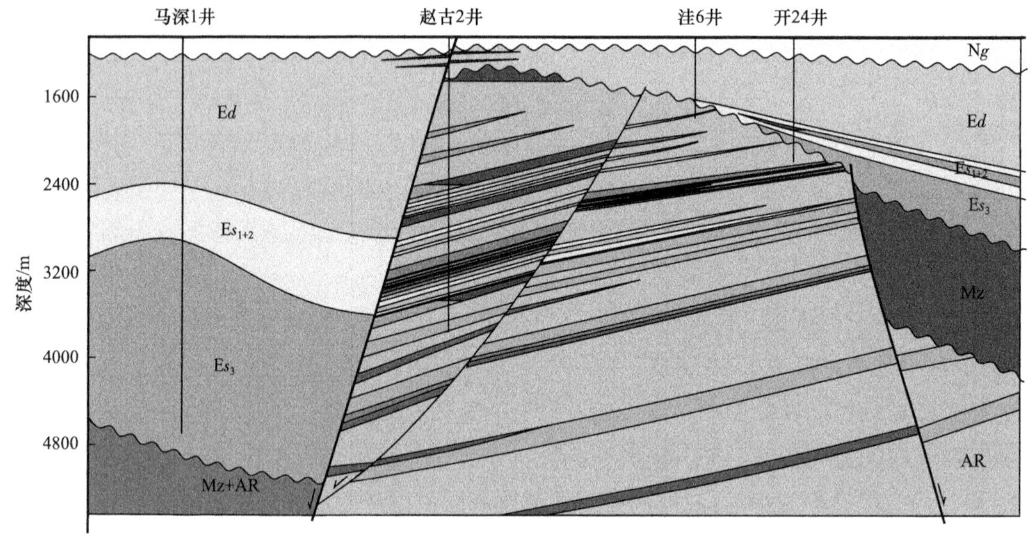

图 4-1-5　断层型输导体系示意图

断裂型输导体系的形成需要具备两方面的条件：一方面是良好的自身特征，如断裂附近裂缝较发育，地层中泥质岩很难对断裂面进行泥岩涂抹作用，断裂多数为多期活动性断裂等这些条件有利于形成高效的断裂型输导体系；二是断裂（尤其是深大断裂）与烃源岩、圈闭等要素的匹配性，如烃源岩的成熟时间与断裂活动相匹配，年轻地层为基岩内幕油气藏的形成起到了封盖作用，这些为断裂型输导体系的时效性提供了条件。

（二）不整合型输导体系

不整合是指因地壳抬升并遭受风化剥蚀，造成上下地层呈不连续接触关系的现象，代表了后期地质作用对前期沉积物不同程度的改造，且形成具有一定孔隙度和渗透率的渗透层。不整合在空间上具有三层结构，分别为不整合上部的底砾岩层、不整合下部的风化黏土层和半风化岩石，其上部的底砾岩层和下部的半风化岩石是不整合型输导体系的重要组成部分。

辽河坳陷受到构造活动和断裂作用，遭受不均等的抬升剥蚀，基岩顶面地层变化大，大面积出露变质岩和碳酸盐岩地层，局部分布碎屑岩和火山岩地层，与上覆新生界呈区域性不整合接触，为不整合型输导体系的形成提供了条件。如西部凹陷西斜坡胜利塘潜山油气藏（图 4-1-6），油气主要通过不整合型输导体系由清水洼陷经过长距离的运移进入潜山，由于受地层水和氧化作用的影响，原油密度最高达到 0.9844g/cm^3，明显高于洼陷边上的齐家潜山油气藏（平均密度为 0.8426g/cm^3）。

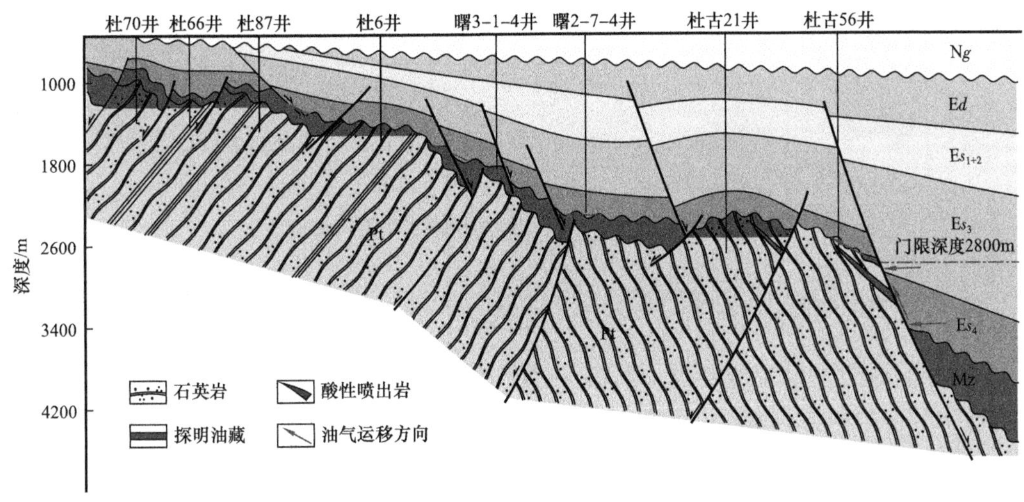

图 4-1-6 胜利塘潜山不整合型输导体系示意图

（三）内幕储层型输导体系

根据内幕储层运移空间的不同，内幕储层型输导体系可以进一步分为变质岩内幕裂缝型和碳酸盐岩内幕溶蚀孔洞缝型两种输导体系。

内幕裂缝型输导体系是变质岩内幕中主要的输导体系。内幕裂缝的发育主要与地层岩性中暗色矿物的含量有关，暗色矿物含量少的岩性表现为脆性，容易发育裂缝，形成裂缝型输导体系，反之，不容易发育裂缝，形成隔层，阻挡油气运移。

由于构造应力作用的变化，辽河坳陷发育高角度裂缝、低角度裂缝和斜交裂缝等类型，这些裂缝在变质岩中呈纵横交错、“藕断丝连”的分布特征，为油气在内幕储层中运移提供输导条件（图 4-1-7）。

（四）复合型输导体系

在油气运移过程中，输导体系不只是单一类型的，往往是两种或者两种以上类型组合的复合型输导体系。受基岩地层的形成和演化历史以及基岩形成后的断裂作用等因素的影响，单一的输导体系在三维空间上相互交叉、叠置、连通构成了复杂的输导体系。如中央凸起潜山带油气输导体系主要是断裂—变质岩内幕裂缝型输导体系、大民屯凹陷平安堡潜山油气输导体系为断裂—碳酸盐岩内幕溶蚀孔洞缝型输导体系。

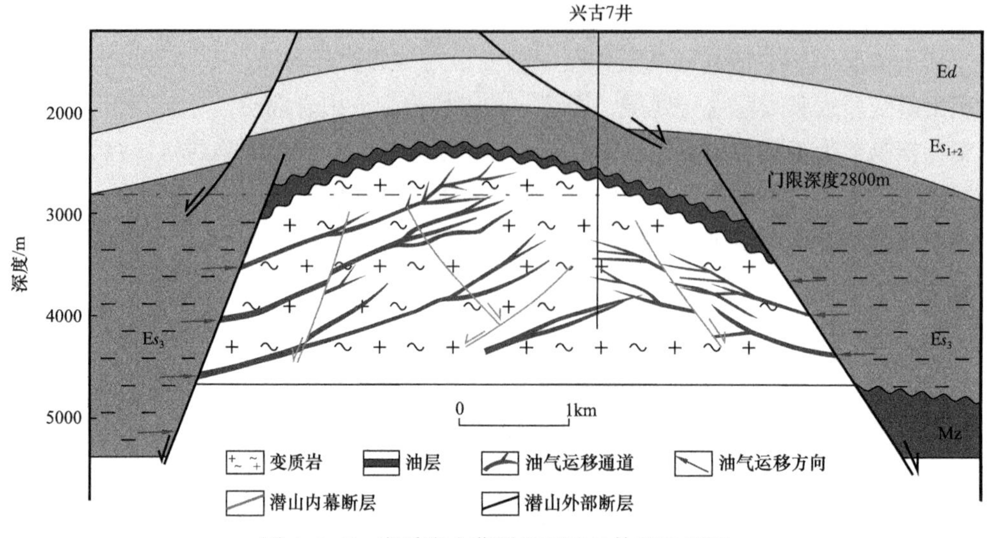

图 4-1-7　变质岩内幕裂缝型输导体系示意图

五、保存条件

保存条件包括垂向上的盖层（隔层）封闭条件和侧向上的断层、非渗透层封挡条件。垂向上的盖层（隔层）封闭包括泥岩盖层物性封闭、泥岩盖层超压封闭、变质岩内幕隔层封闭、碳酸盐岩内幕隔层封闭、高凝油自封闭等；侧向上的断层、非渗透层封挡包括断层封挡、非渗透层封挡。

（一）泥岩盖层物性封闭

沙四段、沙三段的泥岩，遍布整个坳陷的大部分地区，具有厚度大、分布面积广且分布稳定的特点，在作为基岩油气藏主要烃源岩条件的同时，也是基岩油气藏的区域性盖层。

大民屯凹陷沙三段、沙四段泥岩的突破压力测试结果表明，纯泥岩的突破压力最大，粉砂质泥岩的突破压力次之，泥质粉砂岩的突破压力最小。其中纯泥岩的突破压力范围为6.31～11.47MPa，平均为9.17MPa；粉砂质泥岩和泥质粉砂岩的突破压力随埋深有逐渐增大的趋势；在地层埋藏深度超过2700m时，三类岩性的突破压力差别不大。封盖气柱高度的高低和突破压力与埋深的关系具有相似性。纯泥岩的封盖气柱高度最大，在不同埋深基本相近，范围为612～1113m，平均值为889m；粉砂质泥岩的封盖气柱高度次之，泥质粉砂岩的封盖气柱高度最小；在地层埋藏深度超过2700m，三类岩性的封盖气柱高度基本相近。

（二）泥岩盖层超压封闭

作为基岩区域性盖层的厚层泥岩在埋藏压实脱水过程，顶底面附近向储层排水快，较早压实，而且靠近储层容易产生成岩矿物堵塞孔隙，这样就导致中间部位的泥岩排水不畅，形成欠压实带。上覆岩层的一部分负荷加到欠压实带中的孔隙水上，导致孔隙流体产生大于静水柱压力的超压异常。

西部凹陷兴隆台地区沙三段中—上部泥岩盖层累计厚度在300～500m之间，连续厚度在50～200m之间，埋深在1500～3000m之间，平均剩余压力为8.99MPa，最大剩余压力达到17.31MPa，泥岩中的压力系数一般在1.40～1.80之间，高者达1.90，有足够的异常压力封堵油气的向上运移。

大民屯凹陷流体压力计算和模拟结果表明，流体超压系统形成的主封盖面主要有两个：上超压系统的主封盖面（超压第一主封盖面），埋深大致在2000m左右，主要发育于沙三段三亚段内；下超压系统的主封盖面（超压第二主封盖面），埋深大致在3000m左右，主要发育于沙四段内。第一主封盖面主要对沙三段和沙四段内的油气运聚起封盖作用，其封盖能力高于地层内的毛细管封盖能力；第二主封盖面则主要对基岩内的油气起封盖作用，同时也封闭部分沙四段所生成的油气于低部位的基岩中。

（三）变质岩内幕隔层封闭

变质岩地层中的辉绿岩和煌斑岩是侵入成因形成的，矿物组成以暗色矿物为主；角闪岩主要成分为角闪岩和黑云母，暗色矿物含量较多。这些岩性致密，不易发生裂缝，具有良好的封闭能力，成为太古宇内部隔层。

通过对西部凹陷齐家地区基岩地层压力参数进行统计，压力分布范围在18.52～29.24MPa之间，压力系数分布在0.69～1.19之间（表4-1-1），说明基岩内幕不是一个统一的压力系统，而是被内幕隔层分为多个压力系统。变质岩潜山内幕的隔层在纵向上具有明显的分带性，为基岩内幕油藏的形成提供了多套隔层封闭条件，成为变质岩内幕多层油藏形成的主要原因。

表4-1-1 齐古潜山基岩地层压力参数表

井号	深度/m	静压/MPa	压力系数
齐古20	2664～2713	18.52	0.69
齐601	2823～2841	19.68	0.69
齐古7	2636～2803	26.69	0.98
齐古18	2740～2824	28.745	1.03
齐2-20-8	2532～2590	29.24	1.14
齐2-21-7	2407～2410	28.66	1.19

（四）高凝油自封闭

洼陷中生成的原油，运移到基岩储层中以后，沿裂缝逐渐地向上运移，到达一定部位后，随温度的逐渐降低，渐渐凝固，形成封盖层，阻止下部油气的向上运移。大民屯凹陷曹台潜山油藏的原油性质为高凝油，凝固点为42～52℃；埋藏深度浅，顶部埋深为450m，钻遇油藏的埋深为663～2570m。根据测温结果，在埋深650m附近，地层温度约为35℃；在埋深1300m附近，地层温度约为52℃，在该深度以浅，原油处于凝固状态，对该深度以深原油起到封盖作用（图4-1-8）。

（五）断层封闭

对于基岩油气藏来说，断层除作为重要的油气输导体系外，还可对油气起着侧向的封挡作用。

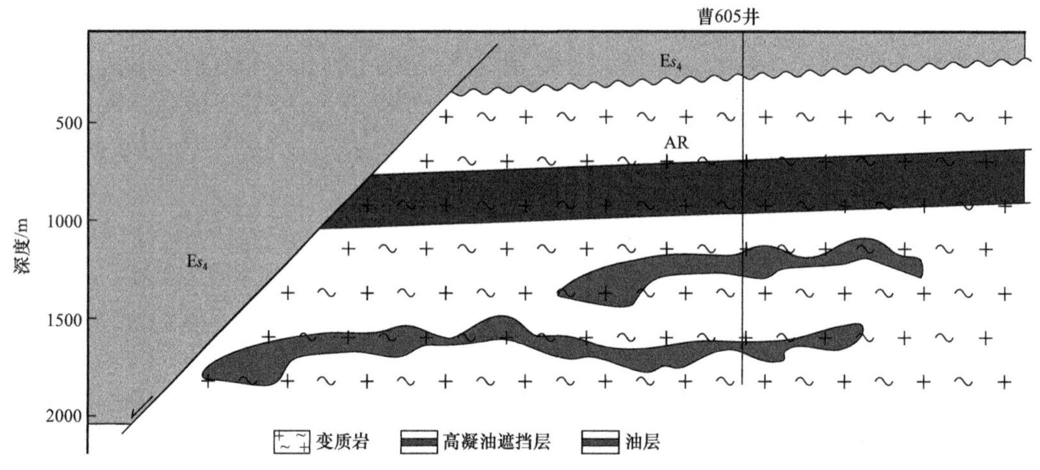

图4-1-8　曹台潜山高凝油自封闭油藏示意图

东部凹陷茨榆坨潜山西侧的茨西断层的平均泥岩涂抹系数（SSF值）介于1.8～2.5之间，小于断层封挡界限值，故沿着茨西断层可以形成较连续的泥岩涂抹带。虽然茨西断层的平均砂泥比为1.05（大于1.0），但由于茨西断层两侧地层产状相反，呈屋脊状，且断层两侧砂岩对接比率为29.1%，因此，茨西断层对油气的侧向运移起封挡作用。在茨西断层西侧未见到好的油气显示就证实了这一点。

总之，上述良好的烃源岩条件、构造条件、储集条件、油气输导条件以及保存条件，为辽河坳陷基岩油气藏的形成和富集奠定了基础。

第二节　基岩油气藏类型及成藏模式

一、分类方法概述

1984年中国石油学会石油地质专业委员会在承德举办基岩油气藏专门研讨会。会上，陈发景等提出根据基底结构、基岩岩性和圈闭类型对基岩油气藏进行划分（表4-2-1）；根据基底结构分为结晶基基岩油气藏和不整合面之下沉积盖层基岩油气藏，然后再根据是否为潜山进一步分为潜山油气藏和非潜山油气藏。这个分类是国内最早的关于基岩油气藏的分类[13]。

表 4-2-1 基岩油藏类型划分表

<table>
<tr><th>大类</th><th colspan="2">亚类</th></tr>
<tr><td rowspan="2">结晶基岩油藏</td><td colspan="2">潜山基岩油藏</td></tr>
<tr><td colspan="2">非潜山基岩油藏（构造裂缝油藏）</td></tr>
<tr><td rowspan="2">不整合面下沉积盖层“基岩”油藏</td><td>潜山油藏</td><td>碳酸盐岩油气藏、碎屑岩油气藏、火山岩油气藏</td></tr>
<tr><td>非潜山油藏</td><td>不整合油气藏、地层油气藏、断层油气藏、构造裂缝油气藏</td></tr>
</table>

潜山油气藏的分类方案比较多，不同学者从不同角度提出了多种分类方案。按照古地貌分类，将不整合面之下的古地貌油气藏分为直接古地貌油气藏和间接古地貌油气藏。唐智等最早将潜山油气藏分为块状潜山油气藏、层状潜山油气藏、不规则状潜山油气藏、混合状潜山油气藏[14]。《潜山油气藏》是对中国潜山油气藏论述最早、最系统的，书中根据油藏几何形状、油藏分布位置、储层岩性等对潜山油气藏进行分类（表 4-2-2）[15]：依据油藏几何形状分为块状底水潜山油藏、层状边水潜山油藏、不规则状边—底水潜山油藏；依据潜山油气藏所处的位置分为沿潜山不整合面分布的和隐藏在潜山内幕的两类，前者包括山头油藏和山坡油藏，后者分为山头内、断壁内、倾向坡内和山腹内等内幕油气藏；按储集层岩性分为变质岩潜山油气藏、碎屑岩潜山油气藏和碳酸盐岩潜山油气藏；该书也最早涉及潜山内幕油气藏特征。童晓光在圈闭类型的基础上，结合储集层岩石类型，将基岩油气藏划分为九种类型：碳酸盐岩体不整合油藏、变质岩体不整合油藏、火山岩体不整合油藏、碎屑岩不整合油藏、渗透性和非渗透性互层不整合油藏、不整合—裂缝性油藏、碳酸盐岩断块油藏、碎屑岩断块油藏和火山岩断块油藏[16]。

随着潜山勘探对象的拓展，不少学者根据潜山位置和潜山成藏条件对潜山油气藏进行了划分；例如，李晓光等根据潜山的高低位置和幅度分为高潜山油藏、低潜山油藏以及隐伏潜山油气藏[17]；陈振岩根据烃源岩与潜山接触关系，划分为“源上山”型潜山油气藏、“源下山”型潜山油气藏和“对接山”型潜山油气藏[18]。地震勘探技术的提高，使人们对潜山内幕有了深入的理解，因此对内幕油气藏也提出了进一步的细类。如，李丕龙等按照济阳坳陷潜山的成因类型，划分为内幕单斜块断山、内幕单斜断块山、内幕单斜滑脱山、内幕褶皱块断山、内幕褶皱断块山、内幕褶皱滑脱山、内幕单斜残丘山和内幕褶皱残丘山八种油气藏类型[19]。赵贤正等结合冀中坳陷的潜山构造演化和内幕油气藏的成藏条件，分为断阶—断块型、断脊—断块型、残丘—断块型和残丘型四种内幕油气藏[20]。这些都是依据潜山的成因类型而进行的划分。从油气藏成因角度，潜山内幕油气藏也存在断层油气藏和地层岩性油气藏等多种油气藏类型[21]。

表 4-2-2　渤海湾盆地油气藏分类表

形态＼位置	沿潜山不整合面分布		位于潜山内幕			
	山头	山坡	山头内	断壁内	倾向坡内	山腹内
块状	山头块状油藏	山坡块状油藏		断壁内块状油藏		山腹块状油藏
层状		山坡层状油藏	山头内层状油藏	断壁内层状油藏	倾向坡内层状油藏	山腹层状油藏
不规则状	山头不规则状油藏	山坡不规则状油藏		断壁内不规则状油藏		

近些年，随着辽河油田对潜山油气藏勘探的全面展开，一批以小型潜山为勘探目标的探井先后取得成功，研究发现这些小型潜山并不具备明显的山形特点，即不是所谓的“山”，却形成了油气藏，于是提出了基岩块体油气藏的概念，以区别具有山形的潜山油气藏。可以按照是否具有山形将基岩油气藏划分为基岩潜山油气藏和基岩块体油气藏。由此可见，基岩油气藏的内涵是随着潜山油气藏勘探而不断丰富和发展的。

二、基岩油气藏类型及成藏模式

（一）形态特征分类

基岩油气藏的几何形态主要由盖层、圈闭和断裂发育情况决定，可以分为块状油气藏、层状油气藏和不规则状油气藏。

1. 块状油气藏

块状油气藏指油气展布不受储层（结构）界限控制的油气藏，储层厚度较大。块状油气藏主要是早期断裂形成的基岩断块，按照断块形态可进一步分为单面山形、地垒形、断背形等多种类型。这种类型油气藏一般位于基岩顶部，储集空间主要包括裂缝和次生溶蚀孔洞，在基岩内幕也有发现。辽河坳陷大多数基岩油气藏属于此类型，如静北潜山油气藏、东胜堡潜山油气藏、齐家潜山油气藏、法哈牛潜山油气藏等。

2. 层状油气藏

层状油气藏指油气展布受层状地层结构控制的油气藏，由碳酸盐岩中内部泥质隔层或变质岩中暗色矿物含量多的隔层封堵作用而形成基岩层状圈闭，如平安堡元古界潜山。

3. 不规则状油气藏

不规则状油气藏的储层发育裂隙，储层形态不规则。其多分布于长期断裂、晚期断裂所形成的基岩断块，如海外河基岩油气藏。

（二）圈闭成因类型分类

根据基岩圈闭成因的不同，可以分为不整合圈闭、断层圈闭、不整合—断层圈闭、不整合—隔层圈闭、内幕圈闭五种类型油气藏。

1. 不整合圈闭油气藏

不整合面及其上覆非渗透盖层是圈闭形成的唯一因素。不整合面以下的基岩表面具有潜山形态，即具有正向的构造或侵蚀地貌。如西部凹陷杜家台潜山（图 4-2-1）。

2. 断层圈闭油气藏

早期不具备正向构造特征，晚期受到构造作用的控制形成凸起的地貌，形成断层圈闭油气藏。如大民屯凹陷曹台潜山。

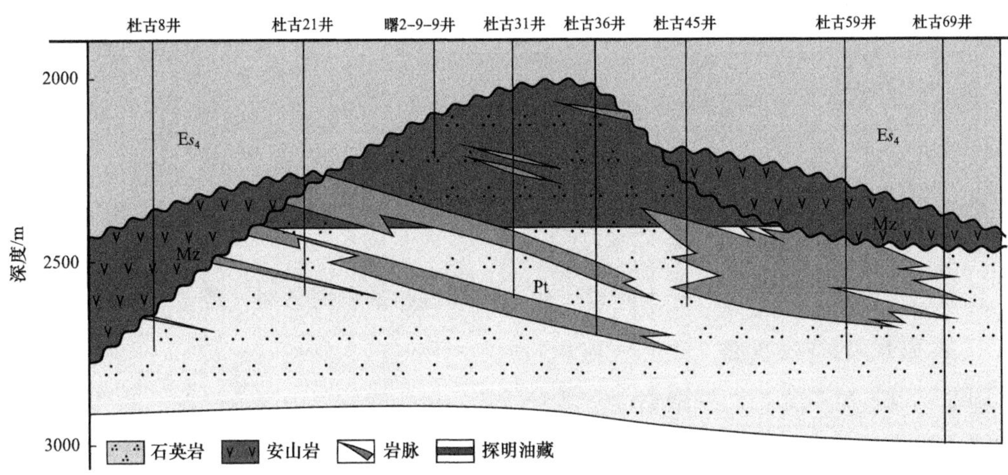

图 4-2-1　杜家台潜山油藏剖面图

3. 不整合—断层圈闭油气藏

圈闭的一侧受断层控制，另一侧和顶部为不整合面，且断层另一盘和不整合面的上覆层均为非渗透性地层。如西部凹陷齐家潜山，其西侧受齐家西断层的控制作用，形成不整合—断层圈闭油气藏，如兴隆台潜山风化壳油气藏（图 4-2-2）。

4. 不整合—隔层圈闭油气藏

这种圈闭存在于基岩为渗透性和非渗透性地层间互组成的地层组合中，它的存在与基岩表面形态无关，可以发育在潜山山顶、山坡、甚至山谷部位。基岩倾向与顶部不整合面的倾向可以一致，也可以相反。不整合之上为非渗透地层。如曙光潜山，碳酸盐岩地层中的泥质含量具有旋回性，泥质含量少的岩层为内幕储层，含量多的为隔层，油气沿着不整合面运移，进入泥质含量少的储层中，形成不整合—隔层圈闭油气藏。

5. 内幕圈闭油气藏

由于基岩地层内幕裂缝发育程度的差别，或内幕泥质含量的不同而导致基岩地层储集性能发生变化，地层由渗透性变为非渗透性，从而形成内幕圈闭。如西部凹陷兴隆台地区基岩油气藏，地层中的黑云母斜长片麻岩和中酸性的火山岩岩脉为内幕储层，煌斑岩为隔层，组成内幕储盖（隔）组合，聚集油气藏而形成内幕圈闭油气藏（图 4-2-2）。

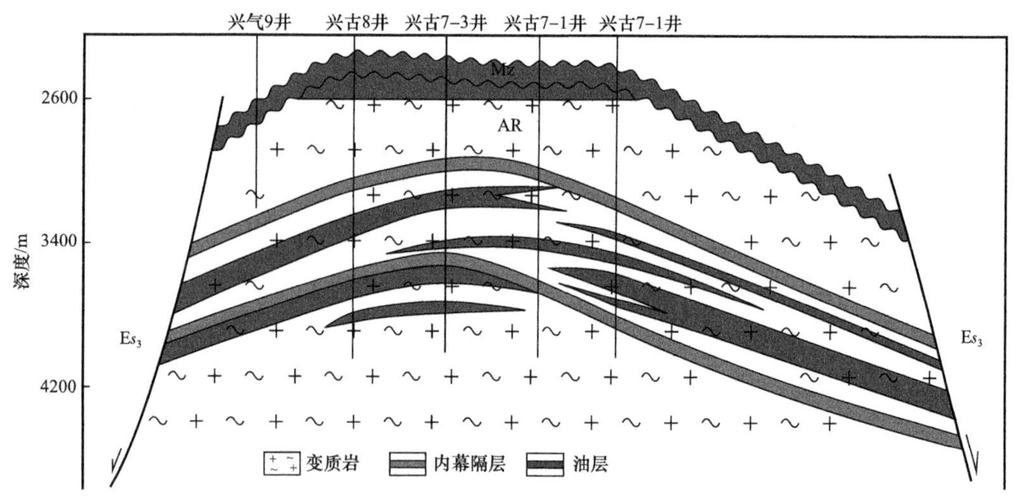

图 4-2-2　兴隆台地区基岩内幕油气藏剖面图

（三）油气成藏部位分类

依据潜山油气成藏部位可分为基岩风化壳油气藏和基岩内幕油气藏。

1. 基岩风化壳油气藏

基岩风化壳油气藏指油气聚集位于基岩顶部的风化壳储层中的油气藏。油气主要沿基岩顶部不整合面或断层运移到风化壳之中聚集成藏。圈闭要素和封闭方式比较单一，储集空间主要为次生溶蚀孔隙、溶洞、裂缝等复杂网络系统。

无论是变质岩或碳酸盐岩，风化壳型油气藏都是重要的基岩油气藏类型。太古宙、元古宙或古生代，早期经历了构造抬升、褶皱挤压、断裂运动以及块体翘倾等多个复杂运动过程，加上晚期大气降水的淋滤、溶蚀等作用，储层发育构造裂缝、溶蚀孔洞等多种类型的储集空间，使得基岩顶部具有极好的储集条件；受到上部不整合面以及侧翼断层的遮挡，形成多种类型的圈闭条件；基岩顶部的低势能与烃源岩高势能形成明显的势能差，基岩顶部成为有利的油气运移指向区，最终形成风化壳型（山头型）基岩油气藏。这类基岩油气藏是辽河坳陷乃至整个渤海湾盆地发现的重要类型，如辽河坳陷西部凹陷齐家潜山油气藏、牛心坨潜山油气藏和大民屯凹陷法哈牛潜山油气藏、曹台潜山油气藏等。

2. 基岩内幕油气藏

基岩内幕油气藏指在基岩风化壳以下若干深度，由非渗透层将内部储层与顶部风化壳型储层隔开而形成的油气藏。变质岩内幕隔层的岩性往往由暗色矿物含量多的矿物组成，如兴隆台太古宇变质岩潜山带为裂缝型储层。由于内幕隔层的存在，潜山内幕油气藏具有网状裂缝系统的块状特征。碳酸盐岩内幕隔层是泥质含量较多的地层，储层以裂缝和溶蚀孔洞为主要储集空间，此类油气藏主要受控于基岩内部储层与隔层的配置关系；如大民屯凹陷安福屯潜山，中—新元古界形成的白云岩为储层，以溶蚀孔洞缝为主要储集空间，而泥质页岩及泥灰岩为基岩内幕的隔层，形成了油水界面高度不同的各自独立的基岩内幕油气藏。

根据基岩岩性以及储集空间的不同，基岩内幕型油气藏可分为变质岩内幕型和碳酸盐岩内幕型油气藏两种类型。

1）变质岩内幕型油气藏

受构造运动和岩石中暗色矿物的控制，变质岩内幕发育不均一的裂缝，并形成纵横交错的裂缝系统，使得变质岩内幕具有块状网络的特点，加上内幕隔层的遮挡作用，便形成了变质岩内幕油气藏。

西部凹陷兴隆台潜山是变质岩内幕油气藏的典型代表。兴隆台潜山被多个洼陷所包围，属于受断层改造作用而形成的地貌山，是典型的“洼中隆”。油源主要来自清水洼陷和陈家洼陷，在台安—大洼断层、兴西断层、马南断层等断层的作用下，供油窗口最大可超过4000m；基岩储层属于中酸性火山岩，岩性为角闪岩；生烃洼陷直接与兴隆台潜山接触，生成的油气在异常高压和浮力作用下，进入潜山内幕储层中，由于基岩内幕隔层的遮挡，油气在内幕中聚集，形成变质岩内幕油气藏。

2）碳酸盐岩内幕型油气富集模式

在构造活动和沉积特征相同的背景下，碳酸盐岩内幕油气藏的油气富集主要受岩性中的泥质含量控制。白云岩和石灰岩在构造活动下容易产生裂缝，再加上后期成岩作用的影响，容易形成裂缝—溶孔型储集空间，有利于油气富集；而泥质岩类不容易受地层水的侵蚀和构造运动的影响，不发育裂缝及溶蚀孔洞，所以泥质岩类能够起到遮挡油气的运移的作用，与碳酸盐岩储层形成内幕圈闭，最终形成裂缝—溶孔型碳酸盐岩内幕油气藏。

安福屯碳酸盐岩潜山位于大民屯凹陷西部潜山带的中段，主要为白云岩类和泥质岩类，属于浅海—较深海沉积环境，为一套泥岩、碳酸盐岩、石英岩交互的地层。白云岩类在地层水的溶蚀作用下形成溶蚀孔洞，具有良好的储集作用，再加上构造活动形成的裂缝系统连通溶蚀孔洞，最终形成良好的裂缝—溶蚀孔洞型储集空间；泥质岩类作为内幕隔层，遮挡油气的纵向运移。于是，在白云岩和泥质岩类的这种互层交错地层中，形成了碳酸盐岩内幕裂缝—溶蚀孔洞型油气藏。

（四）烃源岩与储集层空间关系分类

“新生古储”型成藏是基岩油气藏的特点。烃源岩与基岩储层之间关系的复杂性，形成了基岩油气藏形成模式的多样性。

依据烃源岩和潜山储层的位置关系，基岩油气藏可分为源内型、源边型和源外型三种类型。

1. 源内型基岩油气藏

源内型基岩油气藏是指基岩被一定范围的烃源岩覆盖，烃源岩生成的油气通过异常高压垂向向下倒灌进入基岩中而形成油气藏。该模式适合于埋藏深、幅度较低的基岩油气藏。对于埋深较大的基岩，覆盖其上的沙三段、沙四段烃源岩多已成熟，在二者中间没有致密遮挡层的情况下，油气在异常压力的驱使下直接向下运移，进入基岩储层中形成油气藏。一般来讲，该类油气藏油源充足，烃源岩层同时具备盖层作用，保存条件优越，油气藏的形成主要取决于基岩储层的发育情况。

源内型基岩潜山油气成藏模式的典型代表是西部凹陷曙光低潜山带的曙125基岩油气藏。该潜山潜山早期为中生代燕山期断块活动形成的古地貌孤立山，晚期受古近纪喜马拉雅运动块断活动的进一步改造，最终形成残丘山。其储层岩性主要为石灰岩、白云岩和石英岩，潜山顶部直接与沙四段烃源岩接触，而且该烃源岩已经达到生烃门限，同时既作为烃源岩层又作为良好的盖层；油气来源主要为盘山洼陷沙四段烃源岩，还有部分为清水洼陷生成的油气；其运聚方式主要为顶部油气在异常高压作用下向下运移，最终形成曙125基岩油气藏。

该类型的基岩油气藏埋藏深度大，埋深超过生烃门限，具有地层压力低、能够优先聚集油气的特点；源内型基岩油气藏在辽河坳陷广泛存在，也是基岩勘探的主要领域。西部凹陷曙103潜山、大民屯凹陷安福屯南部及静安堡—静北潜山东侧断槽、东胜堡潜山和胜西潜山等油气藏均属此类。

2. 源边型基岩油气藏

源边型基岩油气藏是指烃源岩与基岩通过大断面或者不整合面侧向接触，烃源岩生成的油气顺着断面或者不整合面进入基岩储层中而形成油气藏。一般来说，该类型的基岩块体或潜山位于生油洼陷周边，紧邻生烃洼陷，埋藏深度适中，是油气运移的主要指向，有利于油气的聚集。辽河坳陷已发现的油气藏大多数属于该类型；如西部凹陷的齐家潜山油气藏、兴隆台潜山油气藏、中央凸起的赵古潜山油气藏、大民屯凹陷的法哈牛潜山油气藏等。

西部凹陷西斜坡齐家潜山油气藏属于典型的源边型基岩油气藏。齐家潜山位于西斜坡的较低部位，属于古近纪形成的断块—侵蚀型潜山；储层岩性主要为混合花岗岩和黑云母斜长片麻岩，内部发育多期次的裂缝系统；沙四段泥岩直接覆盖其上，侧翼沉积中生界玄武岩；受断裂活动影响，侧翼直接与清水洼陷的沙四段烃源岩接触；沙三段沉积晚期，沙四段烃源岩已经达到生烃门限，供烃窗口超过2000m，油气在浮力的作用下，或通过断层输导运移到基岩顶部，或直接穿过断面运移到基岩储层，再沿着内幕断裂以及裂缝发育带向高部位运移，最终形成齐家变质岩潜山油气藏（图4-2-3）。另外，中央凸起赵古2井潜山油气藏和冷124潜山油气藏也属于典型的源边型基岩油气藏。

3. 源外型基岩油气藏

源外型基岩油气藏是指基岩与烃源岩存在一定距离，油气需要输导体系通过一定距离的运移而形成基岩油气藏。这类油气藏，烃源岩和储层是分离的，来自生烃洼陷的油气或通过不整合输导，或通过断层—不整合组合输导运移到基岩储层，形成远离生烃洼陷的基岩油气藏。该类型的基岩潜山一般位于较高部位。如西部凹陷胜利塘潜山、东部凹陷茨榆坨潜山、大民屯凹陷前进潜山和曹台潜山等。

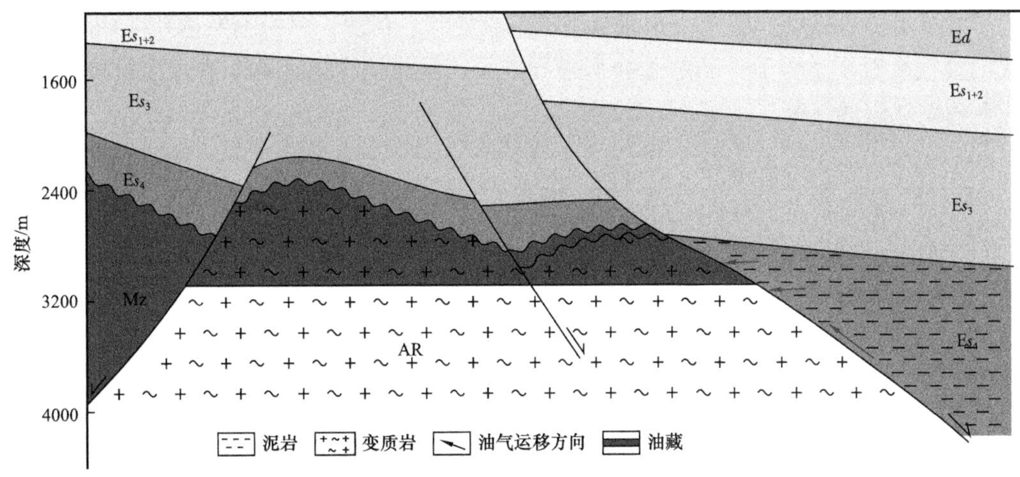

图 4-2-3 齐家潜山源边型油气成藏模式图

根据油气运移输导体系的不同，可以分为不整合输导型基岩油气藏和断层—不整合输导型基岩油气藏两种类型。

1）不整合输导型基岩油气藏

曙光中潜山油气藏是不整合输导型成藏的典型代表。曙光中潜山为西斜坡中部的潜山，其生烃洼陷主要有陈家洼陷和清水洼陷，曙光中潜山与两生烃洼陷的距离超过 10km。从沙二段沉积时期开始，油气从陈家洼陷和清水洼陷通过不整合面进行长距离运移至中—新元古界的碳酸盐岩储层中，在古近系沙三段泥岩盖层的遮盖下形成曙光中潜山块状油藏，其储集空间主要为溶蚀孔隙、溶洞和构造裂缝（图 4-2-4）。

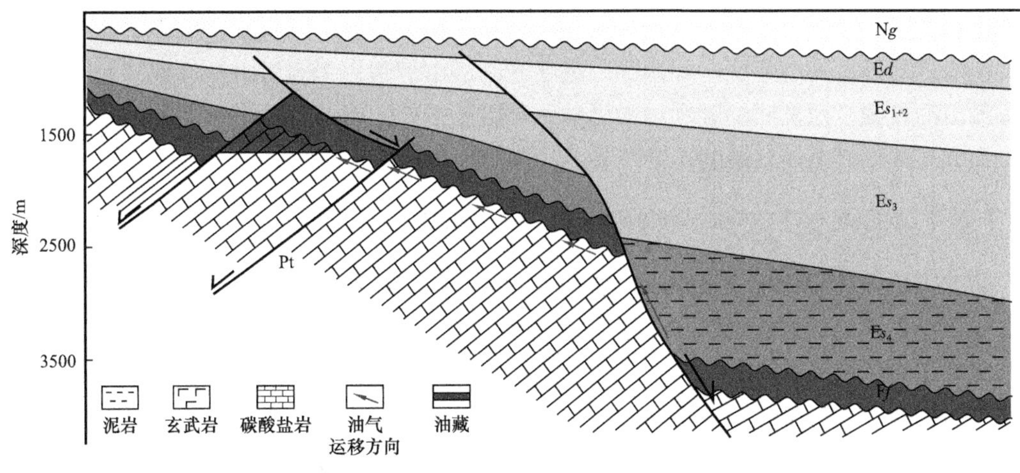

图 4-2-4 曙光中潜山不整合输导型基岩油气藏成藏模式图

2）断层—不整合输导型基岩油气藏

东部凹陷茨榆坨变质岩潜山油气藏为断层—不整合输导型成藏（图 4-2-5）。茨榆坨潜山位于东部凹陷中部，圈闭受茨西断层的控制，为油气运移的有利指向区；其油气烃源岩为牛居—长滩洼陷沙三段烃源岩，储层岩性主要为变质岩，盖层为上覆房身泡组火山

岩，二者呈不整合接触。牛居—长滩洼陷沙三段烃源岩在沙三沉积晚期达到生烃门限，其生成的油气沿着不整合面—断层复合型输导体系，通过长距离运移，进入变质岩储层中，形成茨榆坨基岩油气藏。

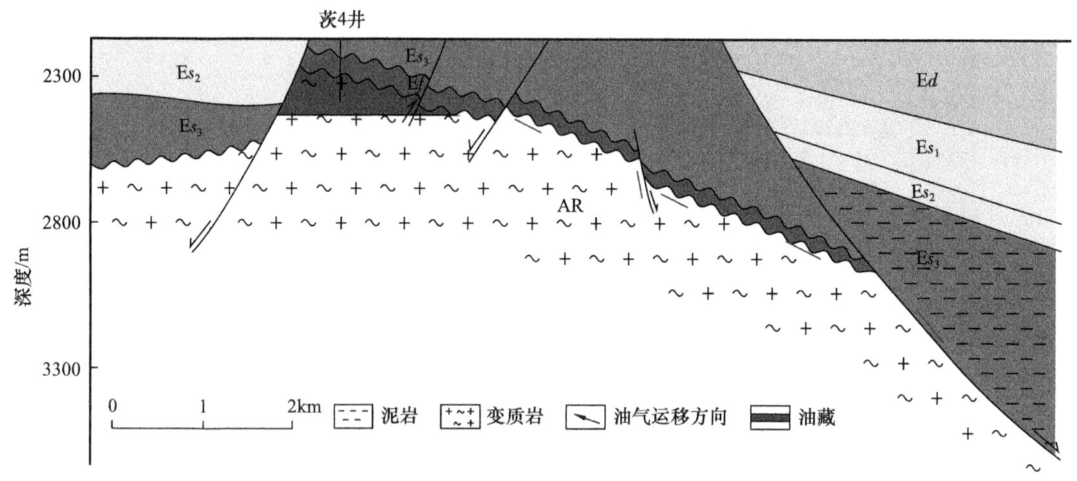

图 4-2-5　茨榆坨潜山断层—不整合输导型基岩油气藏成藏模式图

基岩圈闭与烃源岩没有直接接触，油气通过断裂系统或者不整合面侧向长距离运移后，聚集于基岩圈闭中形成基岩油气藏。对于辽河坳陷而言，由古地貌山及西掉正断层与古地貌山共同形成的单面山，即为此类潜山的典型代表。由于区域构造的多期性和复杂性，辽河坳陷形成了包括太古宇、元古宇、古生界、中生界和古近系之间的多个不整合面，且具有形成时间长、分布广、延伸远等典型特征。当不整合面与连通烃源岩的深大断裂或微幅度断层接触时，油气可进行长距离运移并在基岩潜山中成藏，运移距离可以达到生烃洼陷之外较远的凸起区。如西部凹陷曙光高潜山带曙古 158 潜山油气藏、大民屯凹陷前进潜山油气藏、西部凹陷胜利塘潜山油气藏以及东部凹陷茨榆坨潜山带茨 4 潜山油气藏等，均为源外型潜山油气藏的典型代表。

（五）不同构造样式与源岩接触关系的分类

综合研究认为，在基岩潜山源—储耦合的每一个接触点，油气充注压力应垂直于接触面，是沿各类断面、不整合面综合运移动力的一个垂直分量。而该垂直分量的大小、潜山捕获油气的能力直接受断裂性质、倾向、倾角、活动指数和地层倾角的多重控制。依据潜山不同构造样式及其与源岩接触关系，对潜山油气藏进行分类。

1. 在烃源岩封闭系统中，发育两期断裂夹持的中央型潜山油气藏

该类潜山断裂分期明显，晚期断裂未破坏早期潜山成藏，在深层超压背景作用下，油气通过断面及多期不整合面，对中央潜山形成不间断连续充注。如大民屯静安堡潜山两翼在走滑挤压应力背景下，形成油气垂向运移倒灌（图 4-2-6），该类潜山整体油气较为富集，资源量占潜山总资源的 52%；西部凹陷的兴隆台潜山，也存在上下两期断裂系统，形成了潜山与古近系油气均富集的复式油气聚集系统。

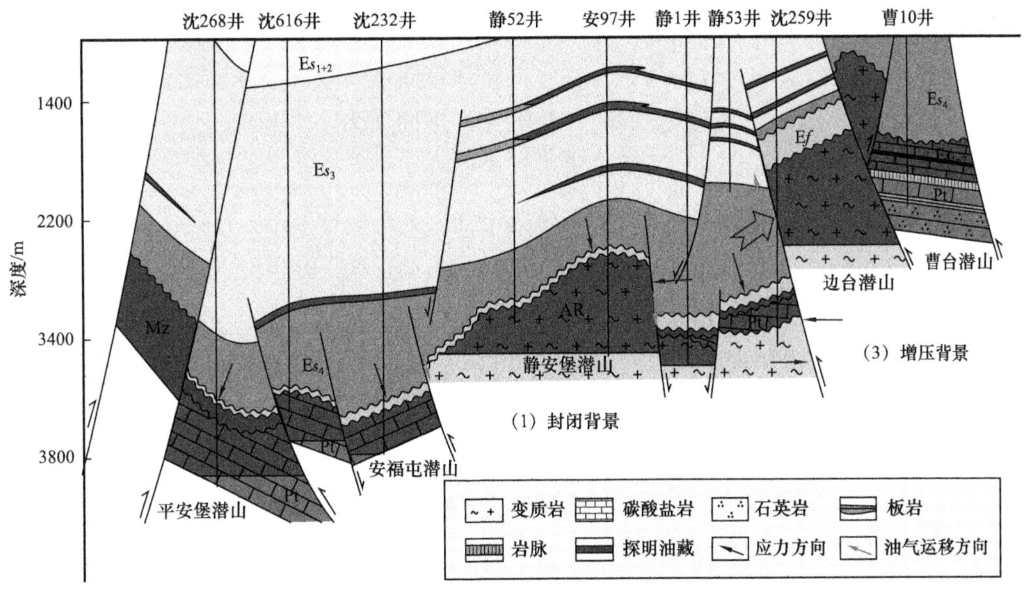

图 4-2-6　大民屯凹陷静安堡潜山油气藏成藏模式图

2. 在烃源岩半封闭环境中，发育拉张背景下的斜坡型潜山油气藏

该类潜山油气分布范围广，油气通过油源断层、不整合面以及储集体大范围、远距离、多层系运移，但是由于潜山盖层条件较好，晚期圈闭未遭受破坏，因此，形成了局部油气丰度较高的斜坡型潜山油藏。其中，直接与烃源岩接触的低位潜山较为有利。如西部凹陷的曙光潜山带（图 4-2-7），潜山受构造样式影响，发育了低、中、高三个潜山带，潜山油气运移距离大于 17km，中、高潜山带存在局部油气富集区。

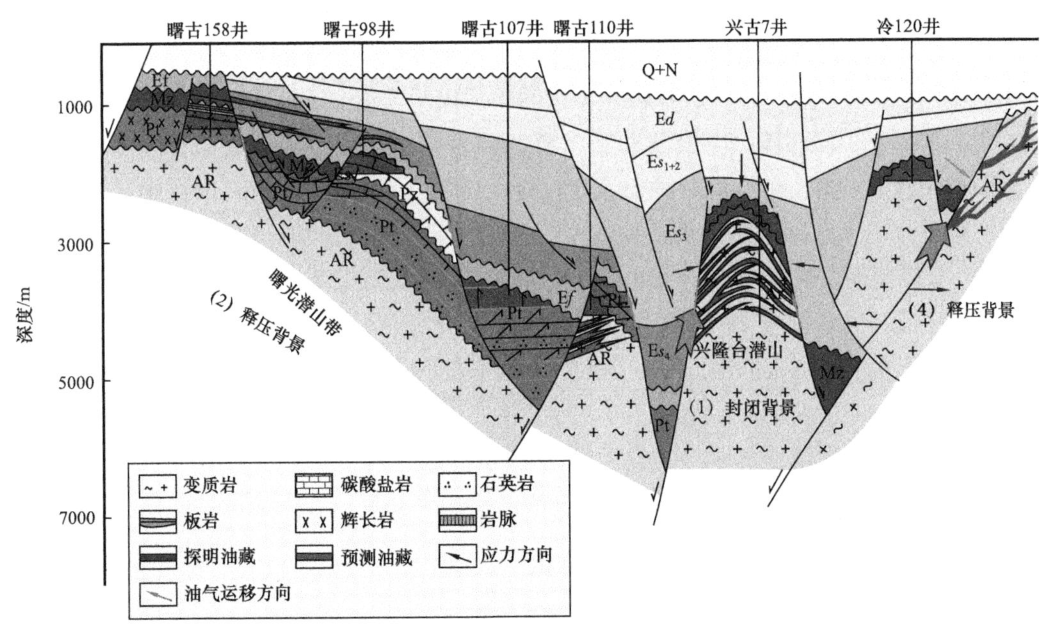

图 4-2-7　西部凹陷潜山油气藏成藏模式图

3. 在走滑挤压应力环境下，发育陡坡带的源边型潜山油气藏

该类潜山由于构造应力较为集中，在走滑挤压背景下，块体挤压作用强烈，有利于潜山储层改造，易于形成构造裂缝。同时，油气充注纵向压力小，侧向压力分量大，在应力作用下有利于潜山圈闭捕获油气聚集成藏（图 4-2-6）。

4. 在走滑拉张应力环境下，发育陡坡带的源边型潜山油气藏

该类潜山受构造运动影响，基岩块体整体拉张，应力较为分散，潜山裂缝的形成条件较差。同时，由于油气充注的纵向压力大，侧向压力分量小，不利于潜山捕获油气，因此，该类潜山的油气富集程度较低（图 4-2-7）。不仅如此，受晚期断裂持续活动的影响，深层油气藏保存条件也较差，中—浅层易形成稠油油藏。

第三节　基岩油气藏分布特点

辽河坳陷基岩油气藏平面分布具有广泛性和不均衡性的特点，纵向分布具有多层次和多样性的特点，而且主要聚集在靠近富生烃洼陷的深大断裂附近[22-23]。

一、平面分布具有广泛性和不均衡性的特点

辽河坳陷是中—新生代板块构造和古生代槽台构造迭加的结果，二者正向迭合部分形成了九个大的潜山带，即：分布在大民屯凹陷内的西部潜山带、东胜堡—静安堡潜山带、法哈牛—边台潜山带，分布在西部凹陷内的西斜坡潜山带、兴隆台—双台子潜山带、牛心坨潜山带，中央凸起—月东潜山带；分布在东部凹陷内的茨榆坨潜山带、头台子—燕南潜山带。截至目前除了头台子—燕南潜山带没有发现基岩油藏，其他潜山带均已发现基岩油藏。基岩油藏在辽河坳陷呈现从南东北，从东到西广泛分布的特点。但是各潜山带油藏的富集程度又有明显差异。从各凹陷单位面积的储量丰度来看，大民屯凹陷的潜山油气最富集，其次为西部凹陷，中央凸起和东部凹陷目前发现的潜山油藏储量还很有限。大民屯凹陷内的三个潜山带探明地质储量 18249×10^4t，西部凹陷内的三个潜山带探明地质储量 24376×10^4t，东部凹陷内的茨榆坨潜山带探明地质储量 137×10^4t，中央凸起—月东潜山带上报控制地质储量 4558×10^4t。从基岩油藏平面分布来看，油藏明显呈现环生油洼陷富集的特征。对辽河坳陷而言，古近系沙三段、沙四段暗色泥岩是各洼陷的主要生油岩，泥岩纯且厚，因此通常都具有较高的异常流体压力，沙四段超压层最大压力系数可达 1.7MP，广泛分布的地层超压是油气向下持续注入到潜山内部的主要动力来源，潜山是接受油气运移和聚集的最佳场所。因此生油洼陷内或临近生油洼陷的潜山油气源十分充足，有利于潜山成藏。距离生油洼陷的远近是造成各潜山带油气分布不均衡性的根本原因。

（一）大民屯凹陷基岩油藏平面分布

大民屯凹陷发育三个呈北东向展布的潜山带，这三个潜山带由 10 个潜山组成。除了

位于大民屯凹陷最北端的白辛台潜山（属于法哈牛—边台潜山带），其他潜山都已发现大规模的基岩油藏，大民屯凹陷主要发育元古宇和太古宇两种基岩油藏，中生界油藏仅在局部地区分布。西部潜山带的静北、安福屯、平安堡潜山发育元古宇基岩油藏；位于西部潜山带最南边的前进潜山、东胜堡—静安堡潜山带（东胜堡、静安堡潜山）、法哈牛—边台潜山带（曹台、边台、法哈牛潜山）发育太古宇基岩油藏。基岩油藏平面分布具有东西分带的特点，大民屯凹陷的东部发育元古宇基岩油藏，西部发育太古宇变质岩基岩油藏，这种分带性是由于构成大民屯基岩地层的年代差异造成的。

（二）西部凹陷基岩油藏平面分布

西部凹陷潜山由西斜坡潜山带（包括高升潜山、曙光潜山、杜家台潜山、齐家潜山、欢喜岭潜山、笔架岭潜山、葫芦岛潜山）、兴隆台潜山带、牛心坨潜山带（宋家潜山、牛心坨潜山）十个潜山组成，发育太古宇、元古宇和中生界三种基岩油藏，各潜山基岩油藏的发育以及富集程度差异明显。兴隆台潜山带是辽河凹陷油气最富集的潜山，发育中生界油藏和太古宇变质岩基岩油藏两种基岩油藏，累计上报探明地质储量 1.27×10^8t。西斜坡潜山带的齐家和欢喜岭潜山发育中生界基岩油藏（累计上报探明地质储量 511.00×10^4t）和太古宇基岩油藏，累计上报探明地质储量 1485.00×10^4t。曙古和杜家台潜山发育中—新元古界基岩油藏和古生界基岩油藏，累计上报探明地质储量 6210×10^4t。牛心坨潜山带的牛心坨潜山发育太古宇和中生界两种基岩油藏，累计上报探明地质储量 1385×10^4t。西斜坡潜山带的高升潜山、笔架岭潜山、葫芦岛潜山以及牛心坨潜山带的宋家潜山目前还没有获得油气发现。

（三）中央凸起潜山带

中央凸起潜山带由雷家潜山、冷家潜山、赵家潜山、大洼潜山、海外河潜山、海南潜山、月东潜山七个潜山组成。目前只在赵家和大洼发现太古宇变质岩基岩油藏，上报控制地质储量 4558×10^4t。大洼地区中生界油藏也探明了一定数量的基岩油气藏。

二、纵向分布具有多层次和多样性的特点

辽河坳陷基底为由太古宇、元古宇、古生界、中生界组成的多元结构，纵向上具有太古宇 + 元古宇 + 古生界 + 中生界、太古宇 + 古生界 + 中生界、太古宇 + 元古宇、太古宇 + 中生界、太古宇等多种组合形式，发育变质岩型和沉积岩型两大储集岩类。中生界、古生界、元古宇、太古宇均有储量发现。其中，中生界累计探明面积 40.27km^2，探明地质储量 3561.77×10^4t，占比 8.33%；元古宇和古生界累计探明面积 70.33km^2，探明地质储量 12163.22×10^4t，占比 28.44%；太古宇累计探明面积 196.72km^2，探明地质储量 27037.52×10^4t，占比 63.23%。上述数据表明基岩的不同层位油气富集程度有明显差异，太古宇油藏最富集。从下至上各层位的详细分布特征如下。

（一）太古宇油气藏分布特征

太古宇油气藏主要为变质岩油气藏，在辽河坳陷西部凹陷、东部凹陷、大民屯凹陷和中央凸起均有发现，是辽河坳陷分布最广泛的、储量占比最多的基岩油气藏。

1. 西部凹陷油气藏分布

西部凹陷太古宇变质岩油气藏分布广泛，包括欢喜岭潜山、齐家潜山、牛心坨潜山、兴隆台潜山带（兴隆台潜山、马圈子潜山、陈家潜山）、冷家潜山等基岩油气藏。由潜山顶部开始向下分布有变质岩顶部和变质岩内部两种油气藏类型。

变质岩顶部油气藏主要分布在潜山顶部 5～200m 的表层风化壳或基岩顶部不整合面。太古宇变质岩表层风化带为储集体，与其上超覆的古近系形成圈闭。油气层受风化带发育程度的控制，这种基岩油气藏具有比较统一的油水界面或油干界面。如西部凹陷西斜坡齐家潜山、欢喜岭潜山、牛心坨潜山以及冷家潜山等油气藏。齐家潜山西侧为一条北东走向西掉正断层控制，呈北北东走向，由几个大小不等的山头组成。岩性为黑云母变粒花岗岩、黑云母角闪斜长片麻岩，储集空间为微裂缝、溶蚀孔隙，油藏埋深 2200～2850m。欢喜岭潜山为断块型潜山，岩性以混合花岗岩为主，储集空间为微裂缝、溶蚀孔隙，为块状油藏油藏，埋深 1850～2510m。牛心坨太古宇潜山呈向西南倾没的斜坡，岩性以浅粒岩、混合花岗岩、黑云母斜长片麻岩为主，储集空间主要为构造裂缝，有少量溶蚀孔隙、溶，为裂缝型块状油藏，油藏埋深 1800～2400m。

潜山内幕油气藏是在基岩顶面以下若干深度，非渗透层将基岩内部储层与顶部风化壳型储层隔开而形成的油气藏，变质岩内幕隔层往往由暗色矿物含量多的矿物构成。如兴隆台变质岩潜山带为裂缝型储层，由于内幕隔层的存在，形成具有网状裂缝系统块状特征的潜山内幕油气藏。兴隆台—马圈子地区基岩内幕油气藏是西部凹陷典型的基岩内幕油气藏。兴隆台—马圈子潜山高点埋深约为 2350m，钻遇变质岩地层深度为 1640m，在基岩顶部和内部均获得工业油气流。储集空间以裂缝为主，裂缝的空间分布呈多向、高倾角网状，裂缝的展布和发育与断裂关系密切，储层非均质性比较严重，连通性在平面上有差异，但总体上，平面连通性较好。地层岩性与压力资料证实，潜山内部纵向上的 3000～3400m、3600～3900m 深度的两套角闪岩隔层，将其分成三个油层段。因此，油气藏包括顶部风化壳型油气藏和内幕块状油气藏两种类型。兴隆台潜山带油藏埋深为 2350～4670m。

2. 大民屯凹陷油气藏分布

大民屯凹陷变质岩潜山油气藏主要分布在凹陷北部，根据油气富集部位，可分为顶部油气藏和内幕油气藏两种类型。目前发现的以顶部油气藏为主，内幕油气藏仅在前进潜山发现。

1）变质岩顶部油气藏

太古宇顶部油气藏分布在大民屯凹陷东侧的东胜堡、法哈牛、曹台等地区的基岩油气藏。

东胜堡潜山位于大民屯凹陷中央构造带的中部，属于古地貌山，潜山最小埋藏深度为2600m。储集岩主要为浅粒岩、混合岩、混合花岗岩，储集空间以裂缝为主，具双重孔隙特点。油气藏为太古宇变质岩顶部宏观裂缝型块状油气藏。油藏埋深 2600～3844m。

法哈牛潜山位于大民屯凹陷东南端，是由边台逆断层和荣胜堡断层控制的断阶山，构造形态呈背斜形态，为地垒山，潜山最小埋藏深度为 1930m。储层的主要岩性为黑云母斜长片麻岩及混合岩，储层储集空间主要由裂缝组成。油气藏属于太古宇顶部裂缝型块状油藏，油藏埋深 1930～3565m。

曹台—边台潜山位于大民屯凹陷东部，构造上处于边台—法哈牛断阶带北段，呈狭长状展布，为北东向的边台逆断层和曹台逆断层所夹持而形成的地垒型潜山，最小埋深为450m。储集岩主要为混合花岗岩，储集空间以裂缝为主。油气藏类型属于太古宇顶部块状油藏，油藏埋深 500～2520m。

2）变质岩内幕油气藏

前进潜山内幕油气藏是大民屯凹陷典型的太古宇变质岩内幕油气藏。前进潜山位于大民屯凹陷西南部，构造形态为北东向的东倾单面山。其顶部风化壳没有发现油气，但在进入潜山 200m 深度后发现变质岩内幕油气藏，潜山储层暗色矿物少、为脆性强的浅粒岩、变粒岩，隔层为黑云母、斜长片麻岩及其混合岩类，两者成交替分布。油气藏类型属于块状裂缝型油藏，油藏埋深 3100～4050m。

3. 东部凹陷油气藏分布

目前东部凹陷仅在茨榆坨潜山发现有变质岩油气藏。茨榆坨潜山位于东部凹陷东北部，其东、西两侧分别与牛居—长滩生烃洼陷和大湾超覆带相接，总体构造形态为由两条倾向相反断层夹持的高垒带，呈北东向展布，呈西高东低、北高南低的特点。太古宇岩性由花岗岩、混合花岗岩、片麻岩、花岗片麻岩、混合岩、斜长角闪岩和黑云母角闪变粒岩等组成，油藏为具有边底水的非均质裂缝型块状构造油藏，潜山的油水界面大约 2400m。

4. 中央凸起油气藏分布

中央凸起的基岩岩性主要为太古宇变质岩，局部存在中生界。已发现的变质岩油气藏分布在赵古—小洼潜山、月东潜山等，海外河潜山也已证实存在油气显示。

赵古—小洼潜山带位于中央凸起带之上，其形态受到台安—大洼断层的控制，呈北高南低，东缓西陡的特点。小洼潜山为太古宇变质岩潜山，直接披覆古近系，岩石类型主要为混合花岗岩、混合片麻岩和黑云母斜长片麻岩。储层储集空间以裂缝为主，晶间孔隙次之。油藏纵向在不同构造单元有变质岩顶部风化壳和内幕层状两种特征。赵古潜山内幕层状油藏是由于内幕断层分割以及岩浆侵入形成的脉岩对裂缝性变质岩起到穿插封隔作用而形成的。潜山带油藏埋深为 1900～4100m。

月东潜山油气藏位于海南—月东披覆构造带的南端，为海南断层的上升盘，岩石类型以混合片麻岩、混合花岗岩和变粒岩为主，还存在碎裂岩、黑云母变粒岩、黑云母斜长片麻岩。其油藏类型属于变质岩顶部块状油藏，油水界面范围为 1650～1700m。

海外河潜山位于中央凸起南部倾没端，潜山具有西陡东缓、北陡南缓的形态，属于太古宇变质岩潜山，在中生代和古近纪早期一直处于剥蚀的状态，岩性包括混合花岗岩、混合片麻岩、黑云母斜长片麻岩、变粒岩和浅粒岩。在目前的钻探中，有少量井的录井资料有油气显示，但含油级别较低，钻遇的潜山井在太古宇层段产水量较大。

（二）元古宇油气藏分布

1. 西部凹陷油气藏分布

1）元古宇石英岩油气藏

元古宇变质岩油气藏主要为高级变质的石英岩油气藏，如分布在西部凹陷西斜坡中段的胜利塘潜山油气藏、杜家台潜山油气藏。

胜利塘潜山位于西部凹陷西斜坡中南段，储层为中—新元古界长城系大红峪组变余石英砂岩和板岩，属于地貌山—断块型潜山。油藏类型为底水块状孔隙—裂缝型基岩顶部油藏，油藏埋深为950～1250m。

杜家台潜山位于胜利塘潜山的东侧，为一东西不对称的古地貌山头，储层为灰白色、灰黑色的变余石英砂岩。油藏类型为古地貌顶部块状油藏，油藏埋深为2021～2550m。

2）元古宇碳酸盐岩油气藏

碳酸盐岩储层由白云岩和石灰岩组成，在漫长的地质历史时期，经历多次构造变动，长期暴露地表，遭受风化、侵蚀、淋滤、溶解作用，发育良好的溶蚀孔洞缝系统，形成碳酸盐岩油气藏；主要分布在西斜坡曙光—高升地区。

曙光潜山位于西部凹陷西斜坡的中部，呈北东向展布，具有“成山早、改造强”的特点。根据潜山顶面的埋藏深度可分为低、中和高潜山。曙103潜山为曙光低潜山，为侵蚀残丘山，储层为云质灰岩，上覆古近系烃源岩；油藏类型为块状潜山油藏，油藏埋深2930～3770m。曙古1油藏为中潜山，位于曙光潜山的斜坡上，是典型的碳酸盐岩内幕块状油气藏，其圈闭为隔层—不整合型内幕圈闭。潜山油藏为一底水块状孔隙—裂缝型潜山油藏。油藏埋深1800～2000m。高潜山储层由石英砂岩、砾岩、云质砂岩、云岩组成。储层空间为孔隙、裂缝、溶洞，油藏埋深在1400～1620m之间，为底水块状油藏。

2. 大民屯凹陷油气藏分布

元古宇基岩油气藏包括碳酸盐岩油气藏和石英岩油气藏，主要分布在静安堡构造带北段和凹陷西断槽的平安堡潜山和安福屯潜山。对目前已发现的油气藏中，储集岩性为石灰岩、白云岩和石英岩的多种岩性组合，仅作为整体来叙述。

静北潜山位于静安堡北侧潜山主体部位的中—新元古界碳酸盐岩潜山，储集岩最主要为石灰岩、白云岩和变余石英岩，储集空间以构造成因裂缝为主。由于中—新元古界地层韵律性明显，储层与隔层相间，平面上又被断裂切割，平面上、纵向上储层连通性差异大。其油藏为内幕层状油藏，油藏埋深为2450～3450m。

安福屯元古宇潜山位于大民屯凹陷西部潜山带的中段。储层岩性为碳酸盐岩和石英岩，隔层岩性为泥质岩类。静北元古界潜山油藏勘探开发证实，虽然有较好的隔层条件，但由于裂缝的切割或断层的不封闭性，造成了不同小层或断块油藏相互联通，改变了储集体的层状结构，使油藏具有同一压力系统，而具有块状油藏的特点。油藏为由内幕层状地层组成的块状油藏，油藏埋深为3150～3720m。

平安堡潜山位于大民屯凹陷西部潜山带的中段，地层为长城系大红峪组和高于庄组，岩性为海相碎屑岩和碳酸盐岩。为多种岩性组合的基岩内幕层状油藏。

（三）中生界油气藏分布

目前中生界油藏主要在西部凹陷发现，分布在兴隆台潜山带、中央凸起潜山带的大洼潜山和牛心坨潜山带的宋家潜山和牛心坨潜山，西斜坡潜山也有零散分布。

兴隆台潜山带中生界整体上呈北东—南西走向，东西为台安—大洼断层与兴西断层所夹持的基岩凸起，南以马南断层与清水洼陷分界，北以陈古逆断层为界，表现为“北东成带，东西分块”的构造格局。由于中生界比太古宇断裂更为发育，断块更加破碎，加上兴古逆断层、马古逆断层的存在，不仅使潜山的结构更加复杂，而且对中生界的储层有积极的改造作用。中生界主要发育块状砾岩、砂岩储层。按烃源岩—储层配置关系划分，兴隆台中生界油藏为源内型油藏。按油气藏类型划分，兴隆台中生界油藏为潜山油气藏。中生界油藏为与太古宇油藏具有统一油水界面（−4670m）的岩性—构造油藏，油藏埋深2200～4670m。

大洼潜山中生界顶面整体构造形态具有北高南低、西高东低的特点，最小埋深1650m，最大埋深5500m。两条近北东向主干断层将中生界划分为东、西两大块。各块内部又发育次级的北西向和近东西向断层，进一步切割形成多个断块，虽然断鼻整体幅度较大，但各个断块幅度较小。中生界储层由火山岩、火山碎屑岩组成，储集空间类型包括裂缝和孔隙两大类，为裂缝—孔隙型储层。其油藏类型为层状构造—岩性油藏，油藏埋深1650～2450m。

西斜坡潜山带中生界油藏呈零散状分布。最北部为的齐古2区块中生界潜山以一条近东西向断层与齐家潜山相隔，整体为北西高、南东低并向南东倾伏的当面山。岩性为凝灰岩，储集空间类型包括裂缝和孔隙两大类，油藏埋深1862～2695m，为受孔缝发育控制的岩性油藏。

向南为位于辽河坳陷西部凹陷西斜坡南段的齐112构造，该构造为向南东倾的鼻状构造，岩性为火山角砾岩，储集空间为裂缝、溶蚀孔隙、气孔，油藏埋深1067～1100m，为构造油藏。

再向南为锦2-22-14区块，是在斜坡背景上发育的鼻状构造，储层岩性为砾状砂岩，油藏埋深2000～2110m，为构造油藏。

锦95区块构造上位于辽河坳陷西部凹陷西斜坡欢曙上台阶南段。锦95区块总体构造是在斜坡背景下由古构造和早期断裂控制的单斜构造。储层岩性为泥质砂砾岩、砾状砂岩，泥质含量高。储层砂体平面厚度变化较大，物性分析平均孔隙度为16.9%，平均渗透

率为 $110 \times 10^{-3} \mu m^2$，碳酸盐岩含量 2.6%，为中孔隙度、中低渗透率储层。油层的分布受构造、砂体双重因素控制。油藏埋深 1365～1560m。

最南部为欢喜岭潜山的锦 624 区块、锦 25 区块、锦 45 区块等。本区中生界油层顶界构造整体上是一个南倾的斜坡，受一组近东西走向和一组北东向断层切割形成一系列南倾的断块。该块中生界储层较为发育，储层岩性以砾状砂岩为主，平均孔隙度 16.2%，平均渗透率 192mD，属中孔隙度、中渗透率储层。油藏埋深 1660～1835m，为岩性—构造油藏。

宋家潜山中生界潜山潜山总体为一背斜构造，储层岩性以砂砾岩、砂岩为主，少量粉砂岩；储层的孔隙类型有原生孔隙、次生孔隙、混合孔隙，以原生粒间孔隙、粒间扩大孔隙为主。油层分布受构造和岩性双重控制，为构造—岩性油藏，油层埋深 935～1370m。

大民屯凹陷在静安堡与边台构造带的结合部位也发现中生界油藏。储集岩为英安岩，储集空间由宏观裂缝和基质孔隙组成，具有双重孔隙结构特征。为岩性油藏，油层分布受中生界火山岩控制，油藏埋深 2694～2714m。

三、基岩油气藏主要富集在靠近生烃洼陷的深大断裂附近

辽河坳陷前古近系（包括中生界、古生界、元古宇、太古宇）受多期构造运动改造以及风化剥蚀作用，形成了具有多种较好的储集岩性和多期发育的裂缝型储层，潜山内幕层状地层或层状岩性组合与微小断层一起构成潜山内幕构造，中生界、房身泡组或沙四段超覆在古剥蚀面上，由非渗透层对不整合面形成封闭，同时来自各生烃洼陷的油气首先沿连通烃源岩的深大断裂进行垂向运移，之后沿不整合面进行长距离侧向运移至潜山圈闭，形成潜山油气藏。

已发现的高、中、低潜山多处于深大断裂附近，深大断裂使潜山与沙四段（沙三段）烃源岩连接或直接接触，因而油气运移优势明显。事实上，隐蔽型潜山上发育很多微幅度断层，当其上部有沙四段（沙三段）烃源岩分布时，这些断层或使潜山与烃源岩连通，或部分已错断并断开了中生界、房身泡组等上覆盖层，进而使潜山与烃源岩连接，形成具有一定贡献的油气运移通道。

构造作用是形成储集空间、促进储集空间发育演化的有利因素。构造运动可使岩石发生不同程度的断裂和破碎。研究表明，构造运动产生的基岩断裂可使潜山储层产生高度密集的裂缝。断裂所形成的裂缝不仅形成主要的储集空间，更重要在于形成酸性水溶液和油气运移的通道，可形成基岩油气富集。例如，兴隆台潜山以及东胜堡潜山、齐家潜山的基岩断裂带裂缝相当密集，高产井都分布于裂缝密集的基岩断裂附近。

参考文献

[1] 单俊峰．辽河坳陷变质岩潜山内幕成藏条件研究［M］．北京：中国地质大学，2007.

[2] 王秋华，吴铁生．辽河坳陷大油气田形成条件及分布规律［M］．北京：石油工业出版社，1989.

[3] 李晓光，单俊峰，陈永成．辽河油田精细勘探［M］．北京：石油工业出版社，2017.

[4]葛泰生，陈义贤．中国石油地质志（卷三）[M]．北京：石油工业出版社，1993.
[5]廖兴明，姚继峰，于天欣，等．辽河盆地构造演化与油气[M]．北京：石油工业出版社，1996.
[6]朱夏．中国中—新生代盆地构造和演化[M]．北京：科学出版社，1983.
[7]王燮培，费琪，等．石油勘探构造分析[M]．武汉：中国地质大学出版社，1990.
[8]吴奇之，王同和．中国油气盆地构造演化与油气聚集[M]．北京：石油工业出版社，1997.
[9]邢志贵．辽河坳陷太古宇变质岩储层研究[M]．北京：石油工业出版社，2006.
[10]侯振文．辽河坳陷太古宇变质岩储层特征研究．辽河油田勘探与开发（勘探分册）[M]．北京：石油工业出版社，1997.
[11]邢志贵，王仁厚，等．辽河坳陷碳酸盐岩地层及储层研究[M]．北京：石油工业出版社，1999.
[12]孟卫工，李晓光，等．辽河坳陷变质岩古潜山内幕油藏形成主控因素分析[J]．石油与天然气地质，2007，28（5）：580-589.
[13]陈发景，汪新文．中国中—新生代含油气盆地成因类型、构造体系及地球动力学模式[J]．现代地质，1997，11（4）：409-424.
[14]唐智，常承永．对华北震旦亚界古生界原生油气藏形成条件的探讨潜山油气藏[J]．石油勘探与开发，1978（5）：1-14.
[15]华北石油勘探开发设计院．潜山油气藏[M]．北京：石油工业出版社，1982.
[16]童晓光．辽河拗陷石油地质特征[J]．石油学报，1984，5（1）：19-27.
[17]李晓光，郭彦民，等．大民屯凹陷隐蔽性潜山成藏条件与勘探[J]．石油勘探与开发，2007，32（2）：135-141.
[18]陈振岩．“对接山”型古潜山油气藏及其勘探意义[J]．特种油气藏，2009，16（3）：23-27.
[19]李丕龙，张善文，等．多样性潜山成因、成藏与勘探——以济阳坳陷为例[M]．北京：石油工业出版社，2003.
[20]赵贤正，金凤鸣，等．富油凹陷隐蔽型潜山油气藏精细勘探[M]．北京：石油工业出版社，2010.
[21]高先志，吴伟涛，等．冀中坳陷潜山内幕油气藏的多样性与成藏控制因素[J]．中国石油大学学报（自然科学版），2011，35（3）：31-35.
[22]孟卫工，李晓光，等．辽河坳陷基岩油气藏[M]．北京：石油工业出版社，2012.
[23]李耀华．裂谷盆地古潜山油藏与含油气系统[M]．成都：四川科学技术出版社，1998.

第五章　典型基岩油气藏精细勘探实例

辽河坳陷的前古近系油气勘探，经历了风化壳勘探阶段、深层潜山勘探阶段、潜山内幕勘探阶段、基岩勘探阶段，相继取得了多个油气勘探突破，具有代表性的勘探实例有：西部凹陷的兴隆台潜山带，大民屯凹陷的安福屯—平安堡潜山、边台—曹台潜山、前进—胜西潜山，东部凹陷的茨榆坨潜山、中央凸起潜山带等。

第一节　兴隆台潜山带（AR）

兴隆台构造带是一个老探区，早期在潜山上覆的古近系中发现了近亿吨的探明石油地质储量。2003 年马古 1 井在马圈子低潜山新太古界首次获得油气勘探重大突破，至 2010 年，兴隆台潜山带累计探明石油地质储量 1.27×10^8t，再次发现了超亿吨级规模优质储量，这在国内老油气区深化勘探上实属罕见。在兴隆台变质岩潜山的勘探过程中，形成、发展和完善了变质岩内幕油气藏理论，并形成一系列与之相关的配套勘探技术。2017 年以来，通过对兴隆台构造带中生界开展地质资料精细重建及油藏主控因素分析，利用丰富的太古宇潜山开发井资料，开展了以“老井试油控含油面积、新井钻探定油气产能”的效益勘探[1-11]。截至 2020 年底，继太古宇变质岩潜山发现亿吨级探明石油地质储量后，在中生界也形成了亿吨级储量规模，实现了老区老层系的重大发现，是辽河坳陷乃至渤海湾盆地老油气区深化勘探实践的成功案例。

一、兴隆台太古宇变质岩潜山亿吨级储量发现

兴隆台潜山带位于西部凹陷中部，为长期继承性发育，呈北东向展布的“洼中之隆”，是具有中生界和太古宇双元结构的复合型潜山，由南至北依次为马圈子潜山、兴隆台潜山和陈家潜山，面积约 200km²。其南侧为清水洼陷，西侧为盘山洼陷，北侧为陈家洼陷，东侧为冷东深陷带。

兴隆台潜山带的勘探始于 20 世纪 70 年代初，是辽河油田最早勘探发现的潜山含油气构造。1972 年兴 213 井钻遇中生界时发生井喷，试油获得高产油气流，从而在辽河坳陷首次发现了潜山油气藏。随后针对潜山开展了多轮次的油气钻探，但始终没有取得规模性发现。2003 年马古 1 井在新太古界获得高产油气流，拉开了兴隆台潜山带新一轮勘探的序幕。总结兴隆台潜山带的勘探历程、认识的变化和技术的进步，把兴隆台潜山带勘探划分为潜山风化壳阶段、低潜山阶段、潜山内幕阶段和整体勘探阶段。

（一）潜山风化壳勘探，发现高产油气流

1969 年兴隆台构造带开始钻探，在构造高点钻探的兴 1 井和兴 2 井在沙一段、沙二段获得工业油气流，从而发现了兴隆台含油气构造。之后，通过整体解剖二级构造带，先后发现了兴 1、兴 20、兴 42 等高产含油气断块，并迅速形成生产能力。1972 年，部署于构造高部位的兴 210 井、兴 213 井在钻探沙三段以下地层过程中发现高压异常段：兴 210 井在 2438～2588m 井段钻遇巨厚的砂砾岩段，出现大段气测异常，在下油层套管过程中，发生井喷，导致钻井平台基础下沉，井架倒塌报废；兴 213 井在钻至 2222～2236m 井段（图 5-1-1），发生强烈井喷，被迫钻杆完井，1973 年，测试日产油 110t、日产天然气 $80\times10^4m^3$，投产以来长期高产稳产。当时认为兴 210 井和兴 213 井钻遇的该套地层都是沙四段，后经研究认为，兴 210 井钻遇的是新太古界，兴 213 井钻遇的是中生界。这一发现证实潜山是重要的勘探领域，从而揭开了辽河坳陷潜山勘探的序幕。

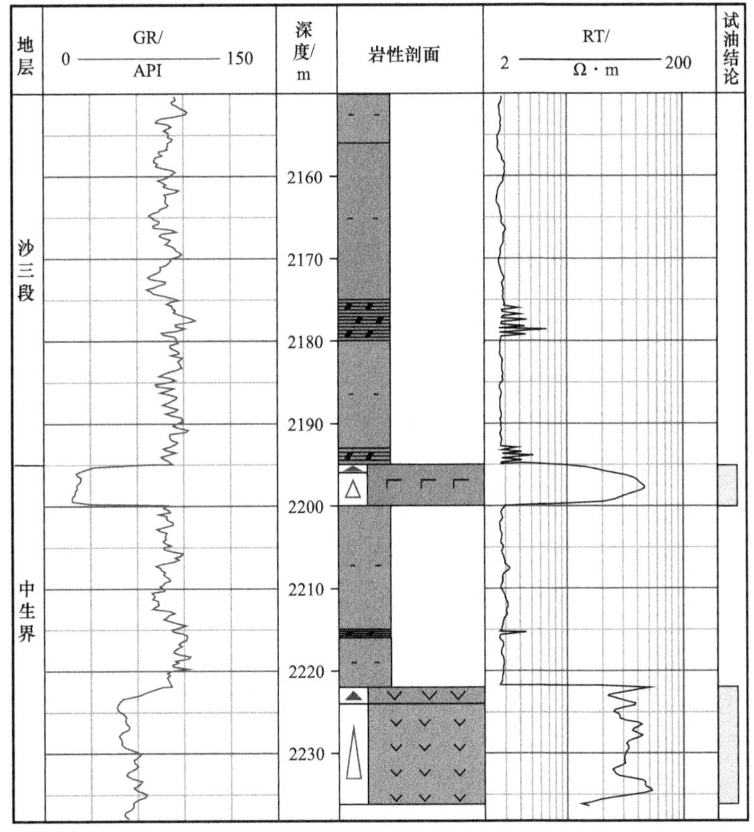

图 5-1-1　兴 213 井柱状图

1973—1974 年整体解剖和评价兴隆台潜山。这一阶段共完钻井 15 口，9 口井测试获油气流或高产油气流，初步明确了该潜山风化壳油藏的分布面积、含油气幅度、油气层产能、原油性质、潜山地质结构，分析认为潜山风化壳为一个统一的储集体，具有统一的油水界面，据试油资料分析，油气界面深度为 2380m（兴 108 井），油水界面深度为 2550m，

但裂缝性油藏储层非均质性特征明显。为了适应裂缝性油藏特点及钻井复杂情况，1975—1977 年，采用新工艺、新措施，攻关油层保护、油层改造技术，阶段完井六口，兴 99 井采用先期完成和轻质钻井液打开油层，喜获高产油气流，证明先期完井是行之有效的完井方法，但产量降低较快，这些井均未获得满意效果，因此暂缓钻探。

1985 年，受大民屯凹陷东胜堡和西部凹陷齐家元古宇潜山勘探成功的启示，对兴隆台潜山重新进行了分析研究，钻探了兴古 4 井和兴 68 井，其中兴 68 井在 2463.45～2718.00m 井段，12.7mm 油嘴，日产油 116t、日产天然气 8272m^3。这一成果改变了原出油底界 2550m 的认识。为尽快形成产能和了解裂缝的发育情况，又部署实施了三口探井，其中兴古 2 井试油，初期日产油 12.74t，10 天后日产油降至 2t。由于产量下降快，评价开发效果较差，兴隆台潜山带的勘探工作处于停滞状态。

1986—1997 年，仅钻探了滚动探井——兴 603 井，但没有取得好的效果。

该阶段取得的地质认识如下：一是兴隆台潜山具有双层结构，岩性十分复杂，既有中生界碎屑岩、火成岩，又有新太古界变质岩，储层非均质性强；二是兴隆台潜山中生界储层以砂砾岩、火山岩为主，储集性能较好，新太古界储层以混合花岗岩为主，以微裂缝为主要储集空间，储集性能较差；三是中生界含油底界深度为 2450m，新太古界含油底界深度为 2720m，没有统一的压力系统。

该阶段仅 1986 年在中生界潜山探明含气面积 2.1km^2，按照产量累计法计算，天然气地质储量 $15.5\times10^8m^3$、凝析油地质储量 16×10^4t。

（二）借鉴低潜山成藏模式，马圈子低潜山油气勘探取得突破

兴隆台构造带是一个勘探老区，自 1969 年兴 1 井钻探获高产油气流以来，至 20 世纪 90 年代，在披覆于潜山之上的古近系中共发现了大凌河油层、热河台油层、兴隆台油层等五套油气层，探明石油地质储量 8669×10^4t，探明天然气地质储量 $155\times10^8m^3$。经过 30 余年的勘探开发，进入了产量高递减期和高含水期，产能接替矛盾日益突出。

资源接替的矛盾，促使勘探人把目光聚焦到坳陷深层，深层潜山成为重要的勘探领域。1998 年，组织专题讨论了兴隆台潜山勘探潜力。受当时西部凹陷曙光低潜山以及大民屯凹陷潜山深层勘探发现的启示，一是在 3200m 的曙光低潜山发现了油气层，二是大民屯凹陷潜山在原认为 3000m 的含油底界之下发现了新的油气层。通过讨论分析，与会人员达成了共识，兴隆台低潜山与曙光低潜山和大民屯潜山具有相似的成藏条件，勘探潜力较大。鉴于该构造带二维测网密度仅为 1.2km×2.4km，并处于兴隆台城区范围内，复杂的地表条件一直成为三维地震资料采集的制约因素，1998 年，辽河石油勘探局决策层决定，克服较大困难，组织完成兴隆台城市三维地震采集，填补了该区三维地震资料的空白，为重新评价兴隆台潜山带提供了资料基础。在 1999 年辽河石油勘探局年度油气勘探计划中，明确提出兴隆台构造带潜山和沙三段作为坳陷陆上新区带勘探的重要目标。

兴隆台构造带勘探开发一直是在地震资料不足的情况下进行的，利用一次城市三维地震资料结合已钻井资料，对兴隆台潜山带进行了整体构造解释和比较深入的地质研究。尽

管地震资料品质不甚理想，但潜山顶面构造形态基本落实。通过构造解释发现了资料品质相对较好的兴隆台北部的低潜山——陈家潜山。综合研究认为，该潜山构造圈闭比较落实，成藏条件比较有利，在陈家低潜山提出并获股份公司批准通过了一口科学探索井——陈古 1 井。该井于 1999 年 12 月开始钻探，于 3973m 钻遇新太古界，从 4130m 开始气测总烃含量达 60% 以上，并成功采用欠平衡钻井，点火成功，火焰高度 5～8m，但当钻至 4269.82 m 时发生钻具断裂，最后，该井工程报废。陈古 1 井从 4000m 以下井段气测显示十分活跃，在 4123～4269m 井段，中途测试获得了日产油 3.12t、日产气 1038m^3 的低产油气流。陈古 1 井的钻探证实了陈家低潜山的含油气性，而且潜山含油底界可以达到 4200m，展示了低潜山的勘探潜力，为进一步的勘探提供了依据。

为了落实兴隆台潜山带的整体形态，在地震资料品质较差的情况下，开展了重力、磁法、电法与地震联合勘探，在此基础上，开展了南部马圈子低潜山的评价。通过成藏条件分析，认为低潜山油源条件相对于高、中潜山更为有利，盖层品质更为优越。该潜山南临清水洼陷，南侧大断层断至洼陷深部，使沙三段的烃源岩通过断面直接与潜山面侧向接触，形成区域上的“供油窗口”；在异常流体压力作用下，洼陷当中的油气可沿“供油窗口”、断面及不整合面运移至潜山内部聚集形成油气藏（图 5-1-2）。

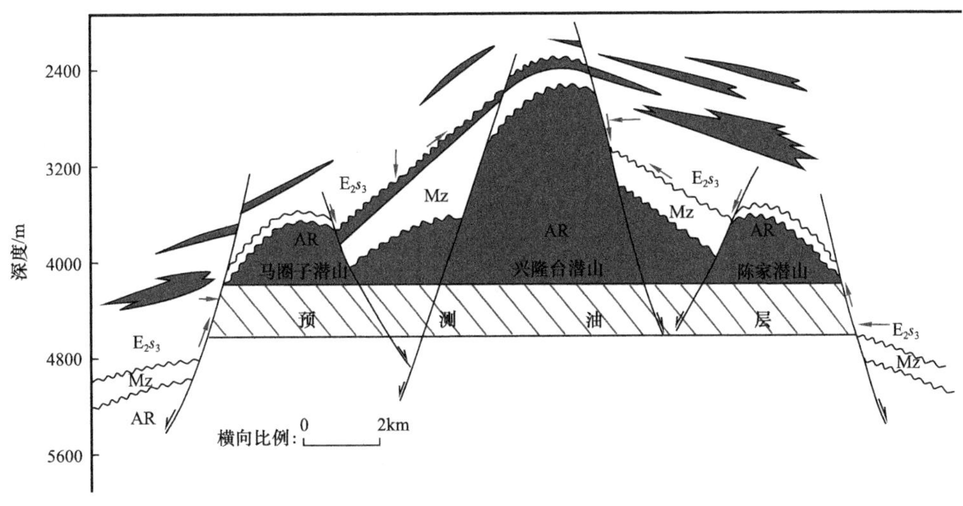

图 5-1-2 兴隆台潜山带油气运聚模式图

2003 年在马圈子低潜山部署实施了马古 1 井。该井于 3816m 揭开新太古界，并采用了欠平衡钻井技术，油气显示十分活跃，气测全烃达 100%，井底压力较高，于 4081m 提前完钻，在 3844.8～4081.0m 的新太古界裸眼井段试油，获得日产油 21.2t、日产气 23441m^3 的工业油气流。马古 1 井的钻探成功标志着马圈子低潜山勘探取得重要突破，也是辽河坳陷首次在 4000m 以深的深层获工业油气流，是深层勘探的重大成果。

（三）创新勘探思路，发现变质岩潜山内幕油气藏

马古 1 井的钻探成功，打开了该区域低潜山的勘探局面，迅速展开勘探部署。在马圈

子潜山与兴隆台高潜山之间的中潜山部署了马古 2 井、马古 3 井。两口井的钻探均出现了复杂情况，尤其是马古 3 井的钻探过程十分曲折。该井原设计井深 4000m，预测新太古界顶面埋深 3470m。钻井在 3253m 进入中生界，但迟迟未钻遇新太古界，当钻至 3700m 深度时，仍未见到预测的太古宇，而上覆的中生界厚度已达 447m。分析认为，马古 3 井潜山并不是预测中认为的介于高潜山与低潜山之间的中潜山，而是二者之间存在一个中生界较厚的凹槽，是否存在新太古界潜山圈闭？能否聚集成藏？是钻探迫在眉睫的关键问题。经多方论证分析，认为兴隆台新太古界潜山整体具备有利成藏条件，上覆中生界再厚也应该了解其含油气性，为此，决定继续钻探，同时进行 VSP 测井预测新太古界潜山顶面深度。马古 3 井揭露 911m 中生界后，终于在 4167m 钻遇新太古界并见到良好油气显示。在 4173.0～4608.0m 井段试油，9mm 油嘴，日产油 $39m^3$、日产气 $9141.0m^3$，获得工业油气流，证实含油底界在 4300m。马古 3 井钻穿近千米中生界后，在其下伏的新太古界获工业油气流，说明只要具备“供油窗口”条件和油气输导体系，潜山成藏并不受上覆中生界厚度的控制。

为了取得更大的勘探成果，把勘探目标转向埋藏较浅、幅度更高、规模更大的兴隆台高潜山。2004 年开展了潜山已钻井的深入分析和潜山整体成藏条件的评价，取得三点认识：一是南北低潜山含油底界可达 4300m，中部的兴隆台主体潜山含油底界可能与之相当；二是兴隆台高潜山新太古界钻遇碎裂岩、糜棱岩，表明潜山经历强烈的挤压、逆掩推覆作用，潜山深层可能存在断层和裂缝发育带，通过地震资料精细解释，已在潜山内幕识别出多条逆断层，推测兴 213 井（累计产天然气 $12.9\times10^8m^3$、累计产油 7×10^4t，是辽河油田著名的“功勋井”）和兴 68 井（太古宇累计产油 3.59×10^4t）等高产井可能与内幕断裂直接相关；三是具备更优越的供油和油气输导条件，“供油窗口”幅度超过千米。

通过深入分析和大胆构思，建立了潜山内幕多裂缝系统含油气模式，2005 年在兴隆台潜山主体部位，针对潜山深层部署实施了兴古 7 井。该井于 2590m 钻遇新太古界，在钻至设计井深时仍见良好油气显示，决定加深钻探。同年 11 月 8 日该井完钻，完钻井深 4230m，揭露太古宇厚度 1642m，在潜山段共解释油层 136m/17 层，差油层 414.5m/45 层，纵向上有三个油层集中发育段。试油三层均获得工业油气流，其中在 3592.0～3653.5m 井段试油，8mm 油嘴，获日产油 66.46t、日产气 $23049m^3$ 的高产油气流，使兴隆台主体潜山的含油底界由以往的 2720m 下延到 4000m。

兴古 7 井变质岩潜山内幕油气藏的发现，对辽河油田潜山勘探具有里程碑的意义，拉开了变质岩潜山内幕油气藏勘探的序幕，使潜山勘探进入了一个新阶段。

（四）整体勘探潜山带，探明亿吨级优质储量

在兴古 7 井勘探发现的基础上，对兴隆台潜山带进行了整体研究、整体评价和整体部署，并开展了配套技术的攻关与应用，建立了变质岩内幕油气成藏理论，形成了变质岩潜山勘探的技术系列，探明了亿吨级规模储量。

1. 持续攻关勘探技术

随着潜山勘探的不断深入，制约兴隆台潜山勘探的问题也日益突出，主要表现在四个方面。

（1）地震资料品质较差，上覆中生界厚度大，新太古界构造形态和内幕结构落实难度大。

（2）潜山岩性和裂缝分布复杂，缺乏有效的识别和评价方法。

（3）潜山裂缝型油气藏钻完井过程中容易造成污染，油气层保护难度大。

（4）裂缝型储层非均质强，埋藏深度大，储层改造难度大。

这些亟须解决的问题直接影响了兴隆台潜山带整体勘探的展开，为此，2005 年以来先后开展了“兴隆台潜山高精度三维地震勘探技术攻关”“兴隆台变质岩潜山岩性识别和储层评价技术攻关”“兴隆台潜山配套钻完井技术攻关”与“兴隆台变质岩储层改造技术攻关”等多项研究，均取得了良好的效果，为兴隆台潜山勘探取得整体突破起到了强有力的技术支撑。

1）高精度三维地震勘探技术——为兴隆台潜山整体勘探提供了资料保证

为了解决兴隆台新太古界潜山顶面构造形态和断裂难于识别的问题，2006 年在股份公司的大力支持下开展了 330km^2 高精度三维地震资料采集。通过优化三维施工设计和科学组织实施，形成了兴隆台城市低信噪比地区的精细三维采集技术。

针对兴隆台构造复杂、资料信噪比低以及潜山内幕成像等问题，开展精细三维地震资料处理，形成了叠前时间偏移、叠前深度偏移处理流程。坚持处理解释一体化的建模指导思想，进行多重约束下的精细速度建模，进行了 Kirchhoff 叠前深度偏移、逆时偏移处理攻关，提高复杂构造的成像精度，取得了十分明显的效果，为开展精细地质研究提供了资料保证（图 5-1-3）。

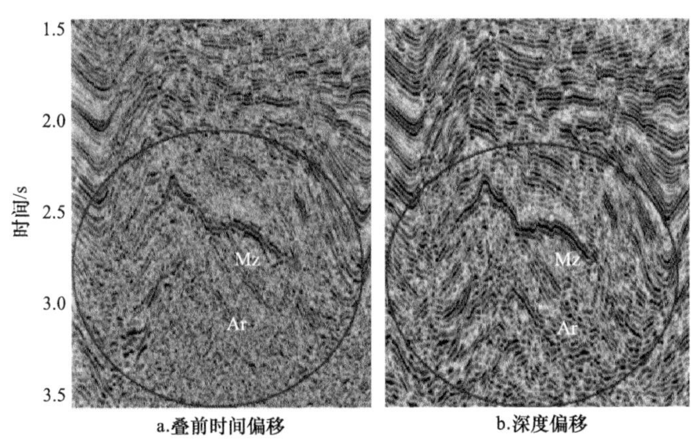

图 5-1-3　叠前时间偏移剖面与深度偏移剖面的对比

2）变质岩潜山岩性识别和储层评价技术——为潜山油藏的评价提供了有效手段

兴隆台新太古界变质岩潜山岩石类型多样，并伴随多种岩浆岩侵入，给潜山岩性识别及储层综合评价带来了一系列困难。2007年以后，利用旋转式井壁取心和钻井取心等系统的取心测试资料标定测井，建立了太古宇岩性识别划分标准和储层划分标准，最终实现对潜山的岩性及储层的评价由定性到定量的转变，以寻找不同类型岩性与裂缝发育程度的关系，研究裂缝发育规律，指导勘探部署。

（1）岩石类型及划分。

兴隆台潜山岩性包括变质岩和侵入岩。变质岩主要发育混合花岗岩、片麻岩和角闪岩等多种类型岩性；侵入岩主要为酸性岩、中性岩和基性岩等。通过系统的取心、井壁取心、岩屑鉴定及统计结果，依据岩石学分类命名原则，将变质岩和侵入岩划分为13个亚类25种岩性（表5-1-1）。

表5-1-1　兴隆台潜山岩石类型及主要矿物组成

分类	亚类	主要类型	岩石名称	矿物成分
变质岩	区域变质岩	片麻岩类	黑云母斜长片麻岩	斜长石40%～70%、黑云母10%～30%、石英10%～25%
			角闪斜长片麻岩	斜长石55%～70%、角闪石20%～40%、石英5%～15%
		长英质粒岩类	黑云母变粒岩	斜长石30%～65%、黑云母20%～40%、石英10%～30%、碱性长石0～30%
			角闪变粒岩	斜长石30%～65%、角闪石20%～40%、石英10%～30%、碱性长石0～30%
		角闪质岩类	斜长角闪岩	角闪石50%～75%、斜长石30%～40%、石英5%～10%
			角闪石岩	角闪石>75%、斜长石<25%
	混合岩	混合岩化变质岩类	混合岩化黑云母斜长片麻岩	斜长石30%～70%、黑云母10%～25%、石英10%～30%、碱性长石0～30%
			混合岩化黑云母斜长变粒岩	斜长石30%～70%、黑云母10%～30%、石英10%～30%、碱性长石0～30%
		注入混合岩类	石英质（长英质、花岗质）黑云母斜长片麻条带状混合岩	斜长石35%～70%、黑云母10%～20%、石英10%～25%、碱性长石0～30%
		混合片麻岩类	斜长混合片麻岩	斜长石30%～60%、黑云母5%～12%、石英10%～30%、碱性长石5%～15%
			二长混合片麻岩	斜长石30%～50%、黑云母5%～15%、石英10%～20%、碱性长石20%～40%
		混合花岗岩类	斜长混合花岗岩	斜长石50%～70%、黑云母0～5%、石英20%～40%
			二长混合花岗岩	斜长石10%～40%、黑云母0～5%、石英15%～25%、碱性长石20%～60%

续表

分类	亚类	主要类型	岩石名称	矿物成分
变质岩	碎裂变质岩	构造角砾岩类	构造角砾岩	长英质矿物 70%～90%、其他 10%～30%
			糜棱岩	长英质矿物大于 95%
		压碎岩类	碎裂混合花岗岩	长英质矿物大于 95%
			长英质碎裂岩	长英质矿物 70%～90%、其他 10%～30%
			长英质碎斑岩	长英质矿物 70%～90%、其他 10%～30%
侵入岩	中基性		辉长闪长玢岩	斜长石 60%～70%、暗色矿物 30%～40%
	中性	闪长岩类	闪长玢岩	斜长石 40%～50%、黑云母 5%～25%、石英 5%～20%、碱性长石 10%～20%
			安山玢岩	
	中酸性		花岗闪长玢岩	斜长石 40%～50%、黑云母 5%～10%、石英 15%～25%、碱性长石 15～25%
	酸性	花岗岩类	花岗斑岩	斜长石 15%～25%、黑云母小于 5%、石英 25%～30%、碱性长石 40%～50%
	未分岩	辉绿岩类	辉绿岩	斜长石 50%～60%、辉石 40%～45%
	二分脉岩	煌斑岩类	闪斜煌斑岩	角闪石 30%～45%、斜长石 55%～70%
			云斜煌斑岩	黑云母 30%～45%

（2）岩性测井识别。

相较于传统的岩石学分类方案，虽然不同分类的出发点不同，但不同种类的变质岩和侵入岩具有相近或相似的化学成分与岩矿组成特点；同时，不同类型矿物对测井资料也具有很强的敏感性。因此，从变质岩潜山岩矿和化学成分分析出发结合地层元素测井，在确定敏感元素（硅＞铁＞铝＞钛＞钾）的基础上，将太古宇变质岩划分为混合花岗岩、片麻岩、角闪岩三种；侵入岩划分为酸性岩类、中酸性岩类、中性岩类、煌斑岩类、辉绿岩类五种；根据地层元素测井对常规测井的标定和综合分析，最终利用常规测井把变质岩划分为混合花岗岩、片麻岩、角闪岩三种，同岩矿与地层元素测井划分结果一致，但侵入岩只能划分出酸性岩类、中酸性岩类、基性岩类三种。

常规测井岩性识别主要依靠三孔隙度测井，同时参考成像测井。其中变质岩和侵入岩在密度测井上差别较小难以识别，但在补偿中子和自然伽马测井上差别较大，表现为补偿中子变质岩绝对值大于侵入岩，自然伽马变质岩绝对值小于侵入岩，但就变质岩三种岩性而言，由混合花岗岩到片麻岩再到角闪岩具有密度、补偿中子逐渐增大，自然伽马逐渐减小的特点，成像测井也能比较明显地反映出不同类型岩性的结构特征；岩浆岩由酸性到中性再到基性，也有相同的变化特点。利用此特点就可以很好区分变质岩、侵入岩以及各类岩性在空间上的展布。

根据潜山带已钻井的取心、分析化验等资料再结合地层元素测井和常规测井资料，建立了新太古界岩石的岩矿—测井响应模型，总结了各种岩性的常规测井响应特征（表 5–1–2），用于定性识别新太古界岩性；进而建立了新太古界岩性测井划分标准（表 5–1–3），实现了岩性识别由定性识别到定量识别的突破。

表 5–1–2　兴隆台潜山岩性测井曲线形态特征汇总表

岩石学大类	岩石测井分类	测井曲线形态特征	
		DEN—CNL	GR
变质岩	混合花岗岩类	“绞合状”或“正差异”	“锯齿状”
	混合片麻岩类	小的“负差异”或“绞合状”	“锯齿状”
	片麻岩类	小的“负差异”或“绞合状”	“锯齿状”
	角闪岩类	大的“负差异”	“平直状”
侵入岩	酸性岩类	大的“正差异”	“平直状”
	中性岩类	“绞合状”或“正差异”	“平直状”
	基性岩类	小的“负差异”或“绞合状”	“平直状”

表 5–1–3　兴隆台潜山岩性测井识别划分标准表

岩石学大类	岩石测井分类	常规测井响应特征			
		DEN/（g/cm^3）	CNL/%	GR/API	Pe/（B/e）
变质岩	混合花岗岩类	<2.72	<6	>35	<3.6
	混合片麻岩类	<2.80	5～9	>35	2.7～4.5
	片麻岩类	2.65～2.80	>9	>35	3.0～4.5
	角闪岩类	>2.90	>9	<40	>3
侵入岩	酸性岩类	<2.72	<6	>88	<4
	中性岩类	2.60～2.78	5～14	>50	3.2～5.3
	基性岩类	>2.74	>12	<50	>4.5

（3）储层评价。

岩性识别之后的关键问题是评价不同类型岩性的裂缝发育状况，从岩心观察和岩石薄片分析可见，变质岩裂缝发育程度要好于岩浆岩。就变质岩裂缝发育程度而言，混合岩最好，其次是片麻岩，角闪岩最差，基本不能作为储层；就侵入岩裂缝发育程度而言，酸性岩类最好，其次是中性岩类，基性岩类最差，基本不能作为储层。

测井储层评价主要依靠深浅侧向、三孔隙度曲线及成像测井三个方面资料，主要表现在：

① 深浅侧向：裂缝发育段侧向电阻率呈现“高阻背景下的低阻”（由于裂缝段被钻井

液滤液充填），资料较好时深浅侧向会出现较大的幅度差。

② 三孔隙度测井：裂缝发育段三孔隙度测井“呈增大趋势”，尤其是阵列声波会发生明显的衰减。

③ 成像测井：裂缝发育段显示十分明显，同时，阵列声波的纵波、横波、斯通利波时差增大，幅度发生明显的衰减，波形变得“紊乱”。

在潜山岩性和裂缝识别基础上，结合试油、试采、电测解释资料绘制了 RT—Δt、RT—DEN 储层识别图版，并确定储层划分标准（表 5-1-4）。根据储层划分标准，对潜山带储层进行了划分，综合研究认为岩性是控制兴隆台潜山储层发育程度的第一要素，岩性决定裂缝的发育程度，裂缝发育段的岩性主要为暗色矿物含量小于 30% 的斜长片麻岩类、混合花岗岩、中酸性岩浆侵入岩（花岗斑岩、闪长玢岩）；暗色矿物含量较多的角闪岩及煌斑岩因裂缝不发育而成为本区有效的隔层，使本区的油层在纵向上具有分段性。

表 5-1-4　潜山带储层划分标准

GR/API	CNL/%	DEN/（g/cm³）	Δt/（μs/ft）	RT/（Ω · m）	暗色矿物含量 /%	结果
75～160	＜12	＜2.7	＞175.2	40～6000	＜30	好储层
＜75	＞12	＞2.7	＜175.2		＞30	非储层

另外，针对兴隆台潜山勘探的主要对象是深层裂缝型变质岩和侵入岩，相应的配套钻完井技术有效地保护了油气层，加快了油气发现；相应的变质岩潜山油气层改造技术，也充分保障了油气产量的有效提升。

2. 持续创新理论认识

通过对已钻探井分析，兴隆台变质岩潜山油气藏具有如下特点：一是潜山不仅风化壳含油，而且潜山内部存在多个含油层段，具有整体含油的特征；二是潜山纵向上可以划分出三个油气层集中发育段，含油气层段之间为暗色矿物含量较高的角闪岩类等致密层；三是潜山含油气幅度大，油层埋深在 2400～4300m 之间，尚未见到油水界面。

进一步分析研究取得如下认识。

1）变质岩潜山内幕储层、隔层交互发育，形成多套“储隔组合”

（1）变质岩并非单一岩性，由多种岩性组成，呈层状或似层状结构特征。

（2）多期次和多种性质的构造运动决定裂缝发育程度。

（3）裂缝储层发育遵循“优势岩性”序列规则，即同样的构造应力的作用下，暗色矿物含量少的岩性容易产生裂缝成为储层，而暗色矿物含量较高的岩性不容易产生裂缝，不易成为储集岩（表 5-1-5）。

表 5-1-5　变质岩潜山优势岩性序列表

序列	Ⅰ	Ⅱ	Ⅲ	Ⅳ	Ⅴ
岩性	混合花岗岩	中酸性侵入岩	片麻岩	煌斑岩、辉绿岩	角闪岩

2）油气源条件控制含油气丰度

（1）富烃凹陷供烃能力强，多油源、多期次充注有利于内幕成藏。

（2）内幕油气藏具近源成藏的特点。

3）油气输导条件控制含油气幅度

（1）深大断裂系统控制油气纵向运移。

（2）侧向供油“窗口”控制潜山整体含油高度。

4）良好的盖层条件控制了油气藏的形成

在上述认识的基础之上，形成了变质岩内幕成藏理论认识，其主要内涵为：变质岩内幕由多种岩类构成，具有层状或似层状结构；在统一构造应力场的作用下，不同类型的岩石因其抗压和抗剪切能力的差异，形成非均质性较强的多套裂缝型储层和隔层组合；不整合面、不同期次的断裂及内幕裂缝系统构成立体化的油气输导体系；油气以烃源岩—储层双因素耦合为主导构成有效运聚单元，形成多套相对独立的新生古储型油气藏。

3. 整体勘探探明亿吨级石油地质储量

2008 年，按照股份公司“整体部署、集中勘探、快速探明、迅速见效”的指示要求，应用新采集的城市三维地震资料，对兴隆台潜山带进行了精细构造解释和综合评价，整体部署了 12 口预探井（兴古 9 井、兴古 10 井、兴古 11 井、兴古 12 井、马古 6 井、马古 7 井、马古 8 井、马古 9 井、马古 12 井、陈古 2 井、陈古 3 井、陈古 5 井），评价井 24 口，钻探成功率达 92%，其中 5 口预探井（马古 6 井、马古 7 井、马古 8 井、马古 9 井、马古 12 井）获得日产百吨级高产油气流。陈古 3 井和马古 8 井的钻探成功，将兴隆台潜山带太古宇油藏含油底界下推到 4670m，潜山含油幅度达 2300m（图 5-1-4）。2010 年兴隆台潜山累计探明石油地质储量 1.27×10^8t，实现了亿吨级规模储量的重大发现（图 5-1-5）。

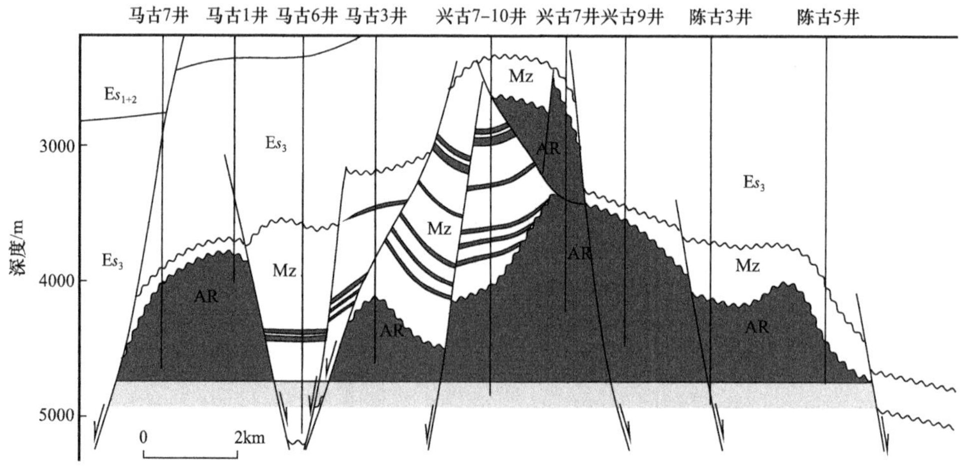

图 5-1-4　兴隆台潜山带马古 7 井—陈古 5 井油藏剖面图

兴隆台潜山油藏具有油层厚度大、含油层段多、油品好、单井产量高等特点，为了实现油藏的高水平和高效益开发，采用直井控制垂向、常规水平井及叠置式复杂结构井控制平面的“四段七层纵叠交错、平直结合”立体井网，形成多段、多层三维部署的立体开发方案，形成独具特点的潜山内幕油藏开发模式。兴隆台潜山于 2011 年底建成年产百万吨的产能，为油田的增储稳产做出了重要贡献。

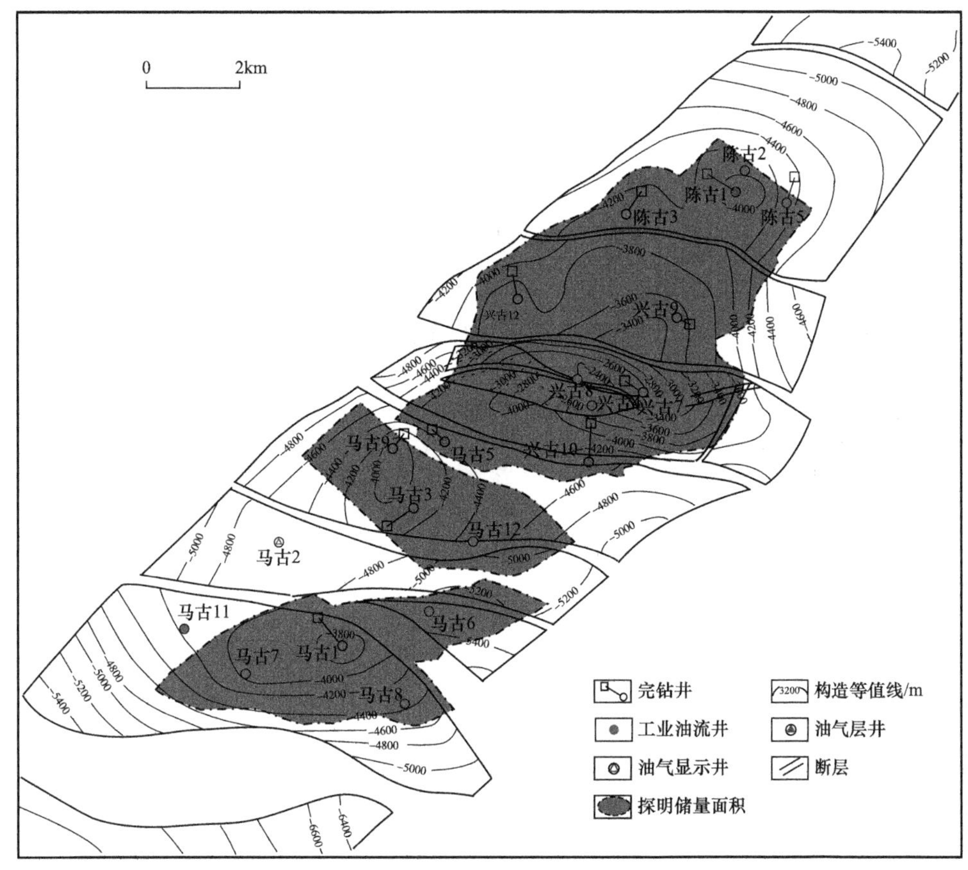

图 5-1-5　兴隆台潜山带新太古界勘探成果图

2012 年，“变质岩内幕油气重大发现与高效开发技术”获国家科技进步二等奖。

兴隆台潜山是中国乃至世界目前发现的油品好、储量丰度高、含油幅度大的变质岩潜山油藏，在勘探过程中形成了变质岩内幕油气成藏理论和配套勘探技术，其勘探成果具有以下意义。

（1）纵向上拓展了潜山深层的勘探空间。变质岩潜山在多期构造运动的作用下，潜山深层仍可形成有效的裂缝发育段，为内幕潜山油气藏形成提供了良好的储集空间。另外，供油窗口的大小是潜山能否成藏的关键，其底界深度决定了潜山的含油幅度，烃源岩层底界有多深，潜山成藏底界就有多深。

（2）横向上将仅占含油气盆地勘探面积 10%～15% 的具有山头形态的潜山，扩大到的油气可能运聚的基岩内幕中，将潜山勘探拓展到整个基岩勘探领域。

（3）变质岩内幕油气成藏理论和配套技术的形成，为基岩油气藏的勘探提供了指导和参考。

二、兴隆台中生界潜山亿吨级储量规模的形成

随着中国东部老油气区进入高成熟勘探阶段，老油气区如何探索下一步勘探方向决定了油田的持续发展。近年来辽河油田确定了以“突出稀油高凝油勘探、突出中浅层勘探、突出优质储量发现”的部署思路，加大了对富油气老油气区低勘探层系的精细勘探，在西部凹陷大洼构造带中生界取得了重大发现。在此背景下，以凹陷为研究单元，对中生界潜山的油气成藏条件及勘探潜力开展了重新评价。

（一）中生界勘探现状分析

2005 年以来，辽河油田以变质岩内幕油气成藏理论为指导，在西部凹陷兴隆台太古宇、中央凸起太古宇、大民屯凹陷元古宇等潜山中相继取得了勘探发现。同样具有优越油气成藏条件的中生界长期作为太古宇潜山油藏的兼探层系，未取得足够重视，仅在兴隆台构造带马圈子潜山获得零星勘探发现。

2017 年以来，基于岩心、岩屑、测井、地球化学资料，对兴隆台构造带中生界开展地质资料精细重建及油藏主控因素综合分析，认为中生界优势储层为花岗质角砾岩；角砾岩油藏受岩性与构造双重控制，厚层、均质角砾岩与大断裂叠合区为成藏优势区。利用丰富的太古宇潜山开发井资料，开展了以“老井试油控含油面积、新井钻探定油气产能”的效益勘探。截至 2020 年底，继太古宇变质岩潜山发现亿吨级探明石油地质储量之后，在中生界也形成了亿吨级规模石油地质储量，实现了老油气区老层系的重大发现。

（二）储层特征

1. 储层岩石特征

依据兴隆台油田陈古 6 井、兴古 4 井、兴 99 井、马古 6 井等 10 口取心井资料的统计分析，中生界岩石类型包括 2 大类、5 亚类、30 种岩石类型。中生界储层主要岩石类型有角砾岩、安山岩等，其中裂缝与次生溶孔均发育的角砾岩是中生界主要的储层岩石类型。在角砾岩中，以花岗质角砾岩最为发育，其次为混合砾岩。花岗质角砾岩以灰色为主，厚层块状，棱角状砾石含量一般大于 50%，成分以太古宇成因的花岗质砾石和岩屑为主，其次为单颗粒石英、碱性长石、斜长石。受多期构造运动强烈改造，花岗质砾石破碎，砾石间发育大量裂缝。花岗质角砾岩在后期溶蚀作用下，常发育少量的粒间溶孔、粒内溶孔等，次生溶孔与裂缝相沟通，孔渗性极好。混合角砾岩成分仍以太古宇成因的花岗质岩屑为主，但火山质岩屑及细碎屑含量大量增加，充填在颗粒间，同等应力条件下形成的裂缝发育程度仅次于花岗质角砾岩，储集性能良好（图 5-1-6）。

2. 储集空间类型

通过宏观岩心、微观铸体薄片和压汞等观察分析并借助 FMI 成像测井资料的识别判断，兴隆台油田中生界砾岩储层主要发育裂缝、溶孔两大类储集空间，以裂缝为主，孔隙次之。

a. 左—岩石薄片，右—铸体薄片，花岗质砾岩，陈古6井，3761.7m，中生界，2.5×10 (-)

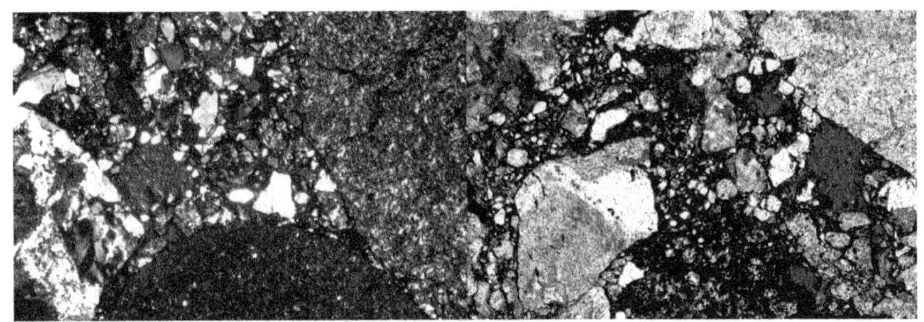

b. 左—岩石薄片，右—铸体薄片，混合砾岩，兴古7—8井，2975.9m，中生界，2.5×10 (-)

图 5-1-6　兴隆台地区中生界角砾岩储层主要岩石类型

通过对陈古 1 井、兴古 10 井、马古 6 井等 20 口取心井 1509 块岩样的实测孔渗数据进行统计并借助 FMI 成像测井及 CMR 核磁测井资料分析，中生界砾岩储层以低孔隙度、低渗透率和低孔隙度、特低渗透率为主，孔隙度主要分布在 4.5%～10.4% 之间，平均为 7.8%，渗透率主要分布在 0.098～11mD 之间，平均为 1.57mD。储层孔隙度与渗透率相关性分析表明，中生界砾岩储层孔隙度与渗透率总体呈正线性相关，以裂缝型储层为主。对兴隆台油田中生界砾岩储层来说，裂缝的发育程度直接决定了储层的储集性能。

（三）地质资料重建

1. 基于岩矿与测井资料的岩性资料重建

利用岩心刻度测井资料，建立测井岩性解释模型。利用测井岩性解释模型对满足重建资料要求的各类井进行岩性资料重建，以兴古 7-4 井为例，2675～2705m 井段录井岩性为砂砾岩，重建后该段岩性为花岗质角砾岩、混合角砾岩（图 5-1-7）。

2. 基于测井与地化资料的储层资料重建

依据孔隙度、裂缝、气测三参数，将兴隆台地区中生界储层品质划分为三类：Ⅰ类储层基质孔隙度大于 5%，孔隙度综合评价高，裂缝孔隙度 FVPA 大于 10%，裂缝宽度 FVA 大于 0.3mm，网状缝发育，裂缝评价优，气测轻烃组分全，总烃峰基比大于 10；Ⅱ类储层基质孔隙度为 3%～5%，孔隙度综合评价中，裂缝孔隙度 FVPA 为 5%～10%，裂缝宽度 FVA 为 0.1～0.3mm，网状缝较发育，裂缝评价中，气测轻烃组分全，总烃峰基比值域

3～10；Ⅲ类储层基质孔隙度小于3%，孔隙度综合评价低，裂缝孔隙度FVPA小于5%，裂缝宽度FVA小于0.1mm，裂缝评价差，气测轻烃组分不全，总烃峰基比小于3。

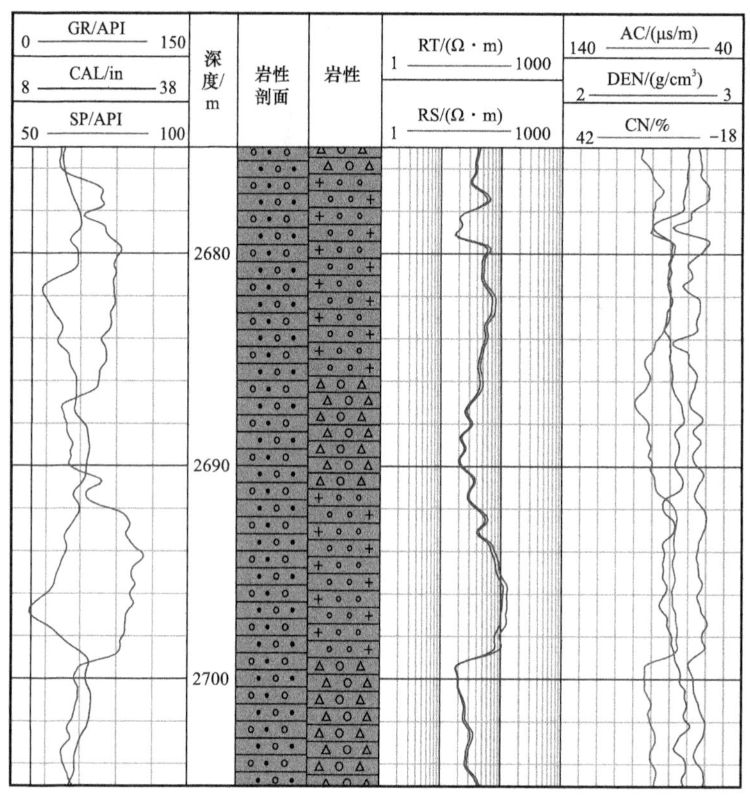

图5-1-7　兴古7-4井重建岩性剖面图

储层品质资料显示，花岗质角砾岩Ⅰ类储层最发育，混合角砾岩次之。以陈古6井为例，花岗质角砾岩中Ⅰ类储层48m，占比80%；混合角砾岩Ⅰ类储层12m，占比20%。

（四）基岩油气藏形成主控因素分析

兴隆台中生界和上覆古近系及下伏新太古界成藏背景基本一致，成藏条件优越，只是一直认为储层条件较差，制约了勘探，通过马圈子潜山马古6块中生界油藏解剖，认为中生界砾岩体油藏成藏主控因素主要有以下三点。

1. 岩性是形成优质储层的基础条件

通过马古6井储层品质及试油成效分析，4373.4～4348.1m井段日产油82.3t、日产气22082m^3，累计产油4.2×10^{4}t。该段岩性为花岗质角砾岩，单层厚度大于10m，自然伽马曲线平直，深浅电阻率曲线呈箱型，密度及声波时差曲线均平直，显示该段花岗质角砾岩岩性纯，是形成优质储层的基础条件。

2. 构造应力是优质储层裂缝发育的决定条件

通过马古6块开发现状分析，在花岗质角砾岩发育区，靠近大断裂处的开发井裂缝发育程度要明显好于其他部位，单井累计产油普遍大于 2×10^4t。单井裂缝越发育，油气累计产越高，说明在相同岩性条件下，构造应力对花岗质角砾岩的裂缝发育程度起到了决定作用。

3. 优势岩相与构造高部位共同控制油气形成富集高产

马古 6 块中生界受三条北东向断层、两条东西向断层及两条南北向断层控制，共分为七个断块。通过对七个独立断块的开发现状分析，表现为两个特征，一是油气累计产量最高的开发井普遍位于断块高部位，说明构造高部位对油气形成富集高产起到了控制作用；二是马古 6 独立断块内，低部位的马古 6 井比高部位的马古 6-7-12 井油气累计产量高，马古 6 井累计产油 4.2×10^4t，马古 6-7-12 井累计产油仅 2320t，通过岩性及岩相分析，断块内由低部位是花岗质角砾岩相，高部位相变为混合砾岩相及砂岩相，说明优势岩相与构造高部位共同控制了油气形成富集高产。

在中生界角砾岩油藏主控因素认识下，对兴隆台构造带中生界开展地质资料精细重建及油藏主控因素分析，认为中生界优势储层为花岗质角砾岩；角砾岩油藏受岩性与构造双重控制，厚层、均质角砾岩与大断裂叠合区为成藏优势区。利用丰富的新太古界潜山开发井资料，开展了以“老井试油控含油面积、新井钻探定油气产能”的高效勘探。截至 2020 年底，继新太古界之后，兴隆台潜山带又在中生界形成了亿吨级规模储量，实现了老区老层系的重大发现。

第二节　安福屯—平安堡潜山（Pt）

一、勘探概况

在辽河坳陷基岩勘探中，元古宇储集物性相对最佳，且具备内幕层状结构和层状内幕油藏的特点，因而一直是最重要的基岩勘探目标之一。大民屯元古宇是大民屯凹陷主要含油层系之一，共探明石油地质储量 5968.09×10^4t，以安福屯潜山和静北潜山含油最为丰富，勘探程度也最高。

大民屯凹陷元古宇自东北到西南呈阶梯状分布，主要分布在白辛台、静北—三台子及西部断槽。安福屯—平安堡潜山位于西部断槽带，邻近安福屯和平安堡生油洼陷，东邻东胜堡与静安堡太古宇变质岩潜山，东北部接静北元古宇潜山，构造面积约 350km^2（图 5-2-1）。

安福屯潜山钻探工作始于 1985 年，首钻沈 136 井揭露元古宇厚度 106m，岩性主要为泥岩和白云质泥岩，试油未获工业油流。1986 年钻探沈 169 井元古界录井油气显示较好，3331.6～3387.0m 井段试油，50.4m/5 层，日产油 4.97m^3，显示安福屯元古宇潜山具一定勘探潜力。但受当时的勘探认识程度所限，探井揭露深度浅、试油产量低，没有继续深化研究。

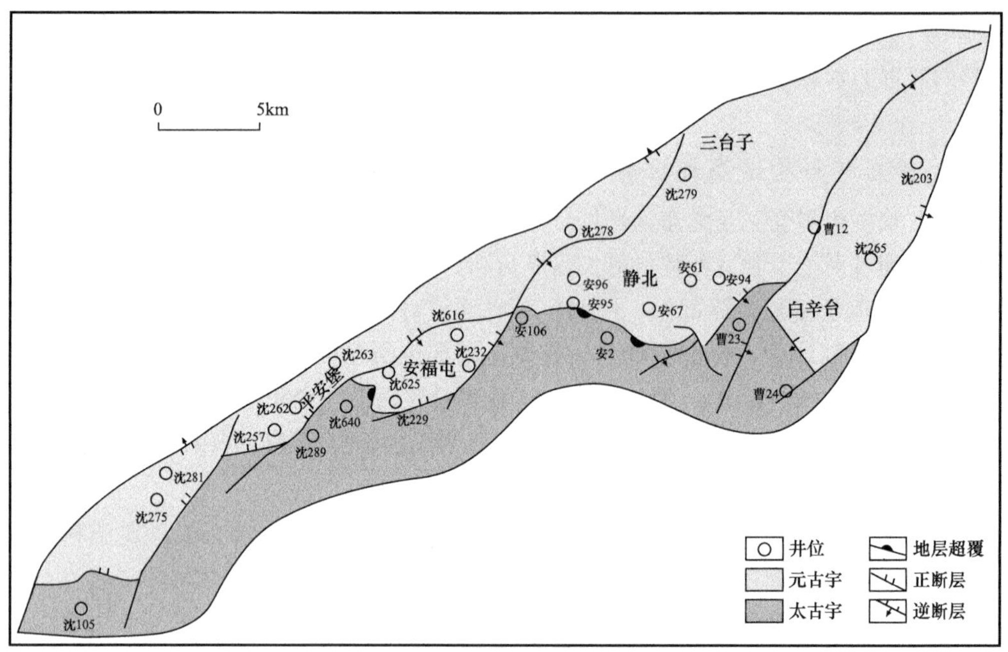

图 5-2-1　大民屯元古宇潜山分布示意图

20 世纪 90 年代后期，随着勘探工作不断深入，处理了三维地震资料重新落实潜山构造，1998 年 4 月在沈 169 井东侧有利部位钻探沈 616 井，3320.85～3420.0m 井段试油，日产油 25t，一举发现了元古宇碳酸盐岩潜山油藏。随后，相继部署实施沈 625 井、更沈 169 井、沈 223 井等预探井及评价井，均获得较高产的工业油流，特别是沈 625 井 3157.37～3215.23m 井段，中途测试获高产油流，日产油高达 313.72t。随着油藏评价工作的不断深入，通过重新落实构造，加强储层评价、岩性分区预测及裂缝识别等一系列系列技术攻关，总结安福屯潜山油气分布规律及控制因素，安福屯元古界潜山共上报探明石油地质储量 1752×10^4t。

2003—2004 年在安福屯潜山勘探获得突破基础上，加强区域地质分析、元古宇分布预测和内幕结构研究等，元古宇潜山拓展勘探取得了重要突破，西部平安堡地区部署实施了沈 257 井、沈 262 井、275 井等井获得成功，发现了平安堡元古界潜山油藏，探明石油地质储量 516×10^4t。2005—2016 年通过实施水平井部署，极大提高油层钻遇率，勘探开发成效显著[12-14]。

二、基本地质特征

（一）地层层序

中—新元古代，大民屯凹陷所在的汎河地区主要发育滨海—浅海相沉积序列。前人依据岩心、岩屑、露头剖面、测井、地震等资料，确定了大民屯凹陷中—新元古界为长城系大红峪组、高于庄组。并依据沉积旋回、完钻井的岩电组合和储隔关系特征，将大红峪组、高于庄组细分出 18 个小层（表 5-2-1）。其中，大红峪组划分出 2 个小层：d_1—d_2；高于庄组划分出 16 个小层：g_1—g_{16}。

表 5-2-1 大民屯凹陷长城系大红峪组、高于庄组小层划分表

界	系	统	组	段	小层	厚度 /m	岩性	颜色
中元古界	长城系	上统	高于庄组	Ⅲ	16	136.0	砂岩、含泥云岩	灰色、紫红色
					15	135.2	石英砂岩	灰白色
					14	95.8	含泥云岩	浅紫红色
					13	105.0	云质泥岩	棕红色—绿灰色
					12	51.0	白云岩	浅灰色—紫灰色
					11	131.0	白云质泥岩、泥岩	紫灰色、棕红色
					10	127.0	白云岩夹泥质砾岩	紫红色、深灰色
					9	123.6	泥岩夹砂岩	紫红色、浅灰色
				Ⅱ	8	52.0	石英砂岩	灰白色
					7	76.6	泥岩夹含泥白云岩	灰色
					6	175.6	白云岩	灰色—深灰色
					5	126.0	泥岩、含云质泥岩和砂岩	杂绿灰色、深灰色
				Ⅰ	4	220.4	石英砂岩夹含泥白云岩	灰色、紫灰色
					3	76.8	白云质泥岩	紫红色
					2	163.6	白云岩	紫红色
					1	167.2	砂质泥岩	紫红色、深红色
			大红峪组		2	268.6	白云岩	褐红色、粉红色
					1	105.8	泥岩夹白云岩、砂岩	紫灰色、灰色

中—新元古界是下辽河太古宇鞍山群上第一套沉积盖层，大红峪组沉积时期发生大规模的海侵，初期水体较浅，且升降频繁交互，d_1 主要发育潮坪相沉积，岩性以杂色砂岩、砂质泥岩夹紫红色白云岩为主；随海侵不断加大，水体越来越深，d_2 主要沉积一套厚层块状泥粉晶隐藻白云岩（凝块石、核形石、锥状叠层石）和砂砾屑白云岩；大红峪组沉积末期，海水退出，造成大红峪组与高于庄组之间的沉积间断。高于庄组沉积早期，发生第二次海侵，在滨海—浅海相沉积环境下，海水升降频繁交替，在纵向上构成了三个完整的沉积旋回。

（1）g_1—g_4 为第一个海进—海退的沉积旋回，又可分为两个次一级旋回：g_1—g_2 为一个海进旋回；g_3—g_4 为一个海退旋回。

（2）g_5—g_8 为第二个海进—海退的沉积旋回，又可分为两个次一级旋回：g_5—g_6 为一个海进旋回；g_7—g_8 为一个海退旋回。

（3）g_9—g_{16} 为第三个海进—海退的沉积旋回，又可分为两个次一级旋回：g_9—g_{12} 为一个海进旋回；g_{13}—g_{16} 为一个海退旋回。

各小层在纵向上储隔相间叠置分布，是形成中新元古界内幕油气藏的基础条件。

（二）内幕构造

受郯庐断裂系及早期褶皱变动的影响，以郯庐断裂为界，以西的中—新元古界定义为“辽西型”，以东地区属“辽东型”，辽河坳陷大民屯凹陷和西部凹陷钻探到的中—新元古界为“辽西型”。在印支运动形成的开阔向斜构造背景之下，经历中生代末期抬升剥蚀，辽河坳陷中—新元古界已不具有原形盆地的特点，在盆地中局部残存多呈现半个向斜特征[15]。

大民屯中—新元古界处于半个向斜的东北翼，经抬升剥蚀仅在凹陷的北部、西部有局部残留，由北东到南西依次发育白辛台、静北、安福屯、平安堡元古宇潜山，呈阶梯状分布，其间被断层或太古宇分割。其中，中央潜山带静北和安福屯元古宇被多期断层切割复杂化，但内幕特征保留完整，呈向北开启的断裂半向斜特征，地层分布外老里新、南老北新，向斜轴线近东西向或北东向，钻井揭示厚度超过 1000m。凹陷东西两侧元古宇受晚期构造活动影响，基底倾覆碎裂严重，残存厚度 0～800m，地层产状变化较大。

安福屯潜山受古近系北东向安福屯、安福屯东断层主干断裂及派生断层控制，呈西高东低、东西分块、条带状展布特征。同时，该潜山还受到前中生界近东西向内幕断裂影响。新老断层共同作用，将安福屯潜山分为西部沈 625、169、616 高断块山，东部的沈 229、223、232 高断块山，和中间夹持的沈 136 低洼潜山。地层对比表明，其内幕构造为近北东向被断层切割成向北开启的半向斜，向斜轴部位于沈 625—沈 136 一带，向斜南翼较陡，北翼较缓，为不对称型向斜构造。潜山向斜中心位于西侧沈 169 处，揭示最新地层为 g_{10} 小层，向东向南地层逐渐变老，东侧 g_3、g_5 小层以安福屯东断层为界与太古宇相接，南侧 d_1、d_2 小层超覆于太古宇基底。平安堡元古宇构造呈西北高东南低的翘倾断阶山形态，内部又被多期断层分为多个断块。由于基底翘倾幅度较大，元古宇产状基本与太古宇基岩一致，其内幕呈一个近北东向展布东南倾覆的单斜构造，揭露最老地层为 d_1，最新地层为 g_{14}。

（三）储层特征

大民屯中—新元古界为碳酸盐岩、石英砂岩和泥质岩类交互发育，碳酸盐岩主要分布在岩性较纯、厚度较大的大红峪组 d_2 小层及高于庄组的 g_2、g_6、g_{10} 和 g_{14} 小层，石英砂岩主要分布在 g_4、g_8 和 g_{15} 小层，其余小层多为泥质岩类沉积。

中—新元古界储层岩性包括碳酸盐岩、石英砂岩。碳酸盐岩主要为白云岩和泥质白云岩，岩石化学成分中白云岩的 MgO 含量高，局部地区 SiO_2 含量在 2.0%～42.6% 之间，

并且含一定量的 Al_2O_3，为硅质白云岩及含泥硅质白云岩。结构构造上分析，局部地区见有砾屑云岩、细砾屑云岩和鲕粒云岩，反映出高能沉积环境。石英砂岩为碎屑结构变余石英砂岩，可见明显的石英结晶颗粒。泥质岩（板岩）为变余泥岩及云质泥岩，为非储集层。

元古宇储层多以构造裂缝为主要储集空间。其中白云岩为裂缝型储集岩，裂缝是唯一的储集空间，基质孔渗几乎都是无效的。d_2 白云岩（平安堡）孔隙度最大为 4.0%，最小为 0.7%，平均为 1.39%；渗透率最大为 250mD，最小为 0.05mD，平均为 3.52mD。g_{10} 白云岩（安福屯）孔隙度最大为 2.81%，最小为 2.7%，平均为 2.75%；渗透率最大为 2.10，最小为 0.015mD，平均为 0.341mD。

石英砂岩储集空间以裂缝为主，石英晶孔、晶洞为辅。由于存在石英晶洞、晶孔等，基质孔隙度较大，渗透率也较高。g_{15} 石英砂岩（安福屯）孔隙度最大为 6.5%，最小为 2.6%，平均为 3.98%；渗透率最大为 $4.64\times10^{-3}\mu m^2$，最小为 0.005mD，平均为 0.34mD。

按照裂缝发育情况，将元古宇储层分为三类：Ⅰ类储层以溶洞、裂缝孔隙类型为主，宏观裂缝、溶蚀缝洞发育，宏观裂缝占孔隙分布频率的 30% 以上；岩性为碳酸盐类的白云岩、含镁云岩、含灰云岩及石英岩；储层物性较好，孔隙度为 1%～10%，渗透率为 1～600mD。通过对安福屯潜山四口井岩心的统计，该类储层宏观裂缝孔隙度最大值为 2.25%，最小值为 0.27%。Ⅱ类储层以微裂缝孔隙类型为主，宏观裂缝少，微裂缝占孔隙分布频率的 30% 以上；岩性为碳酸盐类的镁质云岩；储层储集条件较差，孔隙度为 1%～6%，渗透率小于 2mD。Ⅲ类储层以超微裂缝孔隙类型为主，微裂缝和宏观裂缝皆不发育；岩性为含泥云岩、变余泥岩；储层物性孔隙度为 1%～6%，渗透率小于 0.5mD，几乎不具备储集能力，一般为非储层。

（四）成藏主控因素

大民屯西部元古宇基岩成藏具有充足的油源条件，发育有利的储集层，稳定的盖隔层分布和保存条件，潜山储集性能、内幕结构和油气输导体系是潜山成藏的关键[15]。

1. 油源条件

大民屯凹陷沙四段、沙三段的湖相泥岩全区域广泛分布，为基岩成藏提供了充足的油源条件，其中达到生油门限深度的有效生油面积分别为 $500km^2$ 和 $400km^2$。

西部断槽带发育平安堡和安福屯两个生油洼陷，与平安堡、安福屯潜山洼隆相间展布，洼陷区沙四段暗色泥岩达厚度 100～350m。同时安福屯潜山上覆稳定分布的油页岩，厚度较大，达 200m。

油源对比表明，沙四段生油岩与前中生界潜山油样亲缘性较好，同属于高腊油系统。其中，沙四段下亚段油页岩是高蜡油的主力源岩，有机质丰度高，总有机碳含量达 7.85%，氯仿沥青“A”含量达 0.6489%；生烃潜力大，生烃潜力最高可达 81.6mg/g，平均达到 38.18mg/g，是极好的烃源岩。沙四段上亚段暗色泥岩总有机碳含量达 2.27%，氯仿沥青“A”含量达 0.103%，也是较好的烃源岩。

2. 储集性能

安福屯、平安堡元古宇储层为长城系的白云岩及石英砂岩，以 d_2、g_2、g_{10} 和 g_{14} 等小层的白云岩及 g_4、g_{15} 小层的石英砂岩为最佳储集岩性，白云岩及石英砂岩在其余泥质岩小层中多以夹层或互层出现。

元古宇储层储集性能主要受岩性、裂缝发育程度控制，白云岩、石英砂岩中岩性越纯，裂缝型储层越发育，储层物性条件越好，而泥质岩因其柔韧性不易形成储层。安福屯、平安堡潜山大红裕组 d_2 小层白云岩质纯、层厚、分布稳定，储层最为发育。安福屯地区 d_2 小层纯白云岩段视厚度达 300m 以上，有效储层厚度也达 140m；其次，g_4 小石英砂岩层视厚度达 215m，最大揭露厚底为 145m，储层较为发育。

无论白云岩还是石英砂岩都是以构造裂缝为主要储集空间。以平安堡潜山沈 257、沈 262 断块为例，断层附近发育构造与岩性配置关系最好的裂缝发育带，储集条件好、油层发育；断块中间部位构造与岩性配置关系稍差，储层裂缝发育次之，如沈 257-20-34 井、沈 257-18-28 井、沈 257 井等。

元古宇内幕多为半向斜构造，地层发生褶曲时，褶曲轴部裂缝最发育，翼部较差。同时，凹陷西侧盆缘断裂是依兰—伊通断裂的南延部分，在不同时期、不同性质区域应力场控制下的多期块断活动，致使元古宇白云岩、石英砂岩的裂缝具有多方位、多组系的特征。沈 257-22-32 井岩心上见到的网状裂缝及沿网状缝破碎成的小块就是多种动力成因所致，裂缝发育方向频率图及倾角直方图反映出裂缝多向性、分散性，也是褶曲、断裂等构造变动共同作用的结果。

3. 盖层、隔层及保存条件

大民屯凹陷沙四段湖相泥岩既是古潜山主要生油岩，又是古潜山的最佳区域盖层，全区分布范围广。此外，西部断槽带基岩上覆房身泡组的红色泥岩及玄武岩，局部地区还发育了中生界角砾岩等致密层，对潜山圈闭起到一定的封盖作用。

西部元古宇内幕中板岩、白云质泥岩等非储层与白云岩、石英岩等储层交互沉积、稳定分布。在相同构造应力作用下，白云岩褶曲发生刚性形变，泥质岩是一种塑性形变，产生的裂缝仅在白云岩发育。从静北潜山岩心观察可以看出，泥质岩类裂缝稀少、细窄，层内延展、充填严重，延展长度小于 10cm。泥质岩类渗流条件差，垂向渗透率小于 1mD，远小于白云岩和石英岩，难以起到连通层间的作用，含油性极差。平安堡沈 257-22-32 井岩心也显示出肉红色白云岩中，一组相互平行的张裂缝垂直于泥质岩层理发育，裂缝只发育在白云岩内部，并不穿切泥质岩条带。因此，泥质岩类在没有断层切割的情况下，具有较好的隔层作用，对内幕圈闭形成起到很好的封隔作用。

大民屯凹陷古近系发育两套断裂体系，早期北东向西掉断层控制着基岩及沙四段构造格局及圈闭形成，晚期近东西向南倾断层没有断至沙四段中—下部，对深层圈闭没有起到破坏作用。凹陷西边界晚期走滑逆掩断层活动强烈，但对西部断槽带安福屯和平安堡潜山油气保存影响不大。

4. 油气输导及充注条件

油气输导体系是大民屯基岩油气运移和聚集的重要因素，连接潜山圈闭与烃源岩之间的运移通道包括有沟通潜山和烃源岩的高渗透岩体、油源断层和不整合系统。油气输导体系并非单一类型，而是由两种或几种运移通道组成的复合输导体系，主要有三种类型：断层—不整合—岩体输导体系、断层—岩体型输导体系、断层—不整合型输导体系。

西部潜山带发育安福屯、平安堡西两条主要油源断层，是沟通安福屯、平安堡洼陷两大烃源灶与潜山的“桥梁和纽带”，油气沿着断层的走向进行侧向运移，油源断层与次级断裂及潜山内部有效储层构成网状输导体系，是潜山内幕成藏的关键。同时，大民屯中—新元古界与上覆古近系呈不整合接触，经历过区域性构造抬升、风化剥蚀作用，形成了区域性稳定分布的高孔隙度、高渗透率古风化壳，既是潜山油气输导系统的重要组成部分，又是油气聚集的有效场所。

大民屯两套断裂系统控制着上下相对独立的含油气系统，下含油气系统中烃源岩内超压普遍发育。伴随着生油层有机质成熟度增加、大规模排烃，产生的地层超压不但保障成藏过程中油气的连续充注，也使油气沿断层“倒灌”入潜山内部。因此，烃源岩生成的油气沿油气输导体系油以垂向或侧向运移方式聚集到潜山内幕之中，形成元古宇内幕油气藏。

（五）油气藏类型及油气分布

大民屯西部元古宇潜山多为裂缝—孔隙型具有层状结构的块状油藏（图 5-2-2）。从圈闭类型上看，整体为基岩断块体翘倾所形成的潜山构造油气藏。但元古宇内幕储隔层交互展布，油层呈层状分布，为具有层状结构的块状内幕油藏。元古宇开发证实，虽然油层间有很好的隔层条件，但断层切割及不封闭性，造成小层或断块油藏间相互连通，油藏仍具有块状特征。

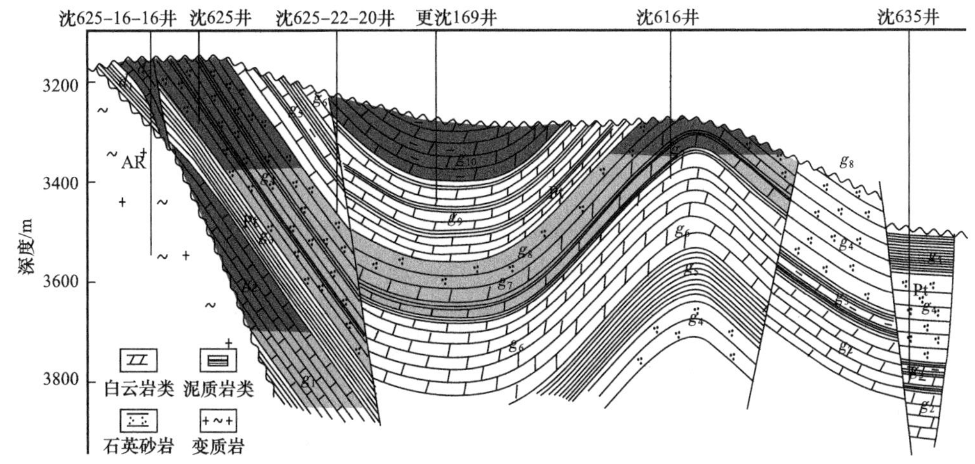

图 5-2-2 安福屯潜山沈 625-16-16 井—更沈 169 井—沈 616 井油藏剖面图

潜山内幕油气藏是基岩内部地层产状、储层分布、隔层组合及古地貌特征等不同因素共同作用而形成的油气藏。油气分布主要受控于内幕小层高点和储层发育状况。以安福屯潜山为例，潜山顶面形态为断裂鼻状构造，并被次级断层分割成多个地堑地垒相间的断块，构造高点在南部沈 229 井；元古界内幕是一个被断层切割的半向斜构造，向斜轴心在北部沈 169 井处；小层油层分布受控于各小层构造高点，具有内幕高点控藏特点。

潜山内幕油气藏是基岩内部地层产状、储层分布、隔层组合及古地貌特征等不同因素共同作用而形成的油气藏。内幕油藏油气分布主要受控于内幕小层高点和储层发育状况。以安福屯潜山为例，潜山顶面形态为断裂鼻状构造，并被次级断层分割成多个地堑地垒相间的断块，构造高点在南部沈 229 井；元古宇内幕是一个被断层切割的半向斜构造，向斜轴心在北部沈 169 井处；小层油层分布受控于各小层构造高点，具有内幕高点控藏特点。

西部元古宇以大红裕组 d_2 白云岩岩性纯、厚度大、分布稳定，导致 d_2 油层分布广泛，为安福屯、平安堡潜山的主力油层；高于庄组岩性变化较大，g_2、g_4、g_5、g_6 和 g_{14} 油层与泥质岩隔层间互分布。强烈构造活动使潜山内部产生多期高角度网状裂缝，形成多套优质的潜山裂缝型储层，而裂缝发育程度控制着潜山的油气分布。如平安堡元古界潜山沈 262 井 3266.2～3305.12m 井段裸眼试油，日产油 43.54t；3512.0～3532.0m 井段试油，日产油 152 t。

三、精细勘探研究

基于大民屯元古宇内幕小层高点控藏、有效储层控制着油气富集的特点，研究中将精准划分地层、落实小层产状、确定有效储层标准作为油藏评价的关键所在；同时加强内幕裂缝和分布预测研究，以进一步拓展元古宇勘探领域。勘探研究中，应用储层评价、裂缝预测、分布预测及内幕特征研究等适用于内幕油藏的研究方法和技术系列，取得很好勘探开发效果。

（一）储层评价

元古宇储层评价是内幕油藏研究的基础，包括储层岩性识别和储层裂缝评价两部分。

1. 储层岩性识别

大民屯元古宇的岩性由白云岩类、石英砂岩类和泥质岩类构成，不同小层有不同的岩性组合，因此岩性识别不仅能区分储集岩（白云岩、石英砂岩）和非储集岩（板岩等泥质岩），还是小层精细划分对比的重要依据。

研究中结合岩心观察，将薄片鉴定结果和相对应岩性的测井曲线特征进行归纳类比，反复修正建立岩性—电性关系图版，确立元古宇测井岩性识别标准。测井岩性识别主要采用放射性测井系列，即自然伽马曲线、补偿中子曲线、密度曲线和声波时差曲线等的组合。从测井响应的特征看，石英砂岩的电性特征具有“四低一高”的特征：即低自然伽马、低密度、低补偿中子、低光电截面指数（Pe）、高声波时差。白云岩的电性特征是

“三低两高”：即低自然伽马、低补偿中子、低声波时差、高密度、高光电截面指数。泥质岩的电性特征则与上述岩性基本相反，为“四高一低”：即高自然伽马、高声波时差、高补偿中子、高光电截面指数、低密度。

通过测井对比，建立了安福屯、平安堡潜山统一的内部层序，为精细的小层对比研究奠定了基础。

2. 储层裂缝评价

裂缝是元古宇储层的主要储集空间，裂缝的评价和预测是潜山勘探的难点和关键点。研究裂缝直接的方法是岩心观察与化验分析，间接的方法是用相关的测井资料进行分析。储层测井评价可分为两部分。

1）常规测井识别有效储层

常规测井系列中反映裂缝特征比较明显的是深浅侧向电阻率和三孔隙度曲线。当地层中存在裂缝时，钻井时钻井液滤液侵入地层，导致所测地层电阻率降低，因此在裂缝发育段，深浅侧向电阻率一般呈“U”形，即为高阻背景下的低电阻率异常段。如沈262井3496～3532m裂缝发育井段，10mm油嘴试油142t/d，深浅侧向电阻率基本小于2000Ω·m，而围岩电阻率却高达10000Ω·m。由于裂缝发育的不均匀性，双侧向电阻率曲线形态起伏不平，当钻井液侵入严重时，浅侧向最低降到20Ω·m。由于深浅侧向电阻率的径向探测深度不同，使裂缝发育段的深浅侧向电阻率曲线间存在幅度差。对于斜交裂缝，深浅侧向电阻率曲线一般呈正差异形态，即深测向电阻率大于浅侧向电阻率。沈262井深浅侧向最大差异值达到1000Ω·m以上。

在应用双侧向电阻率的同时，还可以结合声波时差、密度、自然伽马等测井参数，选用综合反映裂缝和基质孔隙发育程度的（RLLD/RLLS）×Δt参数作为划分储层的主要参数，并分岩性建立储层识别图版。上述方法是大民屯凹陷储层评价的主要技术手段。

2）特殊测井系列识别有效裂缝

除了应用常规测井方法进行储层评价之外，在大民屯潜山裂缝研究过程中，还重点引入了5700测井系列，如井周超声成像测井、微电阻率扫描成像测井等。根据这些图像可以直观地了解裂缝的位置及产状。如电成像测井，当井壁存在裂缝或溶蚀孔洞时，由于其中充满钻井液，造成电阻率降低、回波幅度降低、回波时间加长，在图像上显示为暗色调。天然裂缝表现为黑色正弦波形态，与层界面不平行，裂缝面不规则，常伴有溶蚀作用，所以宽窄度不一。沈257-22-32井电成像处理成果中斜交缝为黑色正弦波形态，垂直裂缝显示为黑色平行于井筒方向的不规则条纹（图5-2-3）。

（二）地震预测技术

开展潜山裂缝及岩性分布预测，即所谓的钻前预测是勘探部署研究的重要环节。钻前预测包含两个方向：一是地震—测井联合反演裂缝预测技术；二是区域地质分析预测[16]。

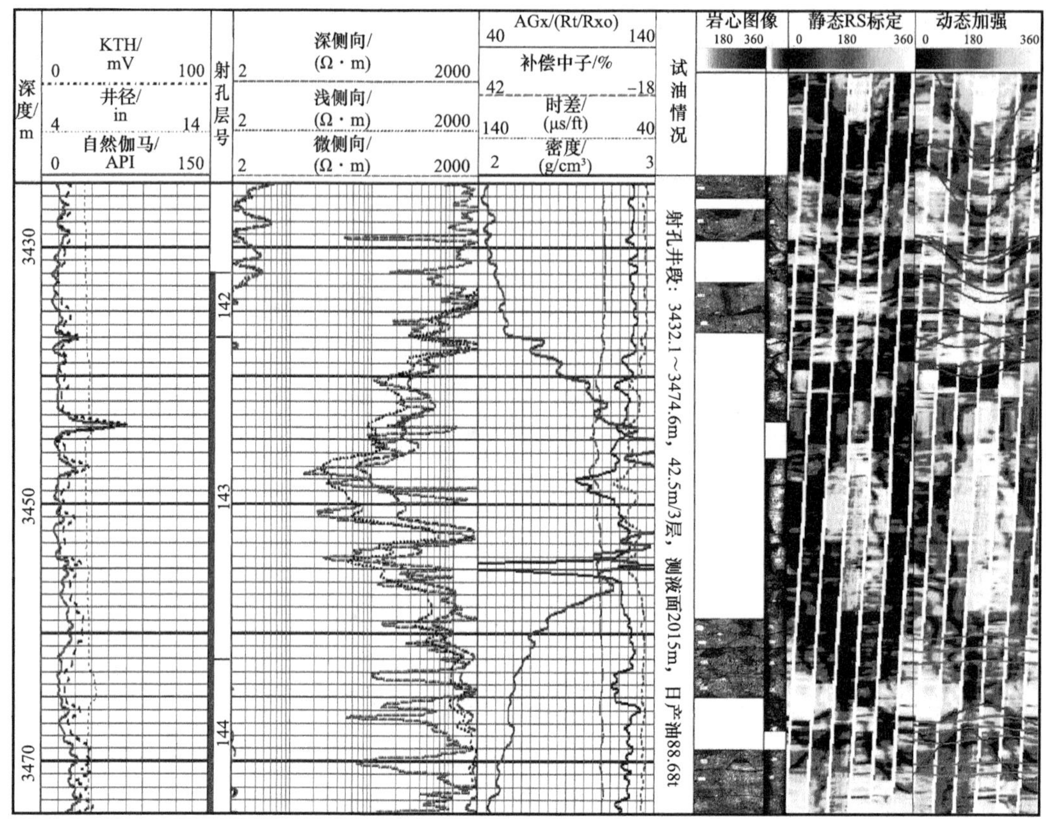

图 5-2-3　沈 257-22-32 井储层测井曲线综合对比图

1. 裂缝预测

西部元古宇主要采用了地震多属性、构造应力法和多属性测井反演等裂缝预测技术。地震多属性裂缝预测技术其原理在于：构造裂缝的产生主要受构造应力作用的控制，断层发育的部位，裂缝一般较为发育，而裂缝的发育也必然对地震反射产生相应效应。分析认为，弱振幅、低频率、杂乱相位、地层倾角变化大、地震相干性差、较高的地震吸收系数等都是潜山裂缝发育的地震反射特征。通过沿层振幅可视化、沿层瞬时振幅、瞬时频率、瞬时相位、相干体预测、地震吸收系数等地震属性的处理和综合分析，可以对宏观裂缝的发育和分布做出预测。

构造应力法裂缝预测技术就是从裂缝成因机制出发，把岩心观察、露头资料、成像测井解释成果作为约束条件，对构造发育史进行正演和反演，结合现应力场、岩石特性、孔隙流体压力等参数，进行裂缝空间分布的宏观预测和裂缝有效性分析。安福屯低潜山的裂缝预测结果与其后的实钻结果基本吻合。

多属性测井反演裂缝预测技术主要是以储层重构为基础，从测井曲线上寻找能够反映岩性、含油性或裂缝等特殊物理性质的敏感响应，或利用多条曲线通过变换重新构建成能够反映储层性质的特征曲线，通过地震多属性约束对储层进行模拟反演和预测。通过深、浅侧向电阻率测井多属性约束反演，结合三维可视化技术，对安福屯潜山裂缝发育区带的三维宏观预测。以此为依据部署的沈229井等井分别在元古宇潜山获高产油流，预测成果有效地指导了勘探部署工作。

2. 元古宇分布预测

自然伽马反演预测元古宇分布，是依据伽马曲线对元古宇和太古宇两类岩性的响应存在明显差异的基础上建立起来的软计算方法。中—新元古界伽马（10～30API）远小于太古宇伽马（60～220API），该特征为岩性横向预测提供了依据。应用自然伽马反演结果对安福屯潜山及周边进行了岩性预测，成果表明元古宇分布明显受沈616断层和沈223断层的控制，即主要分布在这两条断层之间，同时向西南方向的前进西侧洼槽带仍有相同的伽马异常。通过自然伽马反演预测及地震相分析，认为大民屯西部断槽均有元古宇的分布，面积约190km^2，扩大了元古宇潜山的勘探领域。在该区部署沈257井、沈275井和沈281井均钻遇元古宇，并获高产油流，一举发现了平安堡潜山。

（三）潜山内幕特征研究

元古宇潜山内幕特征研究包括内幕地层层序、地层产状及内幕断层识别等方面的综合分析，是认识内幕油藏性质和井位部署实施的重要环节。地震资料处理解释只能落实潜山顶面的构造形态，无法对元古宇内部构造进行清晰解释，需要综合钻井、测井及地震等资料来研究元古宇内幕特征。

1. 小层对比

元古宇为海相沉积，分布相对稳定，区域上可对比性强。首先，采用测井曲线对比与岩性判别的方法建立大民屯元古宇地层层序。除了把小层岩性组合及沉积旋回在测井曲线响应上的相似性作为小层对比的依据外，确定出全区稳定发育且特征明显的标志层。以对大红裕组d_1、d_2小层的识别为例，元古宇d_1小层顶部发育两套深灰色白云质泥岩，上层厚度2～3m，下层厚度4～5m。该套泥岩自然伽马较高，在70～100API之间，成一对平角状，俗称“羊角泥岩”，构成全区稳定的标志层（图5-2-4中GR曲线红色箭头所指位置）。标志层之上为一套厚层较纯白云岩，自然伽马响应特征更为低平，一般不高于40API，确定为d_2小层。

2. 地层产状确定

在区域小层划分对比的基础上，通过岩心、微电阻率扫描成像测井等多方法，确定小层空间展布方向，实现对内幕地层产状及其延伸范围的精细认识。

（1）岩心层理确定地层产状。

岩心中岩层层面产状的测量可真实地再现地下地层产状，重点选择泥岩的层理进行地层产状的恢复，如下图中岩心可准确地反映岩层的倾角，经过岩心测量、统计，可以看出安福屯潜山沈232块地层倾角变化较大，一般为15°～25°（图5-2-5）。

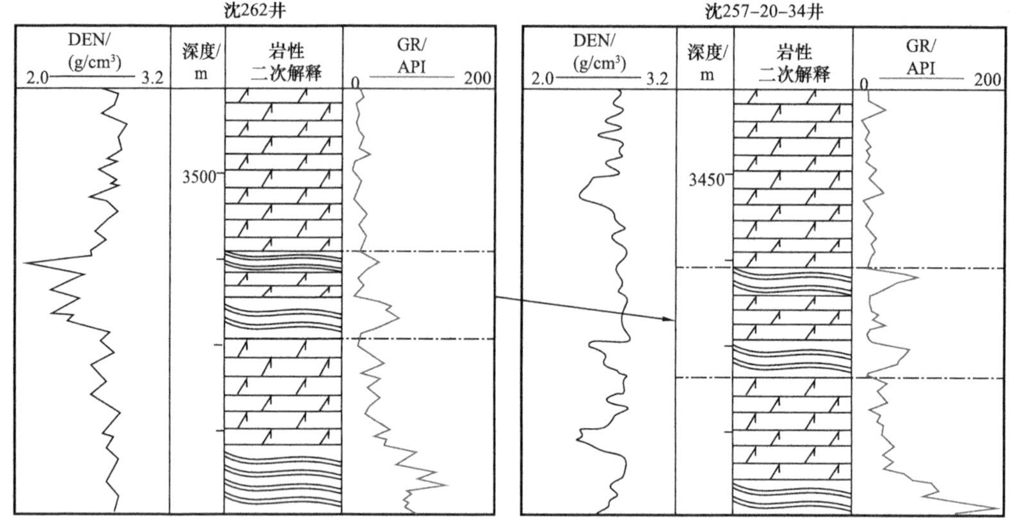

图 5-2-4　小层划分识别对比图

图 5-2-5　岩心显示地层倾角

（2）微电阻率扫描成像测井确定地层产状。

测井技术确定地层产状主要应用倾角处理结果中的矢量图。对于倾斜地层，在致密的碳酸盐岩和泥岩井段以绿模式显示出来，即随着深度的增加，地层的倾角和倾斜方位角相对稳定不变。但在白云岩和石英砂岩地层中，由于裂缝的存在，倾角资料主要反映裂缝的产状，不能反映倾斜地层的地层倾角。泥岩处于低能沉积环境，水流平缓，水平层理与泥岩层面基本是平行的，因此采用泥岩段来确定地层的构造倾角（图 5-2-6）。

（3）标志层顶面三点成面确定地层产状。

选取 d_1 小层“羊角”泥岩和 g_4、g_8 小层石英砂岩等标志层，结合地层的新老关系、标志层地层倾角，利用三点成面的方法，确定一个稳定断块内小层的地层产状。如果一个断块内两口井产状变化较大，推测之间有古断层的存在。利用三点成面法，预测平安堡潜山带元古宇内幕是一个近北东走向、向东南倾覆的单斜构造，地层倾角较缓，5°～10°。

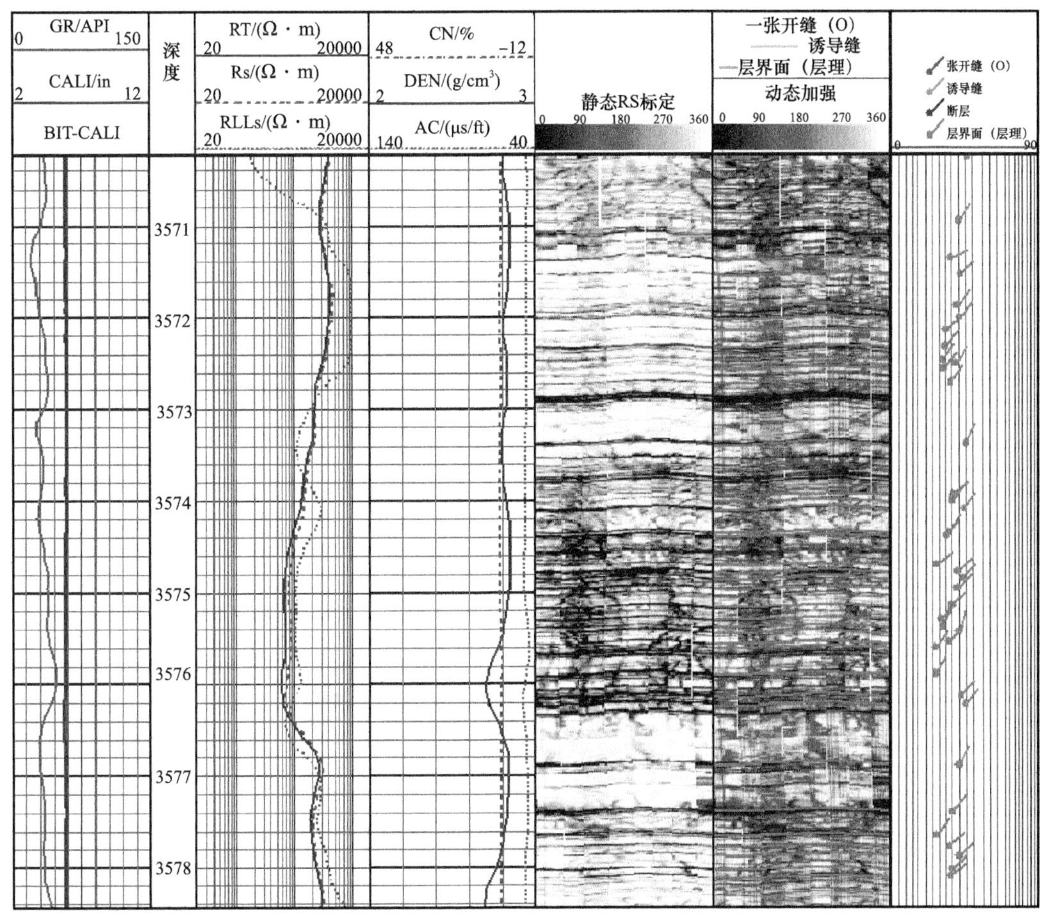

图 5-2-6　沈 257-18-42 井地层倾角测井解释成果图

（四）研究成果

在精细小层划分及产状识别的基础上，结合元古宇顶面断裂与构造形态控制整体构造格架，利用地层倾角及产状分布确定地层走向及出露界线，建立地质对比剖面相互印证、调整，编制了元古宇顶面地层分布图（图 5-2-7）。西部元古宇自南向北表现为隆凹相间的构造格局，地层分布均为南老北新、东倾西抬的形态，形成各自独立的潜山。安福屯、平安堡等元古宇潜山内幕构造为半向斜构造。

在明确元古宇内幕地质结构和小层高点控油规律的基础上，2008 年后对安福屯、平安堡潜山元古宇开展水平井部署钻探。针对大红峪组 d_2 高产层，落实地层产状、裂缝展布，确定有效储层分布特征，在安福屯、平安堡元古宇潜山实施水平井部署，其中安福屯潜山实施了沈 625-H2 井、沈 625-H3 井等水平井，水平段达 500～620m，油层钻遇率达 96% 以上。同时，在西部断槽元古宇部署实施沈 359 井 d_2 小层获得日产油 6.04m³

的工业油流；沈 362 井 3400～3404m 处取心，实获心长 3.6m，其中富含油 0.17m，油斑 3.43m。

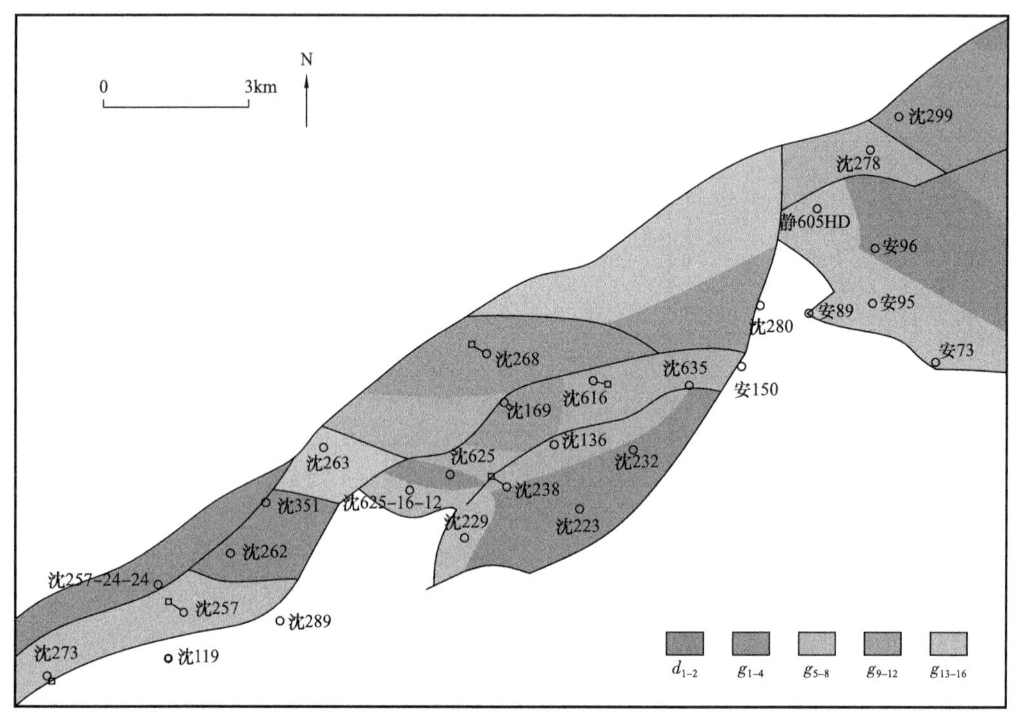

图 5-2-7　安福屯—平安堡潜山元古宇分布图

第三节　边台—曹台潜山带（AR）

边台—曹台潜山带地理上位于辽宁省沈阳市，构造位置处于渤海湾盆地辽河坳陷大民屯凹陷东部陡坡带，包括边台潜山和曹台潜山，构造面积约 50km^2（图 5-3-1）。

一、勘探概况

边台—曹台潜山勘探工作始于 20 世纪 80 年代，1984 年 1 月，安 36 井在太古宇中途测试获日产 12.62t 的工业油流，在大民屯凹陷发现太古宇潜山油藏。1988 年边台潜山在太古宇首次上报探明石油地质储量 873×10^{4}t，探明含油面积 9.6km^2。1989 年曹 6 井在 1388～1400m 井段试油，压裂后获日产 19.1t 工业油流，但由于高凝油流动性差，该井没能成功投产。1994 年曹 18 井 1300m 电缆电热抽油杆热采试验，获日产 1.2t 工业油流，累计产油 43.64t，证实曹台潜山在电热抽油杆热采工艺条件下具有工业开采价值。1995 年在曹台潜山上报探明石油地质储量 765×10^{4}t，探明含油面积 5.3km^2。后期，由于边 34-24 井等井在原储量底界以下获得工业产能，边台潜山含油底界由原上报含油底界拓深至 -2400m，2001 年整体复算上报探明石油地质储量 1805×10^{4}t，含油面积 9.3km^2。

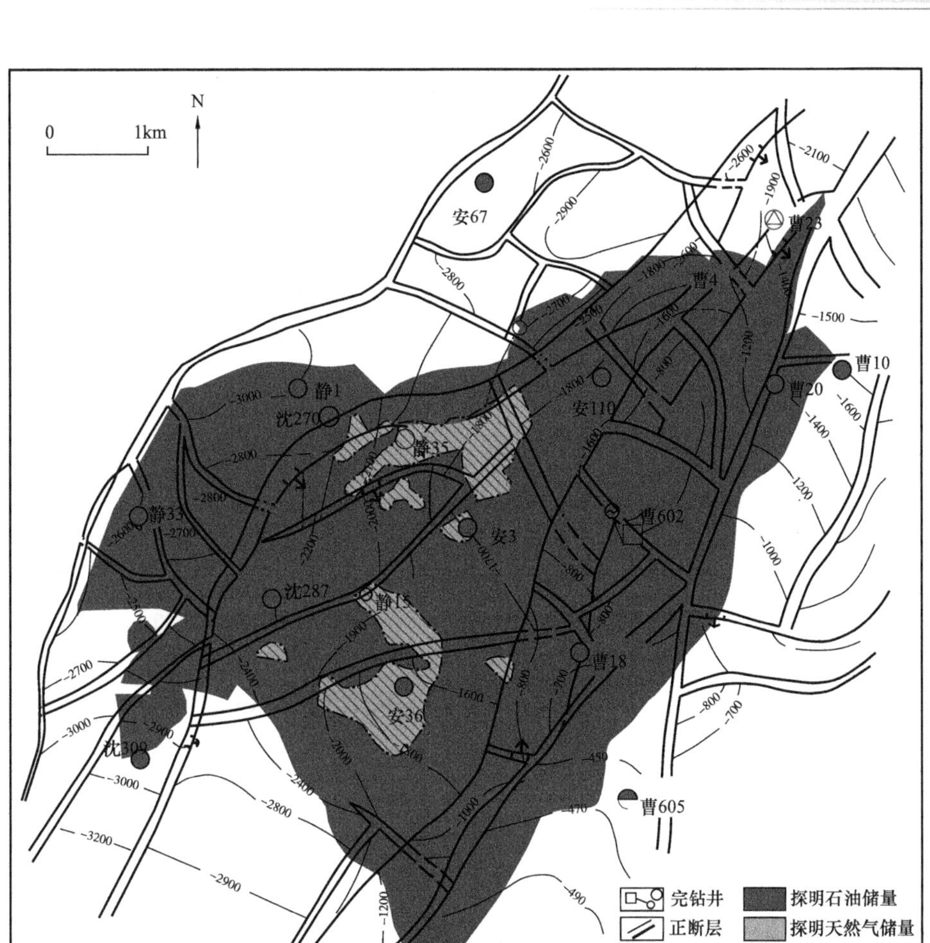

图 5-3-1　大民屯凹陷边台—曹台潜山带太古宇顶界构造图

二、油气藏特征

边台—曹台潜山带位于辽河坳陷大民屯凹陷的东部陡坡带，西南紧临胜东洼陷，向北倾没于三台子洼陷，东侧与盆缘凸起相接。该潜山带在中—新生代经历了强烈的构造活动，产生了多组正断层和逆断层，是在边台逆断层和曹台逆断层双重控制下形成的断块型潜山带，潜山裂缝比较发育；其西、北、南三面被生油洼陷所包围，沙三段、沙四段厚层深湖相暗色泥岩为良好的烃源岩；同时上覆沙三段、沙四段泥岩盖层对油气起到较好的封隔作用；东营期随着油气的大量生成，油气开始由侧向或顶部等不同方向向潜山带聚集，形成了新生古储型潜山油藏。

在对边台—曹台潜山综合研究的基础上，部署的哈 20 井、沈 286 井、沈 287 井均获得了工业油流。其中，哈 20 井在高部位的沈 256 井出水的情况下，获日产油 77.2t 的高产油流，证实了小断层分割油水系统，潜山独立断块具有单独的油水系统；并且边台—曹台潜山带构造部位高，一直以来都是大民屯凹陷油气运移的主要指向，构造活动剧烈，并发育有边台逆断层、曹台逆断层，裂缝极为发育；区域型供油断层集中，有利于油气向潜山深层运移，东部断槽两侧具备双向油气供给条件，有利于基岩油气成藏，边台潜山探明储量底界为2400m，而东部断槽探明储量底界为3135m，边台—曹台潜山带纵向上尚有较大勘探拓展的空间。

在边台—曹台取得良好勘探效果的基础上，在“二次开发”理念的指导下，采用复杂结构井进行二次开发试验，有效减缓了油藏递减，开发效果得到提升，也证实了边台潜山在 −2400m 以深、曹台潜山在 −1740m 以深都含油气，且具有较高的产能，预示着边台—曹台潜山深层具有良好的勘探开发前景。在边台—曹台潜山带上报探明石油地质储量 2677.41×10^4t。

边台—曹台潜山储层在平面和纵向均比较发育，为具有双重介质的裂缝—孔隙型储层，为潜山带油气成藏提供了前提条件。平面上潜山带高低断块的差异及储层裂缝的发育程度控制了油藏分布变化。总体上油层分布具有两个特点：一是埋藏高的潜山油层厚，埋藏低的潜山油层相对薄；二是在岩性较好和构造应力集中区即相对构造高部位有效厚度较厚，翼部低部位相对较薄。

边台潜山油藏埋深 −2520～−1400m，最大含油幅度达 1120m；储层主要发育在距潜山面 940m 内，油层有效厚度一般在 80～200m 之间，最大油层有效厚度 257.8m。

曹台潜山油藏埋深 −2460～−500m，最大含油高度达 1960m；油气分布主要受构造和储层发育程度的双重控制，储层自上而下均有分布，在 1740m 以下单井有效储层厚度在 105.6～176.4m 之间。

边台—曹台潜山为两条近北东走向的逆断层（边台逆断层和曹台逆断层）控制形成的翘倾断块山，呈狭长条带状分布。边台—曹台潜山顶面形态为鼻状构造，构造高点靠近曹台逆断层一侧，且向南、北倾伏。该区紧邻胜东次洼，同时上覆较厚的沙四段暗色泥岩及油页岩，油源条件优越。太古宇岩性主要以混合片麻岩、混合花岗岩为主，由于东营组沉积期右旋走滑挤压作用，易形成裂缝型储层，具备良好的储集条件。该区是大民屯凹陷已发现潜山油藏纵向幅度最大的地区，油藏厚度可达 1670m。通过综合研究，建立了大民屯凹陷边台—曹台潜山带逆冲型潜山的成藏模式（图 5−3−2）。

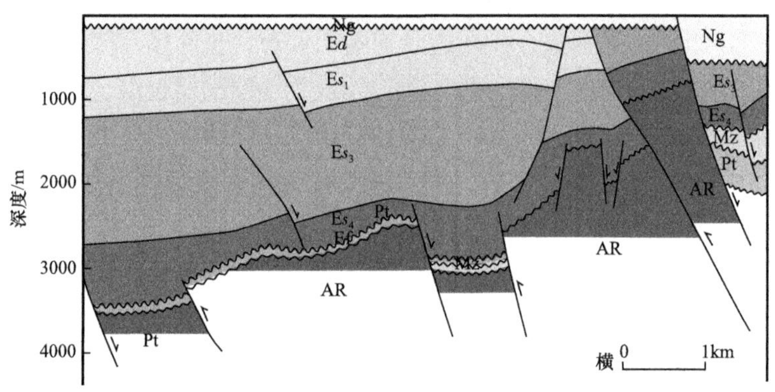

图 5−3−2　大民屯凹陷边台—曹台潜山带成藏模式图

三、勘探成果

2009～2012年针对边台潜山北动用程度低（采出程度2.76%）、直井单井产能低（2t/d）、开发效果变差的情况，在“二次开发”理念的指导下，在对边台—曹台潜山油藏地质特征和剩余油进行了精细刻画的基础上，通过对地质体内幕的精细研究和对潜山油藏“三分一体”的突破性认识，找出有利层段和部位，采用直井眼控制含油面积、有效厚度和录取资料，利用复杂结构井落实产能，在对潜山油藏地质特征和剩余油进行了精细刻画的基础上，采用复杂结构井进行二次开发开发，有效减缓了油藏递减，开发效果得到改善。2012年在边台潜山新增探明含油面积10.11km^2，探明石油地质储量1786.52×10^{4}t，含油底界为−2520m；在曹台潜山新增探明含油面积2.86km^2，探明石油地质储量890.89×10^{4}t，含油底界为−2460m。2012年，边台—曹台潜山带累计上报探明石油地质储量1677.41×10^{4}t，取得了良好的勘探效果[17]。

四、地质意义

在边台—曹台潜山带取得较好勘探开发效果的基础上，通过对烃源岩—储层配置关系并结合潜山勘探实践，总结了基岩潜山油气富集规律，认为大断距断层控制的基岩断块，在垂向和侧向均直接接触油源，油气最为富集，可形成风化壳和潜山内幕油藏（边台、曹台潜山）；小断距断层发育的基岩，上覆优质烃源岩，油气以垂向运移为主，在风化壳富集（静安堡潜山、胜西低潜山）；不能直接接触油源的基岩，可依托大的油源断层连接生烃洼陷，长距离供油，易于形成内幕油藏（前进北潜山）。综合研究认为，大民屯凹陷潜山成藏和断裂性质密切相关，油气富集程度受断裂性质和断裂规模的控制，其中，逆断层控制的基岩断块油气富集程度最高。

建立了三种类型的潜山成藏模式。

（1）小断距（断距小于200m）正断层控制形成的潜山：断层在沙四段沉积早起活动，后期停止活动，不能作为潜山主要油气运移通道，油气以靠不整合面的垂向或侧向运移为主，形成风化壳油藏，以静安堡潜山最为典型（图5−3−3）。

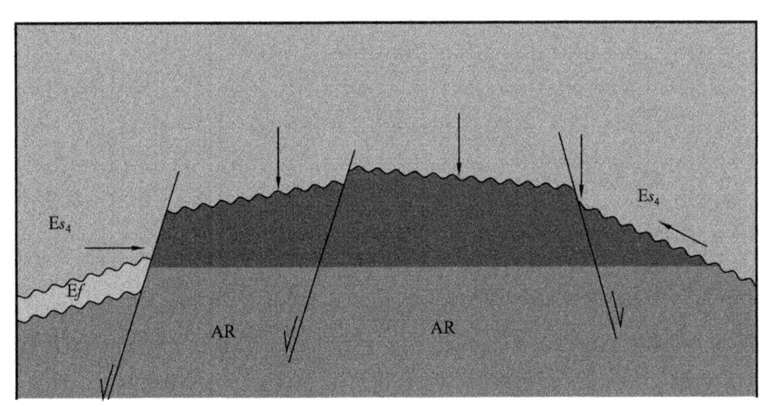

图5−3−3 小断距正断层成藏模式

（2）大断距（断距大于200m）正断层控制形成的潜山：由于断层长期活动，其周围裂缝发育，且供油窗口巨大，作为油气侧向运移主要通道，既能形成基岩风化壳油藏，也有利于形成基岩内幕油藏，如东胜堡潜山（图5-3-4）。

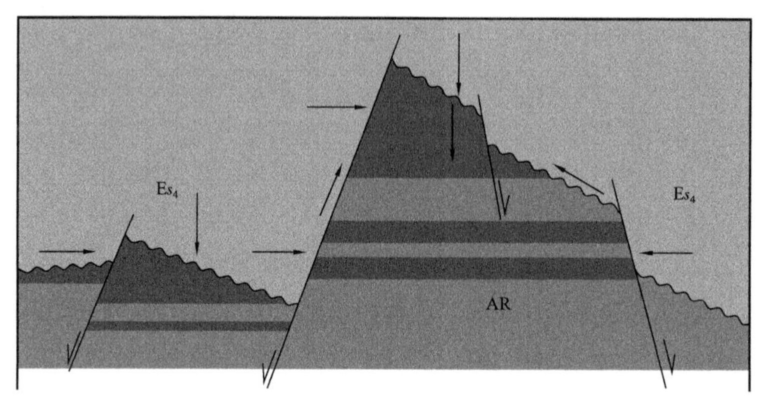

图5-3-4　大断距正断层成藏模式图

（3）逆断层控制形成的潜山：逆断层控制形成的潜山，其裂缝最为发育，同时本区逆断层主要活动发育期也是该区油气大规模运移聚集期，良好的时空匹配使基岩潜山油气富集程度最高，以边台和曹台潜山最为有利（图5-3-5）。

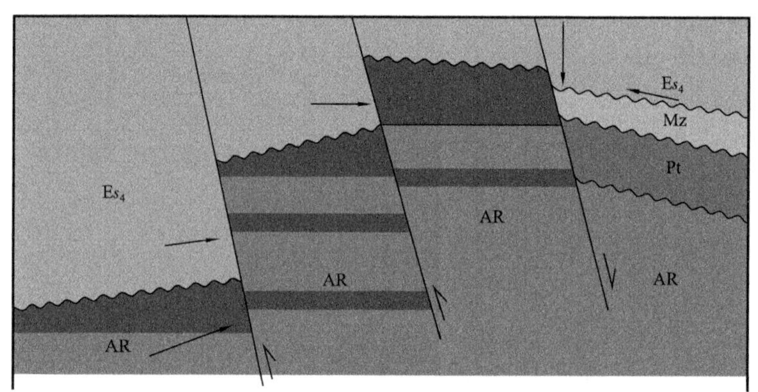

图5-3-5　逆断层成藏模式图

第四节　前进—胜西潜山带（AR）

前进—胜西潜山带地理上位于辽宁省沈阳市，构造位置处于辽河坳陷大民屯凹陷东胜堡—静安堡二级构造带西侧的低潜山带，东侧为东胜堡西断层，西侧为前进断层，北部与静安堡潜山相接，南部延伸至荣胜堡洼陷。该低潜山主要为受北东向西掉断层控制下的翘倾断块潜山带，总体上为一个东倾的单斜形态，被多条次级断层分割成若干断块。三面环洼，其南侧为荣胜堡洼陷，东侧为胜西洼陷，西北侧为安福屯洼陷，成藏条件非常有利（图5-4-1）。

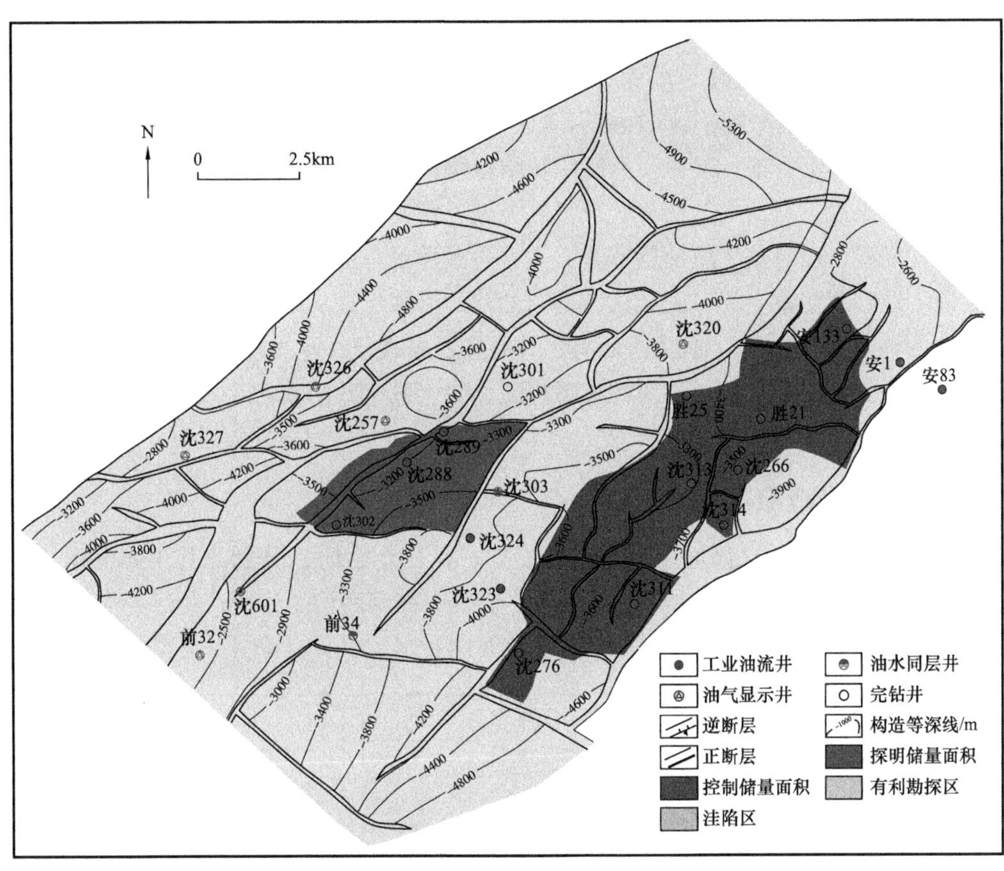

图 5-4-1　大民屯凹陷前进—胜西潜山带太古宇顶界构造图

一、油气藏特征

大民屯凹陷的基岩高、中、低潜山均有油气分布。主体高、中潜山成藏条件优越，距油源断层近、高幅度的潜山油气最为富集，如东胜堡潜山。距油源断层较远、微幅度的潜山存在明显的不均衡性，如东胜堡西侧低潜山，沈 628 井区富含油，而相邻的沈 629 井含油性就较差。说明本区油气分布不均衡，具有“整体含油，局部富集”的特征。

纵观高、中、低潜山油藏特征，除埋深不同外，其成藏条件上具有相似性：一是潜山局部隆起、单断或双断等圈闭形态明显，地震上具有较强的可识别性特征；二是潜山顶面或侧向与烃源岩直接接触，或与生烃洼陷间存在明显的供油窗口或沟通油源的断层；三是裂缝是基岩中的重要储集空间和渗流通道，裂缝发育状况受构造和岩性因素影响；四是除了潜山顶面的风化壳外，潜山内幕同样发育油层，而两段油层之间为基性侵入的致密层，形成基岩内幕层状油藏特征；五是潜山油藏不具备统一的油水界面充分证明了基岩油藏的含油下限值，打破了 3000m 的统一油水界面的观点。

前进—胜西潜山带油藏整体含油，油层分布主要受裂缝发育程度控制，在优势岩性发育和构造应力集中区即相对构造的高部位储层发育。如沈 311 井处于浅粒质混合岩区域，岩性储集性能好，且处于局部构造高部位，储层有效厚度达到 98.7m，与此类似的还有胜 25 井、胜 601 井等。油藏高点埋深 2550m，最大含油幅度达 1287m，油层有效厚度一般 20～70m，最大油层有效厚度 98.7m，平均 50.8m。胜西低潜山太古宇潜山带油藏类型为整体含油连片，局部富集，是一个具似层状结构特征的块状构造油藏。

对于勘探来说，每次大的储量、产量的突破，都伴随着一次地质认识的提升，从以往的勘探方式来看，以寻找优质储层分布为主，再去评价其成藏条件，而油气藏的形成是油气从烃源岩运移到储集空间，因此认为基岩油藏的勘探应该从源头入手，沿油气运移方向寻找有利的油气储存场所。通过对大民屯凹陷基岩成藏条件及主控因素不断总结、研究，在前进—胜西低潜山建立了以下两种成藏模式，为大民屯凹陷太古宇潜山勘探奠定了理论基础[18]。

（一）低潜山成藏模式

大民屯凹陷潜山带在剖面上表现为高、中、低三个台阶，分别称其为高潜山、中潜山、低潜山（图 5-4-2）。以往的勘探工作主要集中在高潜山、中潜山上，对低潜山缺乏必要的认识。

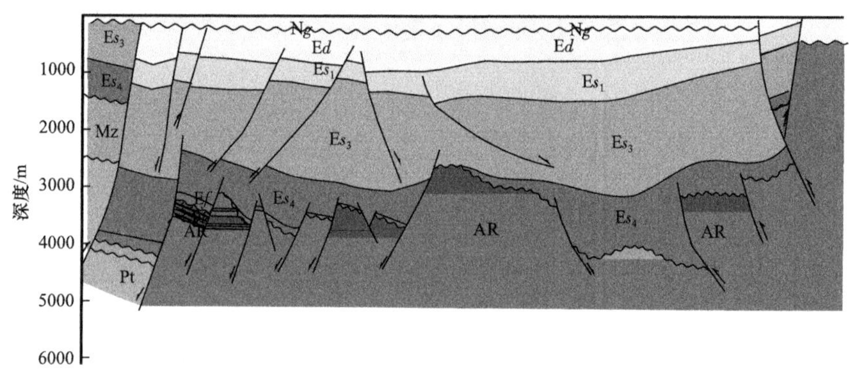

图 5-4-2　大民屯凹陷胜西低潜山成藏模式图

综合研究认为，低潜山相对于高潜山、中潜山而言，具有更加优越的成藏条件：一是油源充足，具有优先捕获油气的优势，沙四段生成的油气不经过长距离运移；二是低潜山受晚期构造活动改造较弱，早期形成的潜山圈闭不易被晚期构造活动所破坏；三是低潜山在构造上基本都处于正断层下降盘，正断层在发生错动时，上升盘作为被动盘，相对静止，而下降盘则作为主动盘，相对滑动，下降盘裂缝发育程度远大于上升盘，因此低潜山构造裂缝发育，储集条件较好；四是由于低潜山埋藏相对较深，地温较高，有利于高凝油的流动。所以低潜山也是有利勘探部位，油气也非常富集，以胜西低潜山最为典型，根据这个理论认识，2010 年在胜西低潜山部署的沈 311 井发现日产油 173m^3，累计产油 521m^3 的高产油流。

（二）基岩内幕成藏模式

大民屯凹陷局部地区发育房身泡组和中生界，房身泡组和中生界阻止了烃源岩与基岩储层直接接触，生油洼陷生成的油气必须经油源断层运移至基岩圈闭才能聚集成藏，形成内幕油气藏（图 5-4-3）。

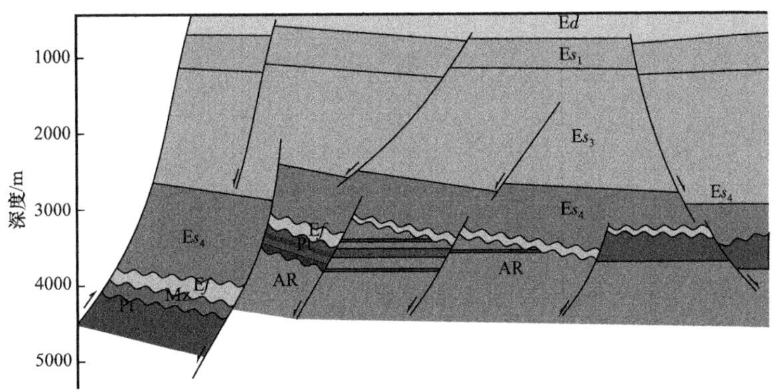

图 5-4-3　大民屯潜山内幕成藏模式图

例如，位于前进潜山北侧的沈 302 井在进山 780m 附近获得工业油流，其上发育了约 240m 房身泡组，阻挡了烃源岩与基岩的直接接触，并且油层距生油岩底界约 600m，其油气很难从生油岩向下垂向运移至基岩，分析认为，其油气是从安福屯洼陷经安福屯西断层运移而来，安福屯断层为该区重要的油源断层。

另外，位于东部断槽的沈 286 井在进山 425m 后获得了工业油流，其上发育了一段约 70m 厚的辉绿岩脉，该岩脉阻止了油气向基岩运移，其油气是从胜东次洼经胜东断层和边台逆断层运移至基岩聚集成藏，胜东断层和边台逆断层是该区带重要的油源断层。

总之，油源断层对于大民屯凹陷基岩潜山深层油气成藏具有十分重要的作用，对于潜山内幕油藏的形成提供了必要的油源条件。该凹陷重要的油源断层还有安福屯断层、东胜堡断层、胜东断层和曹台逆断层。

二、勘探成果

前进—胜西潜山带被沈 235、沈 268 反向正断层分割成沈 289 井—沈 640 井、沈 303 井—沈 252 井、沈 276 井—沈 629 井三个北东向的东倾翘倾断块区。该区沈 628 块、沈 233 块等区块太古宇累计探明含油面积 6.35km^2，探明石油地质储量 466×10^{4}t。2007 年之后，在总结了低潜山及太古宇潜山内幕成藏模式的基础上，部署了沈 289 井、沈 288 井和沈 302 井均在太古宇获得了高产油流，证实了该区勘探潜力。其中沈 302 井在太古宇 3949～3964m 井段，压裂后获得日产油 6.64m^3 的工业油流，证实了该区的勘探潜力，2010 年在沈 289 块新增控制含油面积 9.3km^2，上报控制石油地质储量 1503×10^{4}t。

在总结沈 302 井成功经验的基础上，对前进—胜西潜山带各探井的油水关系进行系统的分析后发现，该区所有探井试油结果均为油层、低产油层或者干层，没有出水的探井，加之沈 276 井在太古宇 3678～4052.05m 井段，见油花，该井累计产油 545t。据此提出了前进—胜西潜山带油藏在 4000m 以上“整体含油、局部富集”，并在该区部署并钻探了沈 311 井、沈 313 井等七口探井，五口获得工业油流，其中沈 311 井在太古宇 3822.3～3844.0m 井段试油，获得日产 173m^3 的高产油流。在沈 311 井、沈 313 井、沈 314 井和胜 25 井等探井取得较好勘探效果的基础上，2011 年新增控制面积 34.5km^2，上报控制储量 4235×10^{4}t，新增探明面积 28.83km^2，上报探明储量 2470.11×10^{4}t。

三、地质意义

随着前进—胜西潜山带的勘探突破，“十一五”期间对中央构造带太古宇潜山展开新的探索认识与勘探实践，特别是 2009 年以来，对中央构造带太古宇基岩勘探现状和资源系列进行分析，认为太古宇基岩仍具有较大的勘探潜力：其一，高潜山、中潜山主体虽然探明程度很高，但钻遇基岩深层的井较少，基岩深层仍存在巨大的勘探潜力；其二，大民屯凹陷基岩储量达 13221.04×10^{4}t，占总储量的 40.8%；但主要集中在风化壳勘探阶段的大、中型潜山高部位和精细勘探阶段的元古宇低潜山及潜山内幕中，总体探明含油面积仅 92.99km^2，而大民屯凹陷的古近系有效勘探面积为 800km^2，其下均为基岩的有效勘探范围。

通过对基岩油藏成藏主控因素进行深入分析，结合对单独的出油井点及已发现的油藏进行详细的对比、研究，系统总结了大民屯凹陷基岩油气成藏的地质条件及基岩油气分布规律，认为大民屯凹陷前古近系经历多期大的构造运动，基岩裂缝发育，渐新世晚期又受到边部走滑挤压的断裂活动影响，造成了大民屯凹陷独特的上窄下宽的地质结构，上部地层受到挤压，迫使油气大规模向下运移，同时古近系与基岩为不相连的两套断裂系统，使得大民屯潜山油气相对富集。虽然找到的油气主要集中在高部位，但在上述构造运动的作用下，不管是基岩高部位还是低部位都受到相同的构造应力作用，有相同的油气成藏机制，也就是说基岩低部位同样可以成藏，只要找到相应的裂缝发育部位，油气就可能富集，因此提出了大民屯凹陷基岩“整体含油、局部富集”的勘探理念。

在该勘探理念的指导下，将所有基岩作为一个整体，对其进行成藏条件及其控制因素进行分析研究。利用全三维构造精细解释、基岩内幕研究、多属性测井反演、基岩岩性分区预测等技术，特别是展开了对储层评价等技术攻关，加强了基岩岩性识别、预测及裂缝预测，对基岩油藏进行精细勘探，结合近年来基岩勘探的实践和经验，系统地分析了控制潜山含油性的各个要素并寻找出各潜山含油性的主控因素，最终锁定中央构造带南部地区为突破口，对中央构造带进行整体评价，取得了良好的勘探效果。

在中央构造带共部署实施了 27 口预探井，完钻 18 口，均获得工业油流或油气显示。沈 286 井在太古宇上报探明石油地质储量 244.03×10^{4}t；沈 289 井在太古宇获得日产 53.3t 的高产油流，沈 288 在进山 700m 也获得工业油流，拓展了基岩内幕的含油空间；随后部署的沈 311 井获得日产 173m^3 的高产油流，说明中央构造带仍具有巨大的勘探潜力；在东部断槽部署的哈 36 井在基岩负向构造中获得工业油流，将大民屯凹陷基岩含油底界突破至 −4130m；证明了大民屯凹陷基岩在横向上和纵向上仍具有广阔的勘探空间。

2010 年在中央潜山带南部地区新增控制储量 1503×10^{4}t，预测储量 6053×10^{4}t。《辽河油田大民屯南部潜山勘探》列入中国石油2010年具有战略意义的七项成果之一，获股份公司2010年重大发现奖一等奖，取得良好的经济效益和社会效益，对辽河乃至国内基岩油藏进一步勘探具有重要借鉴意义。

大民屯凹陷中央构造带基岩经历了近30年的勘探，使基岩勘探领域不断拓展，从最初的高潜山、中潜山到低潜山、潜山内幕，再到目前在负向构造中寻找油气；同时也使基岩勘探认识不断深化，从“块状油藏，统一的油水界面”到“各断块具有独立的油水系统”，再到目前的“整体含油，局部富集”，推动了大民屯凹陷基岩的勘探进程，也为中央构造带的下一步勘探指明了方向。

第五节 茨榆坨潜山（AR）

茨榆坨潜山位于辽河坳陷东部凹陷北部，西以茨西断层为界与大湾超覆带相接，东以茨东断层为界与牛居—长滩生油洼陷相接，南起潜山倾没端，北与大民屯凹陷相接，勘探面积约330km^2。

一、勘探概况

茨榆坨潜山的勘探始于20世纪80年代初期，以古近系为主要勘探目的层的同时兼探太古宇，发现了茨4块风化壳油气藏，但规模较小，仅探明石油地质储量34×10^4t。2005年起主要针对潜山构造高部位，同时探索茨西洼陷的生烃潜力，部署实施茨109井，揭露潜山810.17m，见不同程度油气显示，但试油未获得工业油气流。2008年后，综合评价潜山的油烃源岩、储层、盖层条件，改变以往以风化壳及构造高点为目标的勘探思路，以近油源、靠近油气运移通道及靠近断层有利于裂缝发育部位为主要依据进行勘探部署，部署了茨110井、茨111井及茨120井等探井，在潜山的内幕有了重大的发现，并结合牛76井老井试油，于2014年上报新增探明含油面积0.72km^2，探明石油地质储量103.07×10^4t，实现了茨榆坨潜山勘探的新突破。

二、油气成藏地质条件

随着辽河坳陷潜山勘探的不断深入，针对茨榆坨潜山的油气勘探，在油源条件、基岩岩性、源储配置等方面研究的基础上，利用新的技术手段对潜山的油气运移、储层裂缝发育等方面进行研究，综合评价潜山油气成藏有利区，在“近源岩、近油源断层、寻找有利储层发育带”的部署思路指导下，优先选择邻近牛居—长滩生烃洼陷、邻近茨东断层的裂缝有利发育带，并结合源储配置关系，对茨榆坨潜山开展了深入研究并取得了良好的勘探效果[19-20]。

（一）构造特征

茨榆坨潜山顶面整体形态呈北高南低、西高东低的特点，根据埋深和主要断层控制作用，可分为南、中、北三个潜山带。

南部潜山带整体呈北高南低、西高东低特征，高点埋深2200m，最大埋深约5000m，该潜山带内断层相对不发育，东西两侧为茨西和茨东两条边界断层，茨东断层表现为逆断层。上覆房身泡组火成岩厚度较大，最大厚度可达上千米。

中部潜山带为茨西断层、茨东断层、茨21断层和茨11北断层夹持下的一个潜山带，走向北东，地层南东倾向，产状较陡。此潜山群顶面为一缓倾斜坡，高点埋深2600m，最大埋深4200m。其内断层发育，受近东西向断层控制，被近南北向断层切割形成了多个断块。该潜山带断层较发育，具有构造改造储层的条件，是油气比较富集的区带。

北部潜山带整体呈西高东低、走向北东，地层南东倾向，产状相对较缓，整体较南段潜山宽，受近东西向及北东向断层控制，切割形成了多个断块。该段上覆房身泡组火山岩厚度较小，如茨34井玄武岩厚仅12.5m。

（二）烃源岩条件

茨榆坨潜山周边发育三个生烃洼陷：牛居—长滩洼陷、茨西洼陷以及茨榆坨潜山上覆的茨北洼陷。

牛居—长滩洼陷带是本区主要生烃洼陷，沙三段中—下亚段发育了半深湖—深湖的暗色泥岩，是本区的主力生烃层系，该套烃源岩平面上青龙台地区各探井均有钻遇，单井累计厚度最大可达740m（龙9井）。牛居—长滩地区是牛青深陷带沙三段中亚段沉积时期的沉降中心，目前没有探井钻穿该套地层，根据地震资料解释、构造演化和沉积演化的综合分析，预计牛居地区沙三段中亚段暗色泥岩最大厚度超过2000m。

根据干酪根镜下鉴定、元素分析、热解色谱、生物标记化合物等方面的研究，牛居—长滩洼陷烃源岩有机质类型多样，偏生油的Ⅰ型和$Ⅱ_A$型，偏生气的$Ⅱ_B$型和Ⅲ型的烃源岩在洼陷内均有发育，有机质含量较高，其中沙三段中亚段暗色泥岩有机碳含量最高可达2.14%。

在潜山西侧的茨西洼陷，湾1井、湾3井的钻探结果显示，茨西洼陷沙三段中亚段暗色泥岩较为发育，累计厚度达200m左右。根据生油指标的分析数据，湾18井3701m样品总有机碳含量3.55%，湾8井3182.02m样品总有机碳含量4.96%；湾18井3702.10m样品的氯仿沥青“A”含量为0.3705%，湾8井3182.02m样品的氯仿沥青“A”含量分析为0.2257%，是非常好的生油岩。其镜质组反射率（R_o）约为0.57%，进入油气生成阶段。说明茨西洼陷具备良好的生烃能力，对下一步茨西洼陷及茨榆坨潜山的勘探具有重要意义。

在潜山北部茨北洼陷的茨623井钻探结果显示，沙三段中亚段暗色泥岩也较为发育。从生油指标的数据来看，茨623井2474.7m样品的总有机碳含量为1.67%，氯仿沥青“A”含量为0.0659%，为较好烃源岩。根据三维地震资料综合解释结果，此洼陷内该套烃源岩的最大厚度超过600m，最大埋藏深度可达3500m，因而预测其具备良好的生烃能力。

参考三次资评的计算参数，牛居—长滩和茨西洼陷具有较大的生烃量，而茨北洼陷，其生烃量也具有一定的规模，可成为茨北地区重要的油气补充来源（表5-5-1）。

表5-5-1 茨榆坨潜山周边三个洼陷生烃能力对比表

序号	名称	平均泥岩厚度 m	洼陷面积 km^2	生烃强度 $10^4t/km^2$	总生烃量 10^8t
1	牛居—长滩洼陷	600	220	1100	24.30
2	茨北洼陷	400	40	733	2.90
3	茨西洼陷	200	160	367	5.87

（三）储层特征

1. 潜山岩性

茨榆坨潜山岩性为太古宇变质岩和火成岩，变质岩中区域变质岩、混合岩及动力变质岩均有发育，其中区域变质岩和混合岩类在潜山平面及纵向上广泛发育，动力变质岩仅在茨4块及茨120块零星发育。太古宇火成岩纵向上常以侵入岩形式出现，其岩性致密且不利于后期裂缝改造，不易形成好的储层。

区域变质岩以含有不同矿物的片麻岩类为主，主要包括黑云母二长片麻岩、黑云母斜长片麻岩、黑云母钾长片麻岩和斜长角闪岩。除斜长角闪岩暗色矿物含量较高不利于形成良好储层外，其他类型的区域变质岩暗色矿物含量较低，构造应力的作用使其较易于形成裂缝，有利于形成良好储层。

黑云母二长片麻岩：岩石具花岗变晶结构、鳞片粒状变晶结构，片麻状构造多不清楚，晶粒大小0.20～4.00mm，主要成分为斜长石、石英、钾长石和黑云母。石英含量10%～30%，他形、粒状，多为相对洁净、小于2.0mm不规则颗粒，粗粒石英微裂缝密集、多由方解石充填。斜长石含量20%～45%，粒状、板柱状，多为发育密集双晶纹的更长石、中长石和钠长石等斜长石，晶内多含云母、石英、钾长石等子晶，绢云母化和黏土化强烈，微裂缝、解理缝、双晶缝较发育，方解石和泥质充填裂缝。碱性长石主要为钾长石，含量20%～35%，粒状为主，多为不发育双晶的微斜长石、条纹长石，黏土化强烈，微裂缝、解理缝较发育，方解石和泥质充填裂缝。黑云母含量4%～25%，黄绿色，片状、破碎状、斑状，绿泥石化，具弯曲变形特征。为本区最发育的片麻岩。全岩元素分析知石英含量18.7%～38.4%，平均25.9%；斜长石含量21.8%～40.6%，平均32.4%；黏土（以绿泥石为主，多为黑云母和长石蚀变而来）总含量5.9%～16.4%，平均9.9%；黑云母含量4.5%～17.3%，平均10.7%；方解石含量1.0%～7.2%，平均3.8%。

黑云母斜长片麻岩：岩石具鳞片粒状变晶结构，片麻状构造，晶粒大小0.50～4.00mm。主要成分为斜长石、石英、钾长石和黑云母。石英含量5%～25%，他形，细粒状；斜长石含量40%～70%，粒状，绢云母化与黏土化强烈，微裂缝、解理缝较发育，方解石和泥质充填；钾长石，含量10%～25%，粒状为主，多蚀变；黑云母含量5%～20%，黄绿色，片状，具弯曲变形特征，绿泥石化强烈。在工区分布较局限、空间上呈零星分布。全岩元素分析石英含量18.3%～37.3%，平均24.7%；斜长石含量27.8%～57.0%，平均39.5%；黏土（以绿泥石为主，多为黑云母和斜长石蚀变而来）总含量5.4%～24.1%，平均10.6%；黑云母含量2.3%～21.3%，平均15.1%；方解石含量2.4%～10.1%，平均4.5%。

黑云母钾长片麻岩：岩石具花岗变晶结构、鳞片粒状变晶结构，片麻状构造不清楚，灰色、灰红色、肉红色、灰白色。晶粒大小0.5～12.00mm。主要造岩矿物为钾长石、斜长石及少量石英。钾长石35%～75%，肉红色与灰色，粒状、板柱状，粒粗、达10mm粒径常见、肉眼可分清其内部圈层与结构，黏土化、蚀变深，碎裂强、缝隙多为方解石和黏土矿物愈合。斜长石含量10%～25%，多绢云母化，钠黝帘石化。石英含量15%～35%。黑云母含量5%～20%，黄绿色，片状，具弯曲变形特征，绿泥石化强烈。

斜长角闪岩：黑灰色、深绿灰色、杂灰色、白色，致密、坚硬、块状，裂缝不发育；鳞片粒状变晶结构，块状构造；粒级在0.20～3.50mm之间。主要成分为角闪石和斜长石，有时含有少量黑云母。角闪石含量50%～75%，单晶粒状，柱状，集合体多呈透镜状、层状、条带状分布，方解石交代强烈，绿泥石化。斜长石含量25%～45%，板状、粒状，纳黝帘石化。石英含量2%～10%，他形粒状。黑云母含量5%～15%，黄绿色，片状，绿泥石化，具弯曲变形特征。该套岩性深色矿物含量大于50%，对形成储层不利，划分为非储层。

混合岩类整体上暗色矿物含量较低，根据混合岩化作用程度由低到高，更易形成良好的油气储层。

混合岩化片麻岩：区内以混合岩化黑云母二长片麻岩、混合岩化钾长片麻岩为主，灰白色、杂色、黑色，鳞片粒状变晶结构，花岗变晶结构，片麻状构造不显著、断续可见定向排列。岩石由基体和脉体两部分组成。基体为黑云母花岗片麻岩，脉体为石英脉、花岗质脉，含量小于15%。各矿物成分稍有变化，钾长石的晶形相对较好、更洁净、在长石边缘常见自生的钾长石，石英更洁净、粒小、镶嵌状、多晶状、多具注入特征，斜长石无变化，多个黑云母破碎晶聚集呈斑状。X—衍射全岩分析，黏土矿物（黑云母与角闪石绿泥石化、长石高岭石化等组成）总量5.3%～15.3%，平均9.1%；石英含量21.2%～37.8%，平均26.2%；斜长石含量35.5%～52.8%，平均36.3%，钾长石含量13.5%～48.1%，平均24%；方解石含量0.5%～3.2%，平均2.7%。

混合片麻岩：混合岩化作用已相当强烈，残留的基体含量小于50%。由于强烈的交代作用，残留的变质岩基体和新生的长英质脉体之间，无明显的差别和界线，原来的区域变质岩已发生了较深刻变化，仅残留某些不易变化的矿物，常为暗色矿物。本区主要的混合片麻岩类型为条带状混合片麻岩、花岗质混合片麻岩。岩石以肉红色、灰红色为主，混杂黑绿色、杂色。混合岩化作用残留下来的暗色基体较少并呈定向分布。鳞片粒状变晶结构，花岗变晶结构，片麻状构造依稀可见。主要成分为石英、斜长石、钾长石和少量暗色矿物。

混合花岗岩：混合岩化作用最强烈，岩性和岩浆结晶的花岗岩有相似之处，成分相当于花岗岩，本区微斜长石发育。但其中仍可保留一定数量的暗色矿物较集中的斑点、条痕或团块，分布不均匀，大体代表交代反应后残留的基体。本区混合花岗岩暗色矿物以黑云母为主，仅个别样品中含微量角闪石。混合花岗岩划分为钾长混合花岗岩和二长混合花岗岩。此类岩石为本区最主要的变质岩，在盆地中它们也是太古宇变质岩中对形成储层最有利的岩石类型。

动力变质岩是受动力变质作用所形成的一类变质岩，因其机械破碎和变形强烈又称为碎裂变质岩。它是构造断裂带中的原岩（各类岩石），在不同性质的应力影响下，发生碎裂、变形和重结晶（矿物成分变化）等作用形成的岩石。分布在构造错动带内，多呈狭长的带状，具有局限性。因本区构造运动复杂，其分布规律性也较弱。本区主要包括构造角砾岩类和碎裂岩类，也可见碎裂化的变质岩，常见碎裂化黑云母二长片麻岩与碎裂化混合花岗岩，其碎裂成分小于 50%。

构造角砾岩类：浅灰色，致密，角砾状结构，无定向构造。原岩为动力变质岩，主要由长英质组成，石英含量 40%～70%，长石含量 30%～60%，且发育硅质重结晶。岩石后期构造应力作用下破碎，碎块呈棱角状，碎块含量 50% 以上，多在 70%～85% 之间，碎块间被石英细碎屑、长英质糜棱组分及泥晶方解石充填。后期构造缝将岩石切割，但岩心角砾岩中裂缝多被方解石充填。主要分布在茨 26—茨 118 井、牛 14、牛 76 等井中，多靠近断裂带，此类岩石常见于钻井取心和露头剖面中，较破碎、发育良好储集空间的角砾岩不易于取心。

碎裂岩类：以压碎、变形作用为主，碎裂化程度较高。本区主要为碎裂混合花岗岩和碎裂片麻岩。原岩为混合花岗岩和花岗片麻岩，具碎裂花岗变晶结构，无定向构造，主要成分为石英、斜长石和碱性长石、少量黑云母。岩石在构造应力作用下破碎，但原岩特征还保留，构造裂缝发育，一部分被方解石充填，破碎粒间孔发育，孔隙多含油，如茨 27 井 2807.5m 发育碎裂花岗片麻岩和牛 76 井 2996.0m 的碎裂片麻岩。

另外在该区还见到少量长英质碎裂岩、碎斑岩和糜棱岩等。

2. 潜山储集特征

茨榆坨潜山的储集空间分成两类，一类为构造裂隙；另一类在构造裂隙基础上扩大的溶孔和溶缝。构造裂隙是本区基岩储层最主要储油气孔隙，构造裂缝一般发育在断层附近、断层分叉、交会处和弯曲断层的内弯部分，特别是位于茨东、茨西及其伴生断层等较大断层上盘或下盘。这些裂缝储集空间是岩石在构造应力作用下发生破裂变形的结果，在潜山各类岩石中广泛存在，且不同岩石类型由于岩性结构、构造和组成矿物成分不同，构造裂缝发育特征也不一样。如茨 100 井在 2155～2180m 井段均为黑云母二长片麻岩，岩心裂缝密度一般为 8～15 条 /m，在 2180m 处达 34 条 /m（表 5-5-2）。裂缝多为结晶方解石充填或半充填，含油不均匀，常呈斑状分布。

表 5-5-2　以构造裂隙为主的储层特征统计表

井号	井深 /m	总孔隙度 /%	构造裂缝孔隙度 /%	构造裂缝占总孔隙度 /%
茨 28	3140.46	6.0	5.5～5.8	91～96
茨 34	2213.75	2.5～2.8	2.1～2.5	48～90
茨 36—208	2479.9	3.5～3.8	3.5～3.8	100
茨 42	2779.76	5.8～6.0	4.8	80～82
茨 48	2877.52	5.5～6.0	5.5～6.0	100
茨 49	2684.62	4.0～4.5	3.0	75～67
茨 100	2155.15	3.6～4.5	3.2	75～70

（四）烃源岩—储层配置关系

对于潜山油气藏来说，油源条件与储层因素是潜山基岩油气成藏主要控制因素，烃源岩是形成油气藏的物质基础，储层为油气藏提供了有利空间，二者的有利配置控制了油气成藏的关键。

根据前面的分析，茨东断层和茨西断层均是长期继承性活动，是油气运移的必经通道，为油气向潜山运移提供了良好通道。从茨榆坨潜山油气供油窗口分析来看，在潜山中北段的东侧，牛居—长滩洼陷自南向北，在牛 602 井所在主测线向北开始出现供油窗口，油气开始通过供油窗口运移至潜山内部，在茨 16 井—牛 76 井—茨 28 井一带油气的供油窗口最大（图 5-5-1）。

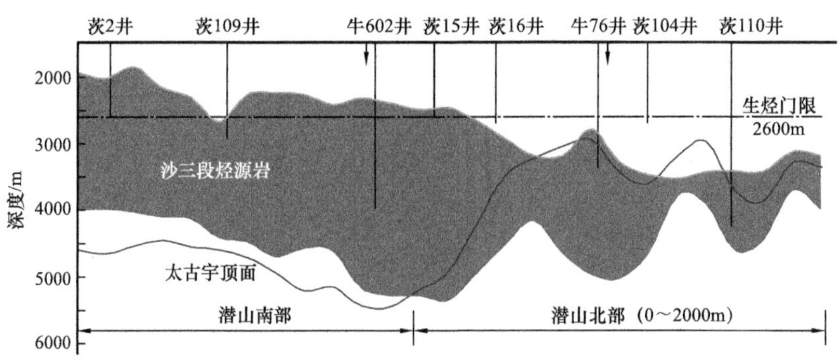

图 5-5-1　茨东断层上盘太古宇与下盘沙三段烃源岩接触关系图

三、油藏特征

根据该区的构造特征及潜山油气分布特点，茨榆坨潜山带茨 110 区块划分为三个含油区块：茨 120 块、牛 76 块、茨 110 块。

茨 110 区块太古宇基岩潜山油藏油层分布主要受裂缝发育程度控制，在优势岩性发育和构造应力集中区储层发育。平面上潜山块高低的差异及储层裂缝的发育程度控制了油藏分布变化。储层主要发育在潜山顶部，油层分布有两个特点：一是在埋藏高的潜山油层厚，埋藏低的潜山油层相对薄，如牛 76 块油藏高点埋深 2700m，油层厚度在 30～80m 之间；茨 120 块油藏高点埋深 2400m，油层厚度在 60～120m 之间。二是在相对构造高部位油层有效厚度较厚，如茨 120 井油层有效厚度为 82m，而高部位的茨 120-1 井油层有效厚度则为 101.2m。

根据试油试采资料结合测井、录井资料分析论证，茨榆坨潜山茨 120 区块储层主要发育在太古宇潜山风化壳内，且具有不同的油水界面：茨 120 块为风化壳油藏，茨 120 井在井段 2649.0～2698.0m 试油，压后日产油 13.8t，累计产油 144.28t，该块的油水界面为 −3144m；牛 76 块为风化壳油藏，茨 111 井在井段 2981.9～3047.0m 试油，压后日产油 17.3t，累计产油 63.62t，该块的油水界面为 −3050m；茨 110 块在太古宇潜山面之下 400 余米发现油藏（潜山风化壳为厚层侵入岩—煌斑岩），在井段 3972.0～4110.0m 试油，压后日产油 19.7t，未见水，该块的油水界面为 −4050m。因此，茨 110 区块油藏为一个受断块控制的低幅度裂缝型块状构造油藏。

四、勘探成效

茨榆坨潜山在近年的勘探过程中，逐步形成了“近烃源岩、近油源断层、寻找有利储层发育带”的勘探指导思路，并在此思路的指导下，利用新的技术手段对潜山油源条件、岩性、源—储配置、油气运移、储层裂缝发育预测等方面进行全面研究，综合评价潜山油气成藏有利区，部署了茨 110 井、茨 120 井等多口探井，并取得一定勘探成效。2014 年茨榆坨潜山茨 120 块在太古宇上报探明含油面积 0.72km^2，探明石油地质储量 103.07×10^4t，取得了较好的经济效益。

第六节　中央凸起潜山带（AR、Pz）

中央凸起是辽河坳陷的二级正向构造单元，夹持在西部凹陷、东部凹陷和大民屯凹陷之间，由北向南逐渐倾没，具有北高南低的特点，新近系及部分古近系超覆于太古宇之上。按照勘探单元整体性及大地构造单元划分原则，兼顾油气藏的完整性，并突出基岩（潜山）油气藏的地质内涵，对中央凸起的范围进行重新界定：其东、西两侧以大断层为界，东侧以董家岗—大湾斜坡带及榆树台—盖洲滩斜坡带为界，西侧以牛心坨东部构造带—冷东构造带—雷家构造带—清东陡坡带—仙鹤构造带为界，分为北部凸起带和南部倾没带两部分，勘探面积约为 1510km^2（图 5-6-1）。地理分布上可分为辽河陆上和辽河滩海两个地区。

一、勘探概况

根据钻井揭露情况，中央凸起地层从下至上依次为太古宇、古生界、中生界和新生界古近系、新近系以及第四系。太古宇岩性主要有变质岩和岩浆岩，其中变质岩有区域变质岩、混合岩和碎裂变质岩，岩浆岩从基性到酸性皆有分布。

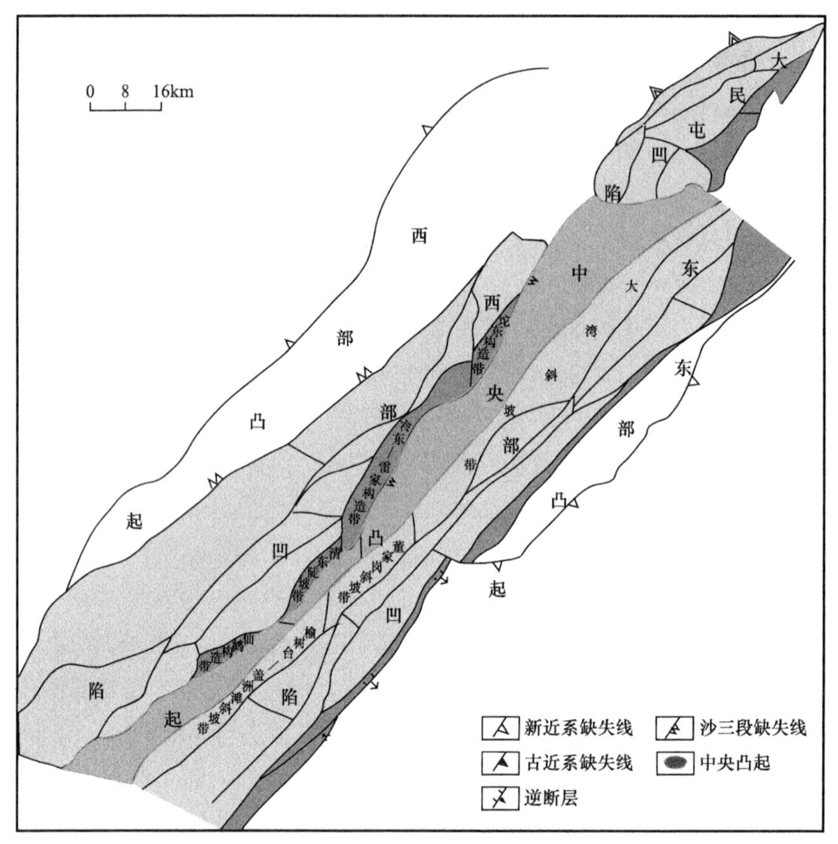

图 5-6-1　中央凸起构造位置图

截至 2020 年底，中央凸起潜山带钻遇太古宇及古生界潜山井共计 99 口，其中油迹以上油气显示井 42 口，多数探井只揭露太古宇潜山顶部风化壳，仅有 22 口井揭露厚度大于 200m，最深的赵古 2 井揭露太古宇厚度 2314m。早期探井虽大多在太古宇普遍见油气显示，试油获低产油流和含油水层，但一直未有大的勘探突破，仅在中央凸起的冷南潜山（包括冷 124 块、冷 120 块、洼 53 块三个区块）上报探明石油地质储量 774×10^4t，探明含油面积 2.9km^2，属于中央凸起边部的断块山。另外，在中央凸起南段的海南—月东构造带海南 20 井和月东 3 井钻遇了古生界碳酸盐岩，并上报预测石油地质储量 815×10^4t，预测含油面积 3.8km^2。

以往研究认为，中央凸起为馆陶组、东营组砂砾岩直接覆盖，受“风化壳”油藏勘探理念的影响，认为本区缺乏良好盖层和有效烃源岩条件，因而一直被视为勘探的禁区，中央凸起主体部位太古宇未获油气勘探突破，是辽河坳陷勘探程度最低的领域之一。在西部凹陷兴隆台太古宇潜山油气藏和大民屯凹陷元古宇基岩内幕油气藏勘探获得重大突破的启示下，中央凸起基岩领域的勘探研究随即成为重点工作，以基岩内幕油气成藏理论和源—

储成藏模式勘探理论为指导，对中央凸起的基岩油气成藏条件进行了系统评价，研究取得突破性进展。2008 年，在中央凸起部署的赵古 1 井获得高产油气流，太古宇基岩油气勘探获得重大突破，为老油田增储上产提供了新的领域，从而大大拓展了辽河坳陷油气勘探的空间。

石油地质综合研究分析认为，中央凸起太古宇基岩具有良好的油气成藏条件。

二、油气成藏条件分析

（一）发育多种构造样式形成有利的圈闭条件

辽河坳陷中央凸起的断裂发育时间可分为早、晚两期，即早期断裂系统和晚期断裂系统。早期断裂系统为中央凸起的内幕断裂，近东西向展布，形成于中生代，将中央凸起分成多个次级潜山带，由北向南分别为韩三家子潜山、大湾潜山、冷家潜山、赵家潜山、榆树台潜山、海外河潜山及月东潜山等；晚期断裂为控山断裂，呈北东向展布，形成于始新世，在更新世定型，控制了中央凸起的现今构造格局。中央凸起的西侧为台安—大洼断裂，也是西部凹陷的东侧边界断裂，控制了西部凹陷的构造演化，凹陷内巨厚的古近系与中央凸起呈断层接触关系，对潜山圈闭形成、储层改造、油气运聚起控制作用，为太古宇潜山油气成藏提供了有利条件；中央凸起的东侧为一系列北东向次级断层组成的断阶带，东部凹陷的古近系向中央凸起方向逐层超覆沉积。

从古近纪开始，西部凹陷台安—大洼断裂带强烈活动，辽河坳陷北部整体抬升，南部逐渐下降，形成现今中央凸起西断东超、北高南低、北东向展布的洼隆相间的构造格局。受多期构造运动的影响，在中央凸起发育伸展断裂、走滑反转、潜山披覆等多种构造样式，形成滑脱断块山、逆冲断块山、超覆型潜山、内幕潜山等圈闭类型，为油气聚集成藏提供了有利圈闭条件。

（二）发育多种储层类型

根据钻井取心、岩屑录井和薄片鉴定等资料的综合分析，结合测井资料岩性识别，同时参考区域地质资料，中央凸起基岩主要由太古宇变质岩及晚期火山侵入的脉岩所组成，可详细划分为两大类、六小类（表 5-6-1）。变质岩主要岩性为：黑云母斜长片麻岩、二长片麻岩、混合花岗岩、斜长角闪岩、花岗质碎裂岩、糜棱岩等；脉岩主要岩性为煌斑岩和花岗斑岩等。

根据原岩恢复的结果，辽河坳陷太古宇结晶基底的原岩是以一套正常沉积岩为主、以基性—酸性火山喷发岩为辅的岩石组合。邢志贵等[21]通过基岩中混合岩的矿物生长世代的显微结构研究、同位素年龄及周边区域地质资料对比研究表明，辽河坳陷混合岩化作用期次至少有两期：第一期（距今 2400～2500Ma）区域变质作用以钠质交代为特征，代表岩石类型为灰白色斜长混合花岗岩；第二期（距今 1900～2000Ma）混合岩化期次所代表的钾质混合花岗岩分布普遍，但因为与第一期混合岩化作用极相似，其代表性岩石类型无论在矿物成分上还是在岩化特征上均未有明显的区别，因此很难识别岩体的期次，故为晚太古宙和早元古宙叠加的混合花岗岩。中央凸起太古宇中锆石 LA—ICP—MS 原位测年也为古元古宙—中—新太古宙所形成（表 5-6-2），同样证实有两期混合岩化作用的发生[21]。

表 5-6-1　中央凸起太古宇岩性统计表

分类	岩石类型		主要岩石名称
岩浆岩	中酸性、酸性		闪长岩、花岗斑岩
	基性		辉绿岩、煌斑岩
变质岩	区域变质岩	片麻岩类	黑云母斜长片麻岩、黑云母角闪斜长片麻岩
		角闪质岩类	角闪岩、斜长角闪岩
	混合岩	混合岩类	混合片麻岩、混合岩
		混合花岗岩类	黑云母混合花岗岩、混合花岗岩
	碎裂变质岩	构造角砾岩类	构造角砾岩
			糜棱岩
		压碎岩类	碎裂混合花岗岩、碎裂片麻岩、长英质碎斑岩

表 5-6-2　中央凸起太古宇锆石 LA-ICP-MS 原位定年

序号	井号	井深 /m	岩性	样品	年龄 /Ma
1	冷 127	2986	斜长片麻条带状混合岩	岩心	1829+110
2	洼 101	3535.5	斜长片麻条带状混合岩	岩心	2428+17
3	冷 127	2938	斜长角闪岩	岩屑	2517+25
4		3410	混合片麻岩	岩心	2518+13
5	海 2	1952.5	花岗质碎斑岩	岩心	2530+10
6	赵古 1	3099	碎裂混合花岗岩	岩心	2589+26
7		3136～3146	角闪石岩	岩屑	2461+13
8		3610～3650	花岗斑岩	岩屑	241+13/2535+71
9		4212～4221	混合片麻岩	岩屑	2623+180

根据太古宇潜山储层岩性的多年研究成果，按照岩石中暗色矿物的含量将潜山岩性排成一个序列称为“优势岩性序列”，其中排在前面的岩性（暗色矿物含量低）脆性大，受后期构造运动的改造作用明显，容易产生裂缝，易于形成优质储集岩。因此，在中央凸起

混合花岗岩、片麻岩、酸性侵入岩为有效储层，而煌斑岩、辉绿岩和斜长角闪岩等为非储集岩。

中央凸起潜山带与兴隆台潜山带具有相似的区域构造演化历史，油气储层岩性相似，潜山具有双层结构，顶部风化壳发育，在潜山内部具有多重裂缝发育带，预测具有良好的储层条件。

中央凸起基岩储集空间主要有两类：即裂缝和孔隙。裂缝以构造缝、溶解缝和解理缝为主；孔隙以溶孔、晶间孔隙和碎裂颗粒粒间孔隙为主。孔隙度最大 25.9%，最小 1.8%，平均 5.5%；渗透率最大 136mD，多数样品小于 1mD。

（三）长期继承性发育的区域性断裂为油气聚集提供了大幅度运移窗口

中央凸起潜山东、西两侧通过长期发育的区域性断层与周边生油洼陷相接触，凸起西侧由北至南分别为牛心坨洼陷、台安洼陷、陈家洼陷、清水—鸳鸯沟洼陷和海南洼陷，北侧为荣胜堡洼陷，东侧为驾掌寺洼陷、二界沟洼陷、盖州滩洼陷，各生烃洼陷不同层位的主力烃源岩均已进入成熟阶段，通过不同级次的断层面和区域不整合面形成的复杂网络系统与中央凸起裂缝型储层相连通，为洼陷中生成的油气向潜山圈闭聚集提供了大面积、高幅度运移窗口，为中央凸起油气成藏提供了充足的油源条件（图 5-6-2）。

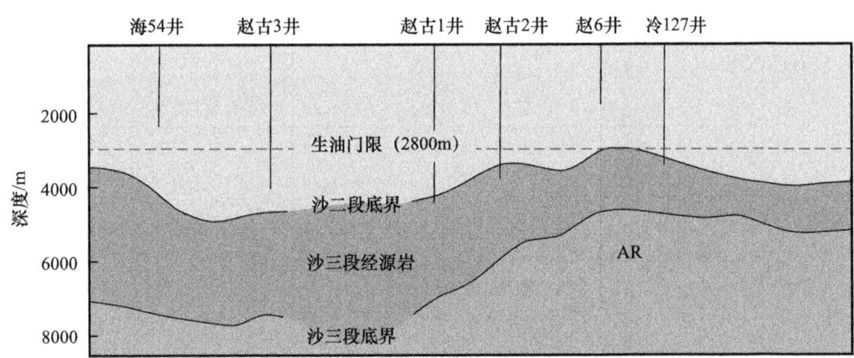

图 5-6-2　中央凸起西侧供油窗口图

三、油气成藏主控因素分析

中央凸起太古宇基岩油气成藏有其特殊性，不同的构造部位由于油源、储层及保存条件的差异造成基岩油藏类型及成藏模式的不同。总体来看，中央凸起油气成藏主要受三方面因素的控制[22]。

（一）垂向储层发育特征控制基岩内幕油藏的形成

中央凸起基岩主要由变质岩系和晚期火山岩侵入岩组成，其原岩为正常沉积岩及基性—酸性火山岩，这种原岩的层状、似层状特征决定了中央凸起基岩在垂向上具有层状和似层状分布的特点，晚期火山岩侵入体主要沿古老变质岩的薄弱带侵入，同样具有似层状的分布特征。太古宇不同岩石类型，由于其暗色矿物含量的差异导致脆性不同，其中混合花岗岩、混合片麻岩、花岗岩等浅色矿物石英、长石等含量较高，在相同的区域应力条件下，易形成裂缝，具有良好的储集性能，可作为基岩内幕优质储层；而辉绿岩、角闪岩、煌斑岩等浅色矿物含量低，暗色矿物角闪石、黑云母等含量高，可作为盖层或隔层阻挡油气的逸散，在垂向上形成了储隔层间互分布的格局，并成为基岩内幕油气成藏的基础。

（二）烃源岩侧向与潜山的配置关系控制基岩内幕油藏的含油幅度

烃源岩与潜山良好的配置关系是基岩油气成藏的重要因素。中央凸起西侧的台安—大洼断裂带的巨大断距造成沙四段和沙三段优质烃源岩与潜山侧面大面积直接接触，为潜山油气成藏提供了巨大的区域性供油窗口。由于各断层发育的分段性和分期性，在不同的地区其供油窗口的样式不同，按烃源岩与潜山的配置关系可分为三种类型：（1）超覆型：烃源岩直接超覆于潜山之上，直接供油，如榆树台潜山，潜山含油丰度及幅度受区域盖层及侧向封堵条件控制。（2）断面型：烃源岩与潜山通过区域大断面直接接触，为潜山油气成藏直接提供油源，如赵家潜山（图 5-6-3）。这是一种最有效的接触关系，有效优质烃源岩近距离向潜山构造高部位及潜山侧翼供给油气，垂向上供油窗口大，为潜山高部位和潜山内幕提供最为有利的烃源岩条件，这种情况下油气成藏主要受内幕储层发育及盖层的控制。（3）断面—遮挡型：烃源岩与潜山通过断层侧向及垂向双向接触，为侧向及垂向潜山提供油源，如冷家潜山。

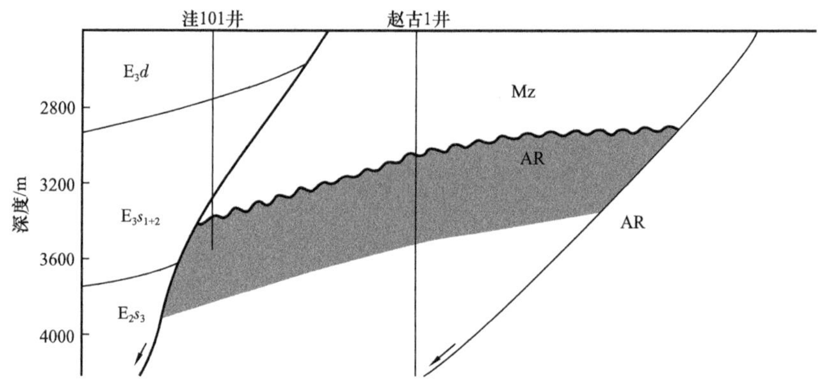

图 5-6-3　赵古 1 块状潜山油气藏剖面

（三）盖层及内幕隔层影响潜山油气藏类型

中央凸起潜山油气藏分为内幕型和风化壳型。由于中央凸起上覆地层岩性复杂，既有馆陶组和东营组的砂砾岩，也有沙三段的泥岩和中生界致密砂岩和火山岩。其中砂砾岩发育区潜山发育风化壳稠油油藏及内幕油藏，泥岩及火山岩发育区可形成风化壳稀油油藏和内幕油藏。

（四）断裂—裂缝—风化壳网状运储系统控制油气运移的距离和丰度

断层控制油气的垂向运移距离，主要取决于供油窗口的大小，并控制了潜山的含油气幅度；而横向运移距离则主要取决于裂缝型储层发育程度和分布范围，控制了潜山油气的分布面积和含油丰度。

通过对中央凸起各区石油地质条件综合研究，在上述认识基础上，提出了变质岩油气藏“源—储一体化”勘探思路，即：通过储层评价寻找“优势岩性”，以断裂—裂缝—风化壳网状油气输导体系作为烃源岩和储层的纽带，以源—储关系确定勘探区带与具体钻探目标，在小洼—海外河带太古宇潜山油气勘探中取得重大突破。

四、勘探成效

（一）中央凸起太古宇潜山

针对中央凸起太古宇潜山岩性、构造特征、储层裂缝发育程度及分布等诸多勘探难题，充分利用三维地震资料，综合确定潜山的构造面貌和断裂特征；通过钻井岩心、岩屑、分析化验、测井解释、试油试采等资料确定了潜山岩性及储集特征，并对潜山内部裂缝发育特征进行了预测，结合烃源岩分布及保存条件等综合研究成果，按照“源—储一体化”勘探思路和潜山内幕油气成藏的认识，2007 年对小洼—海外河太古宇顶界进行构造解释编图，通过试油地质综合评价，认为大洼地区潜山侧向与清水洼陷直接接触，油源条件优越，同时潜山顶面无砂砾岩覆盖，相对于海外河地区更有利于油气的成藏；另外，该区构造活动强烈，潜山发育逆断层，太古宇潜山储层裂缝发育，且大洼断层后期构造活动较弱，有利于油气的保存。综合上述因素，首选大洼地区作为中央凸起内幕油气勘探的突破口，部署实施了风险探井赵古 1 井。该井于 2008 年 2 月 8 日开钻，于 2008 年 6 月 1 日完钻，完钻井深 4259m，揭露太古宇厚度 1169m，该井在太古宇 3230～3274m 井段，44m/2 层试油，压后 5mm 油嘴放喷求产，日产油 35.4m^3、日产气 2657m^3，获高产油气流，是油气勘探的重大突破。

为了进一步扩大中央凸起南部潜山的勘探成果，2009 年，在赵古 1 井勘探成功的基础上开展了中央凸起南部太古宇潜山的构造精细解释及潜山优势岩性分布预测，共落实有利圈闭七个，面积 229.4km^2（图 5-6-4）。在建议老井重新试油的同时，通过综合地质研究与圈闭优选，共部署预探井六口，已完钻三口，其中赵古 2 井在太古宇潜山获工业油流；洼 101 井老井试油获工业油流。赵古 1 井、赵古 2 井以及洼 101 井的试油成功，彻底改变了以前“上覆地层无烃源岩、太古宇不含油”的观点，提升了对中央凸起潜山油气成藏条件的整体认识，拓展了中央凸起主体构造带 1510km^2 广阔的勘探领域，成为新的储量增长点和支撑点。结合老井试油和新井钻探成果，2011 年在赵家潜山带赵古 1 块上报预测石油地质储量 4952×10^4t，含油面积 25.0km^2；2012 年该区块上报控制石油地质储量 4558×10^4t，含油面积 26.7km^2。

另外，海外河潜山钻探的海古 2 井于 2040m 揭开太古宇，完钻井深 3688m，揭露潜山厚度 1648m，在潜山井段测井解释油层 20.7m/3 层、差油层 166.5m/17 层，但试油为干层或水层见油（油质较稠），尚未取得勘探突破，今后须对其成藏主控因素进行深入研究，该潜山仍是一个值得继续探索的领域。

（二）中央凸起古生界潜山

辽河滩海地区的海南—月东构造带是辽河坳陷中央凸起向海自然延伸的一部分。因受中—新生代以来两次大规模的裂陷作用，基底岩系发生强烈的断裂变形，成为东、西凹陷所夹持的双断式地垒，总体上为东缓西陡向东倾斜。受海南断层多期剧烈活动的影响，区内大幅度沉积了一套深水环境下的古生界碳酸盐岩，后因长期出露水体遭受风化剥蚀，形成古生界潜山[23]。

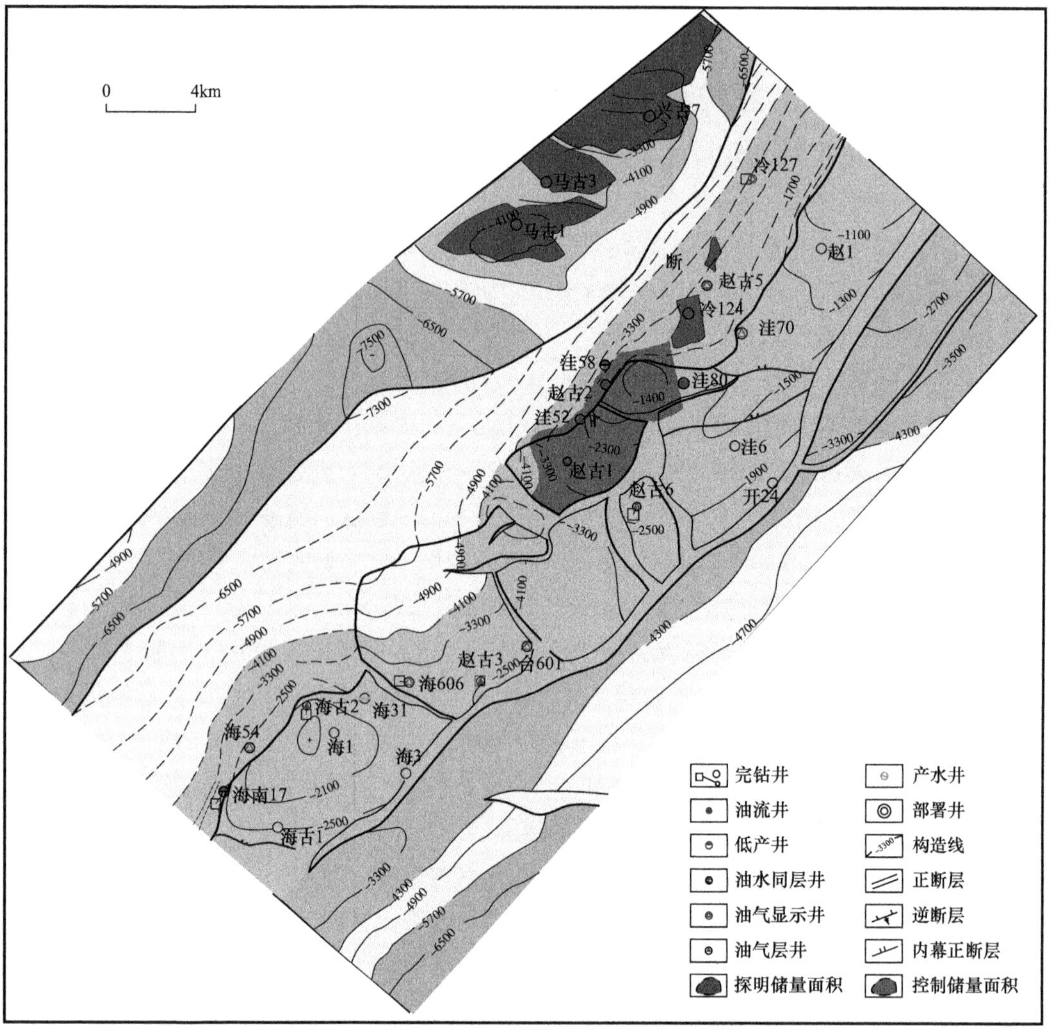

图 5-6-4　中央凸起中南部太古宇潜山顶界构造图

通过海南 20 井岩心描述和薄片鉴定可知，古生界可分为四个岩性段：1894～1984m 为泥晶灰岩和白云质泥晶灰岩，1984～2034m 为白云质泥晶灰岩，2036～2130m 为泥晶灰岩，2130～2228m 为泥晶云岩与灰质泥晶云岩，经分析认为有利的储层为井段 1894～1984m 中的泥晶灰岩和白云质泥晶灰岩。

碳酸盐岩储集空间多为原生构造裂缝和次生裂缝溶蚀孔洞等，海南 20 井裂缝发育段在顶部，其构造裂缝以 X 形共轭裂缝为主，其中最发育的张剪性裂缝为北西向一组，测井显示为裂缝方向多、强度不一、无规律性等特点，说明它是由风化作用形成的风化淋溶网状裂缝，是经加里东运动长期上升剥蚀淋溶作用的产物，该裂缝为构造—风化裂缝。由于风化作用的加大，使裂缝和溶孔更加发育，并增添了大量的次生溶蚀孔隙，大大提高了油气的储集性能，是一套较好的储层。

该区的油源主要来自海南洼陷和盖洲滩洼陷，油气通过侧向运移而聚集成藏，海南断裂作为一条长期继承性发育的深大断裂，断至两大生油洼陷成为生油区和油气聚集区的通道，其潜山上部被古近系不渗透层覆盖成为良好盖层，形成了较有利的侧向式生—储—盖组合。

经试油验证，在潜山低部位的海南 20 井见到油层（表 5-6-3），认为该潜山有利油层段应在潜山的高部位。依据在该潜山高部位所部署的月东 9 井情况看，预测油层分布范围为 1650～1700m，油层厚度 50m，油藏类型为块状潜山油藏。据海南 20 井样品分析，原油密度为 0.9837g/cm^3，凝固点为 −7℃，50℃ 黏度为 1318.51mPa · s，沥青 + 胶质含量为 29.71%，含蜡量为 3.37%，该潜山原油属于稠油。

表 5-6-3 海南 20 井古生界试油成果表

层序	井段 /m	厚 / 层	试油方式	日产量 /m^3			累计产量 /m^3			静压 / MPa	流压 / MPa	结论
				液	油	水	液	油	水			
1	1977.33～1891.97	85.36/ 裸	H199	37.78				油花	6.0（钻井液）	19.21	17.01	见油
2	1945.63～1891.97	53.66/ 裸	泵深 922		油花	44.86		5.4	243.85			含油水层

依据月东 9 井设计资料，参考海南 20 井和月东 3 井所钻遇古生界情况，结合该潜山油层分布特点以构造等深线 1700m 圈定含油面积（图 5-6-5），采用容积法计算了月东古生界潜山预测含油面积 3.8km^2，预测石油地质储量 815×10^4t。

已钻探资料证实，海南—月东潜山是一个具有太古宇和古生界二元结构的潜山。今后应对其加强石油地质综合研究，明确油气成藏主控因素，以期获得油气勘探新突破。

总之，辽河坳陷中央凸起中部太古宇潜山和南部古生界潜山的油气勘探实践，不仅对辽河油区的增储稳产有着最现实意义，同时也对整个渤海湾盆地基岩油气藏的勘探具有深远的影响，将使各个坳陷的凸起区成为东部老油区又一个增储上产的全新领域，同时对中国各油田正向构造单元基岩油气藏的勘探具有重大指导意义。

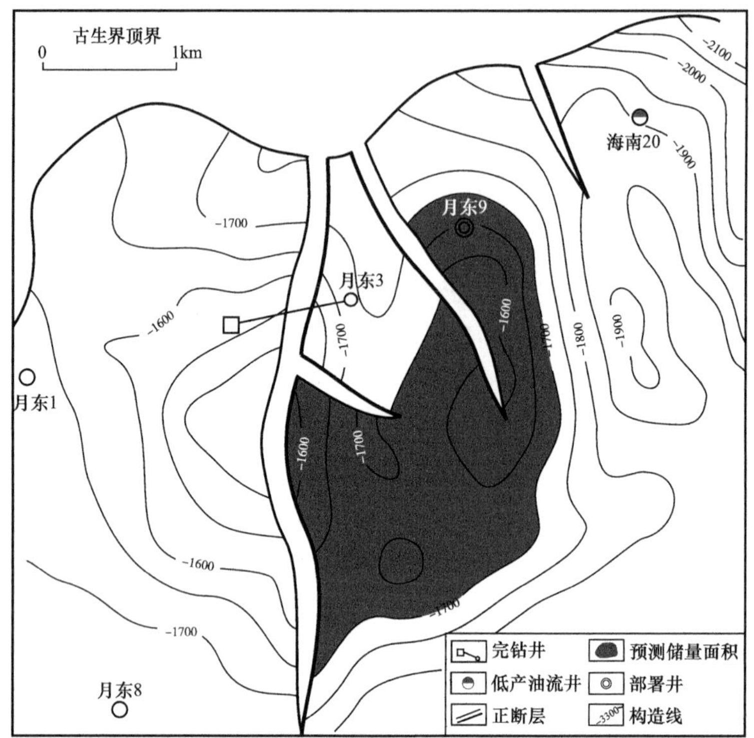

图 5-6-5　月东 9 潜山古生界预测含油面积图

参考文献

[1]孟卫工，陈振岩，等. 潜山油气藏勘探理论与实践——以辽河坳陷为例［J］. 石油勘探与开发，2009，34（3）：137-142.

[2]马志宏. 辽河坳陷太古宇变质岩内幕油藏成藏特征［J］. 油气地质与采收率，2013，20（2）：28.

[3]孟卫工，张占文，等. 辽河坳陷潜山内幕多期裂缝油藏模式的建立及其地质意义［J］. 石油勘探与开发，2006，36（6）：649-652.

[4]李晓光，刘宝鸿，等. 辽河坳陷变质岩潜山内幕油藏成因分析［J］. 特种油气藏，2009，16（4）：1-12.

[5]孟卫工，李晓光，等. 辽河坳陷变质岩古潜山内幕油藏形成主控因素分析［J］. 石油与天然气地质［J］，2007，28（5）：580-589.

[6]宋柏荣，施玉华，等. 辽河坳陷结晶基底岩性特征、含油性及测井识别［J］. 地质论评，2017，63（2）：400-427.

[7]高先志，陈振岩，等. 辽河西部凹陷兴隆台高潜山内幕油气藏形成条件和成藏特征［J］. 中国石油大学学报，2011，31（6）：6-9.

[8]何宏，李长庚. 潜山内幕地层的旋回性及其对储集性能的影响［J］. 江汉石油学院学报，1999，21（2）：12-15.

[9]郭良川，刘传虎. 潜山油气藏勘探技术［J］. 勘探地球物理进展，25（1）：19-25.

[10]刘兴周. 辽河坳陷变质岩潜山内幕油气成藏规律初探［J］. 石油地质与工程，2009，23（1）：1-7.

[11]孟卫工，李晓光. 辽河坳陷变质岩古潜山内幕油藏形成主控因素分析［J］. 石油与天然气地质，2007，28（5）：582-590.

[12]邢志贵，王仁厚，等．辽河坳陷碳酸盐岩地层及储层研究［M］．北京：石油工业出版社，1999.
[13]何宏，李长庚．潜山内幕地层的旋回性及其对储集性能的影响［J］．江汉石油学院学报，1999，21（2）：12-15.
[14]陈振岩，陈永成，等．大民屯凹陷精细勘探实践与认识［M］．北京：石油工业出版社，2007.
[15]李晓光，郭彦民，等．大民屯凹陷隐蔽性潜山成藏条件与勘探［J］．石油勘探与开发，2007，32（2）：135-141.
[16]郭良川，刘传虎．潜山油气藏勘探技术［J］．勘探地球物理进展，25（1）：19-25.
[17]曾联波，张吉昌．辽河坳陷边台变质岩潜山油藏裂缝分布特征［J］．石油大学学报，1997，21（3）：15-19.
[18]李军，刘兴周，高庆胜，等．大民屯凹陷前进潜山带储集层特征研究［J］．石油地质与工程，2010，24（1）：7-11.
[19]查明，郝琦．辽河东部凹陷茨榆坨低位潜山油气成藏研究［J］．石油大学学报（自然科学版），2003，27（4）：1-10.
[20]周心怀，刘震，查明，等．辽河茨榆坨潜山太古界裂缝型储层特征及其控制因素［J］．吉林大学学报［J］，2006，36（3）：384-391.
[21]邢志贵．辽河坳陷太古宇变质岩储层研究［M］．北京：石油工业出版社，2006.
[22]陈振岩．“对接山”型古潜山油气藏及其勘探意义［J］．特种油气藏，2009，16（3）：23-27.
[23]赵会民．辽河断陷滩海区潜山储层及成藏条件研究［M］．上海：同济大学，2007.